LEHR- UND HANDBÜCHER
DER INGENIEURWISSENSCHAFTEN

6

MECHANIK

VON

HANS ZIEGLER

PROFESSOR AN DER EIDGENÖSSISCHEN TECHNISCHEN HOCHSCHULE
IN ZÜRICH

BAND II

DYNAMIK DER STARREN KÖRPER UND SYSTEME

VIERTE AUFLAGE

Springer Basel AG 1966

1. Auflage 1947
2. Auflage 1956
3., neubearbeitete Auflage 1962
4. Auflage 1966

ISBN 978-3-0348-4082-8   ISBN 978-3-0348-4157-3 (eBook)
DOI 10.1007/978-3-0348-4157-3

VORWORT ZUR DRITTEN AUFLAGE

Dieses Buch ist im wesentlichen eine Neufassung von Band II der *Mechanik*, die seit 1947 im gleichen Verlag unter meinem und dem Namen meines verehrten Lehrers und Vorgängers an der Eidgenössischen Technischen Hochschule, Prof. Dr. ERNST MEISSNER, erschienen ist. Darüber hinaus umfaßt es aber auch das erste Kapitel des bisherigen dritten Bandes, das von der Kinetik starrer Systeme handelt. Diese Umgruppierung verfolgt den Zweck, den Stoff, der an technischen Hochschulen in einer Grundvorlesung geboten zu werden pflegt, in einem zweibändigen Werk zusammenzufassen, dem voraussichtlich kein dritter Band mehr folgen wird. Bei den übrigen Kapiteln des bisherigen dritten Bandes handelt es sich nämlich um eine eher willkürliche Auswahl von Abschnitten aus der höheren Mechanik, von denen heute ausgezeichnete Einzeldarstellungen existieren, wie zum Beispiel das kürzlich im *Birkhäuser Verlag* erschienene Werk von W. PRAGER, *Einführung in die Kontinuumsmechanik*.

Der Stoff hat noch in einer zweiten Hinsicht eine Neugruppierung erfahren. Die Abschnitte rein kinematischen Inhalts sind in einem ersten Kapitel zusammengefaßt; die folgenden Kapitel sind der Reihe nach der Kinetik des Massenpunktes, des starren Körpers und der starren Systeme gewidmet. Besonderes und vermehrtes Gewicht ist auf die Systematik der Kräfte wie der mechanischen Systeme gelegt, weil die wesentlichste, wenn auch oft vernachlässigte Voraussetzung für die korrekte Formulierung und Anwendung der kinetischen Sätze in der sauberen Unterscheidung zwischen äußeren und inneren Kräften, Lasten und Reaktionen, konservativen und nichtkonservativen, gyroskopischen und nichtgyroskopischen Kräften sowie Systemen besteht.

Im übrigen ist die Darstellung der Neufassung von Band I angepaßt und im Vergleich zu den früheren Auflagen knapper gehalten. Insbesondere sind auch hier den einzelnen Abschnitten Übungsaufgaben beigefügt worden.

Für die Unterstützung bei den Korrekturarbeiten bin ich den Herren Dipl.-Phys. HANS BRAUCHLI und Dipl.-Ing. HANNS-MICHAEL FISCHER zu großem Dank verpflichtet, ferner Herrn Dipl.-Ing. ADOLF JACOB für die Erstellung des Sachverzeichnisses und nicht zuletzt dem Verlag für sein bereitwilliges Eingehen auf alle meine Wünsche.

Zürich, im März 1961.

HANS ZIEGLER

INHALTSVERZEICHNIS

I. Kinematik

II. Kinetik des Massenpunktes

III. Kinetik des starren Körpers

IV. Kinetik starrer Systeme

I. Kinematik

1. Der Massenpunkt

Während sich die Statik mit ruhenden Körpern befaßt, besteht die Aufgabe der **Dynamik** in der Untersuchung von Bewegungen. Dabei stellt die **Kinematik** (Band I, Einleitung) die geometrische Bewegungslehre dar, und die **Kinetik** vermittelt den Zusammenhang zwischen den am betrachteten Körper angreifenden Kräften und seiner Bewegung.

Wie schon die Statik, so kann auch die Dynamik im Hinblick auf die untersuchten Objekte (starre, flüssige, elastische Körper usw.) unterteilt werden. Wir beschränken uns im folgenden im wesentlichen auf starre Körper sowie auf Systeme, die sich aus solchen zusammensetzen.

Man kann die Bewegung eines starren Körpers (Abschnitt 5) in die Bewegung seines Schwerpunktes sowie in diejenige zerlegen, die er um den Schwerpunkt ausführt. Die zweite Bewegung läßt sich oft im Vergleich zur ersten vernachlässigen. Das geschieht dadurch, daß man den Körper als dimensionsloses Gebilde, das heißt als Punkt auffaßt, dem man aber korpuskulare Eigenschaften, vor allem eine bestimmte Masse (Abschnitt 10) und ein Gewicht zuschreibt. Man kommt so zum Begriff des **Massenpunktes.** Vom kinematischen Gesichtspunkt aus ist diese Vereinfachung vor allem dann angezeigt, wenn der Schwerpunkt in den für die Untersuchung in Frage kommenden Zeitintervallen im Vergleich zu den Körperabmessungen große Strecken zurücklegt.

Bei der Beschreibung der Bewegung eines Satelliten kann man für viele Zwecke von seiner Drehung um den Schwerpunkt absehen. Es genügt dann, wenn man die Bahn seines Schwerpunktes sowie die Zeiten angeben kann, zu denen sich dieser Punkt an jeder Stelle der Bahn befindet.

Wenn auf diese Weise der kinematische Bewegungsablauf vielfach mit hinreichender Präzision beschrieben wird, so ist damit aber noch nicht gesagt, daß der Ersatz des Körpers durch einen Massenpunkt auch kinetisch, das heißt für die Ermittlung des Zusammenhangs zwischen den Kräften und der Bewegung, erlaubt sei. Das trifft (Abschnitt 18) nur dann zu, wenn die für die Bewegung des Schwerpunktes maßgebenden Kräfte von der – mit dem Bilde des Massenpunktes nicht beschreibbaren – Drehung des Körpers um den Schwerpunkt unabhängig sind.

Bei einem Blatt, das an einem windstillen Tag von einem Baum zur Erde schwebt, ist das zum Beispiel nicht der Fall. Wohl kann man sich hier in erster Näherung mit der Beschreibung der Bewegung des Schwerpunktes begnügen. Diese hängt aber vom Luftwiderstand und damit empfindlich von der Drehung des Blattes um seinen Schwerpunkt ab, und in der Tat bewegt sich das Blatt wesentlich komplizierter als etwa eine frei fallende Bleikugel.

Der Begriff der **Lage** eines Massenpunktes erhält erst dadurch einen Inhalt, daß man diesen auf ein Koordinatensystem (Figur 1.1) bezieht, das man etwa mit einem starren Körper verbunden denken kann. Man bezeichnet es als **Bezugssystem** und kann darin die Lage des Punktes etwa durch seinen Fahrstrahl r bzw. dessen Komponenten x, y, z, das heißt die kartesischen Koordinaten des Punktes darstellen.

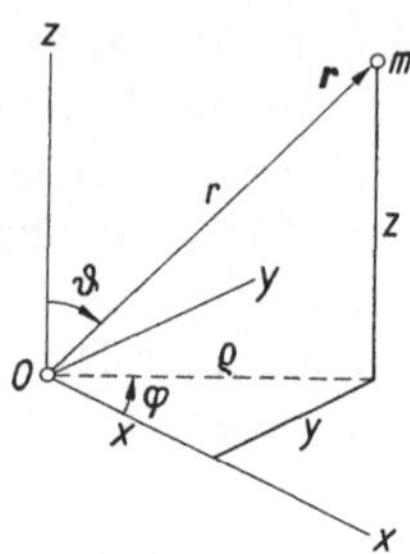

Figur 1.1

Von der **Bewegung** eines Massenpunktes spricht man dann, wenn er im Laufe der Zeit seine Lage ändert. Auch der Begriff der Bewegung wird erst mit der Einführung eines Bezugssystems sinnvoll. In diesem wird die Bewegung etwa dadurch beschrieben, daß man den Fahrstrahl r als Funktion der Zeit t bzw. seine Komponenten $x(t)$, $y(t)$, $z(t)$ gibt.

Ist ein Massenpunkt im Raum **frei beweglich,** dann wird seine Lage durch drei voneinander unabhängige skalare Größen beschrieben, beispielsweise durch die kartesischen Koordinaten x, y, z. Man kann aber auch drei andere Größen wählen, etwa Zylinderkoordinaten ϱ, φ, z (Figur 1.1), aus denen sich die kartesischen mittels der Beziehungen

$$x = \varrho \cos\varphi\,, \qquad y = \varrho \sin\varphi\,, \qquad z = z$$

ergeben oder Kugelkoordinaten r, ϑ, φ mit den Transformationen

$$x = r \sin\vartheta \cos\varphi\,, \qquad y = r \sin\vartheta \sin\varphi\,, \qquad z = r \cos\vartheta\,.$$

In jedem dieser Fälle erhält man durch Festhalten der einzelnen Koordinaten drei (orthogonale) Flächenscharen, und die Lage des Punktes wird durch je eine Fläche jeder Schar gegeben.

Im Falle sphärischer Koordinaten werden die drei Flächenscharen durch Kugeln um O, Ebenen durch die z-Achse und Kegel mit z als Achse und O als Spitze gebildet.

Ist der Massenpunkt **an eine Fläche gebunden,** so genügen zur Angabe seiner Lage zwei voneinander unabhängige Größen, die man etwa mit Hilfe eines (orthogonalen) Kurvennetzes auf der Fläche definieren kann. Für den an die Ebene gebundenen Massenpunkt (Figur 1.2) wählt man zum Beispiel kartesische Koordinaten x, y oder ebene Polarkoordinaten r, φ. Beim Massenpunkt auf der Kugeloberfläche verwendet man zweckmäßig die sphärischen Koordinaten ϑ, φ.

Im letzten Fall wird das Netz der Koordinatenkurven durch die Meridiane und die Parallelkreise gebildet.

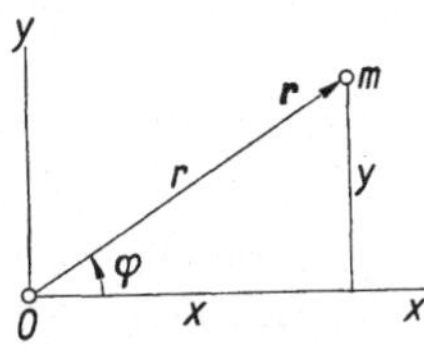

Figur 1.2

Ist der Massenpunkt **an eine Kurve gebunden** (Figur 1.3), dann wird seine Lage durch eine einzige Größe, zum Beispiel die von einem festen Punkt O aus gemessene Bogenlänge s beschrieben, die man – wie die bisher besprochenen Koordinaten – als algebraische Größe aufzufassen hat. Beim Massenpunkt auf der Geraden (Figur 1.4) kann man die algebraische Bogenlänge s mit der Abszisse x zusammenfallen lassen. Beim Massenpunkt auf dem Kreis (Figur 1.5) geht man zweckmäßig von Polarkoordinaten aus und verwendet den von einem festen Radius r aus gemessenen, im Gegenzeigersinn positiv gerechneten Drehwinkel φ. Die algebraische Bogenlänge ist dann durch

$$s = r\,\varphi \tag{1.1}$$

gegeben.

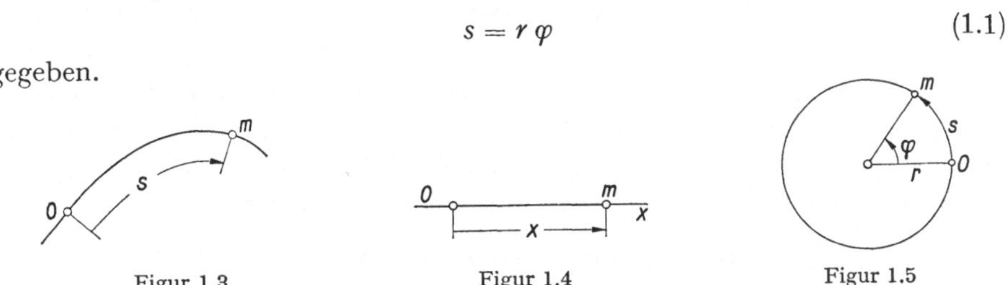

Figur 1.3   Figur 1.4   Figur 1.5

Aus diesen Überlegungen folgt, daß es durchaus nicht immer zweckmäßig ist, die Lage eines Massenpunktes durch kartesische Koordinaten zu beschreiben. Wesentlich ist aber, daß man Größen wählt, die einerseits voneinander unabhängig sind und andererseits die Lage des Punktes eindeutig festlegen. Jeder Satz von Größen, die diesen Bedingungen genügen, nennt man einen Satz von **Lagekoordinaten;** diese selbst werden allgemein mit $q_1, q_2, \ldots$ bezeichnet.

Unter dem **Freiheitsgrad** eines Massenpunktes versteht man die Anzahl seiner Lagekoordinaten.

Der im Raum frei bewegliche Massenpunkt besitzt den Freiheitsgrad 3, während er bei Bindung an eine Fläche nur zwei, bei Bindung an eine Kurve nur einen Freiheitsgrad aufweist. Im letzten Fall spricht man auch von einer **zwangläufigen Bewegung.**

Die Bewegung eines Massenpunktes ist bekannt, sobald man seine Lagekoordinaten als Funktionen $q_i = q_i(t)$, $(i = 1, \ldots)$ kennt. Die Beziehungen,
welche diesen Zusammenhang ausdrücken, werden als **Bewegungsgleichungen** bezeichnet. Ihre Zahl stimmt mit dem Freiheitsgrad überein. Für die Aufstellung der Bewegungsgleichungen wird der Zeitnullpunkt $t = 0$ beliebig, vielfach aber so eingeführt, daß er mit dem Beginn der Untersuchung zuzammenfällt. Die zugehörigen Werte der Lagekoordinaten werden mit $q_i\,(t = 0) = q_{i0}$
bezeichnet.

Für den freien Massenpunkt haben die Bewegungsgleichungen in kartesischen Koordinaten die Form $x = x(t)$, $y = y(t)$, $z = z(t)$, und die Anfangslage
zur Zeit $t = 0$ wird durch x_0, y_0, z_0 gegeben. Man kann die Bewegungsgleichungen als Parameterdarstellung der **Bahnkurve** oder **Trajektorie** des Massenpunktes deuten und erhält die Projektionen der Bahnkurve auf die Koordinatenebenen, indem man aus je zwei Bewegungsgleichungen die Zeit eliminiert.

Die Bewegung eines Massenpunktes werde in kartesischen Koordinaten durch
die Bewegungsgleichungen

$$x = 2\,t\,, \qquad y = t + 4\,, \qquad z = 1 - 2\,t^2 \tag{1.2}$$

beschrieben, wobei die Zeiten in s und die Koordinaten in m einzusetzen seien. Die
Anfangslage ist dann durch $x_0 = 0$, $y_0 = 4$, $z_0 = 1$ (m) gegeben, und die Bahnkurve
hat die Projektionen

$$z = 1 - 2\,(y - 4)^2, \qquad z = 1 - \frac{x^2}{2}, \qquad y = \frac{x}{2} + 4\,.$$

Da diese Gleichungen zwei parabolische Zylinder mit zu x bzw. y parallelen Achsen
sowie eine zur z-Achse parallele Ebene darstellen, ist die Bahnkurve eine Parabel
mit vertikaler Ebene.

Mit seinen Komponenten $x(t)$, $y(t)$, $z(t)$ ist auch der Fahrstrahl eines Massenpunktes (Figur 1.6) eine Funktion der Zeit, und zwar eine **vektorielle Funktion**
$\boldsymbol{r}(t)$. Seine Komponenten nehmen im Zeitintervall $\varDelta t$ um $\varDelta x = x\,(t + \varDelta t) - x(t)$, $\ldots$
zu; der Fahrstrahl selbst ändert sich mithin um den Vektor

$$\varDelta\boldsymbol{r} = (\varDelta x, \varDelta y, \varDelta z) = \boldsymbol{r}\,(t + \varDelta t) - \boldsymbol{r}(t)\,.$$

Die auf die Zeiteinheit bezogene Änderung des Vektors $\boldsymbol{r}$ ist durch den – mit
$\varDelta\boldsymbol{r}$ gleichgerichteten – Vektor $\varDelta\boldsymbol{r}/\varDelta t$ oder genauer durch den Grenzwert

$$\lim_{\varDelta t \to 0} \frac{\varDelta\boldsymbol{r}}{\varDelta t} = \lim_{\varDelta t \to 0} \left(\frac{\varDelta x}{\varDelta t}, \frac{\varDelta y}{\varDelta t}, \frac{\varDelta z}{\varDelta t}\right) = \lim_{\varDelta t \to 0} \frac{\boldsymbol{r}\,(t + \varDelta t) - \boldsymbol{r}(t)}{\varDelta t}$$

gegeben. Damit ist, da man jeden Vektor als Fahrstrahl seines Endpunktes
auffassen kann, erstens die **Ableitung**

$$\frac{d\boldsymbol{r}}{dt} = \lim_{\varDelta t \to 0} \frac{\varDelta\boldsymbol{r}}{\varDelta t}$$

eines beliebigen Vektors $\boldsymbol{r}(t)$ nach seinem skalaren Argument t definiert und
zweitens gezeigt, daß

$$\frac{d\boldsymbol{r}}{dt} = \left(\frac{dx}{dt}, \frac{dy}{dt}, \frac{dz}{dt}\right) \tag{1.3}$$

ist. Die Ableitung ist also wieder ein Vektor, und die Komponenten desselben sind die Ableitungen der Komponenten des gegebenen Vektors.

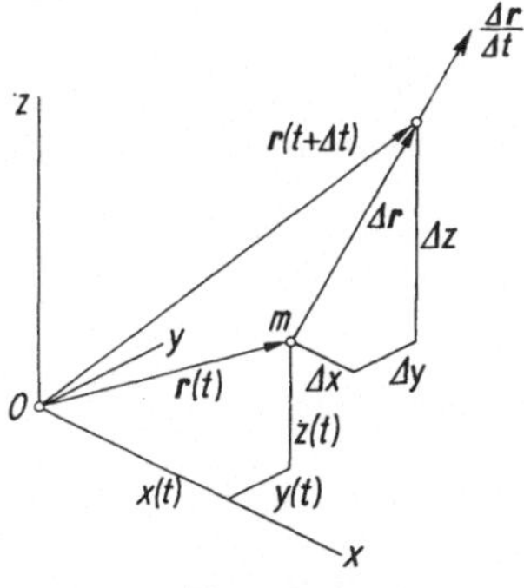

Figur 1.6

Es ist klar, daß man diesen Prozeß wiederholen und die n-te Ableitung eines Vektors dadurch erhalten kann, daß man seine Komponenten n-mal ableitet. Ferner zeigt man mit Hilfe von (1.3) leicht, daß für die Ableitung von Summen und Produkten, die mit Vektoren gebildet werden, die gleichen Regeln gelten wie bei skaleren Größen, wobei lediglich beim Vektorprodukt auf die Reihenfolge der Faktoren geachtet werden muß (Aufgabe 2).

Aufgaben

1. Ein Skalar λ und die Vektoren a, b seien Funktionen des skalaren Argumentes t. Man beweise die Beziehungen

$$\frac{d}{dt}(a + b) = \frac{da}{dt} + \frac{db}{dt}, \qquad \frac{d}{dt}(\lambda\,a) = \lambda\frac{da}{dt} + \frac{d\lambda}{dt}\,a\,.$$

2. Man beweise in ähnlicher Art, dass

$$\frac{d}{dt}(a\,b) = a\frac{db}{dt} + \frac{da}{dt}\,b \quad \text{und} \quad \frac{d}{dt}(a\times b) = a\times\frac{db}{dt} + \frac{da}{dt}\times b$$

gilt, und beachte, daß die Reihenfolge der Faktoren in der letzten Beziehung wesentlich ist.

2. Geschwindigkeit und Leistung

Unter der **Geschwindigkeit** eines Massenpunktes versteht man die Änderung seines Fahrstrahls $r = (x, y, z)$ je Zeiteinheit, das heißt dessen Ableitung

$$v = \frac{dr}{dt} \tag{2.1}$$

nach der Zeit. Die Geschwindigkeit ist also ein Vektor und damit unabhängig vom Koordinatensystem, solange man Systeme, die sich gegeneinander bewegen, ausschließt. Er fällt, da Δr in Figur 1.6 zwei Punkte der Bahnkurve verbindet, die mit dem Grenzübergang zusammenrücken, in die Tangente τ der Bahnkurve C (Figur 2.1) und hat nach (1.3) die Komponenten

$$v_x = \frac{dx}{dt}, \qquad v_y = \frac{dy}{dt}, \qquad v_z = \frac{dz}{dt} . \qquad (2.2)$$

Es ist in der Dynamik üblich, Ableitungen nach der Zeit durch Punkte zu kennzeichnen, die man über die abzuleitenden Größen setzt. In diesem Sinne schreibt man statt (2.2) auch

$$v_x = \dot{x}, \qquad v_y = \dot{y}, \qquad v_z = \dot{z} \qquad (2.3)$$

oder $\boldsymbol{v} = (\dot{x}, \dot{y}, \dot{z})$.

Der Betrag der Geschwindigkeit ist durch

$$v = |\boldsymbol{v}| = \sqrt{\dot{x}^2 + \dot{y}^2 + \dot{z}^2} \qquad (2.4)$$

gegeben und soll als **Schnelligkeit** bezeichnet werden; die Richtungskosinus von $\boldsymbol{v}$ sind

$$\cos\alpha = \frac{\dot{x}}{v}, \qquad \cos\beta = \frac{\dot{y}}{v}, \qquad \cos\gamma = \frac{\dot{z}}{v} .$$

Da man den Betrag $|\,d\boldsymbol{r}\,|$ der zum Zeitelement dt gehörenden Fahrstrahländerung $d\boldsymbol{r}$ nach Figur 2.1 auch als Linienelement ds der Bahnkurve auffassen kann, gilt

$$v = \left|\frac{d\boldsymbol{r}}{dt}\right| = \frac{|d\boldsymbol{r}|}{dt} = \frac{ds}{dt} . \qquad (2.5)$$

Die Schnelligkeit kann also auch als der pro Zeiteinheit durchlaufene Bogen der Bahnkurve gedeutet werden.

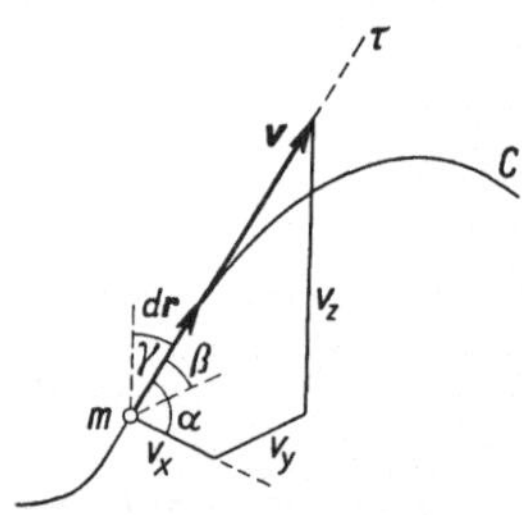

Figur 2.1

Sie hat die Dimension $[v] = [l\,t^{-1}]$ und wird beispielsweise in m/s oder in km/h angegeben, wobei die Umrechnung zwischen diesen Einheiten gemäß

$$1\ \text{m/s} = 60\ \text{m/min} = 3600\ \text{m/h} = 3,6\ \text{km/h}$$

erfolgt.

Bei der Bewegung mit den Bewegungsgleichungen (1.2) erhält man durch Ableiten der Koordinaten die in m/s verstandenen Geschwindigkeitskomponenten

$$\dot{x} = 2, \qquad \dot{y} = 1, \qquad \dot{z} = -4\,t,$$

von denen nur die letzte zeitlich veränderlich ist. Für $t = 2$ s hat man beispielsweise $\boldsymbol{v} = (2, 1, -8)$, mithin nach (2.4)

$$v = \sqrt{4 + 1 + 64} = 8,3\ \text{m/s}$$

und

$$\cos\alpha = \frac{2}{8,3}\,, \qquad \cos\beta = \frac{1}{8,3}\,, \qquad \cos\gamma = -\frac{8}{8,3}\,.$$

Beim Massenpunkt, der an eine Kurve C gebunden ist, verwendet man nach Abschnitt 1 als einzige Lagekoordinate zweckmäßig die algebraische Bogenlänge s (Figur 2.2). Diese darf nicht mit dem zurückgelegten Weg

$$\int |ds|$$

verwechselt werden.

Pendelt der Massenpunkt beispielsweise um O, dann bleibt die algebraische Bogenlänge beschränkt, während der zurückgelegte Weg über alle Grenzen wachsen kann.

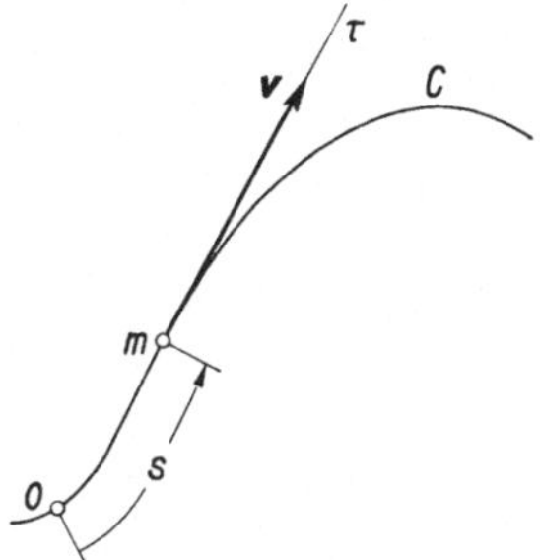

Figur 2.2

Mit der algebraischen Bogenlänge s ist auch ds eine algebraische Größe, positiv oder negativ, je nachdem s augenblicklich zu- oder abnimmt. Somit definiert jetzt die aus (2.5) folgende Beziehung

$$v = \frac{ds}{dt} \tag{2.6}$$

eine **algebraische Schnelligkeit,** deren Vorzeichen die Bewegungsrichtung auf C angibt, während die Schnelligkeit schlechthin

$$|v| = \left|\frac{ds}{dt}\right|$$

ist.

Bleibt die Richtung des Geschwindigkeitsvektors v konstant, so ist die Bewegung **gradlinig.** Die algebraische Schnelligkeit kann dabei noch in beliebiger Weise von der Zeit abhängen. Ist der Betrag von v, also die algebraische Schnelligkeit unveränderlich, so wird die Bewegung **gleichförmig** genannt. Die Bahnkurve ist beliebig, und die Differentialgleichung $v = c = $ const. läßt sich mit

$$s = c\,t + s_0$$

integrieren, wobei die Integrationskonstante s_0 den Bogen zur Zeit $t = 0$ angibt. Schreibt man die Bewegungsgleichung für die Zeitpunkte t_1, t_2 und die zugehörigen Bögen s_1, s_2 an, so folgt durch Subtraktion

$$c = \frac{s_2 - s_1}{t_2 - t_1}\,.$$

Die algebraische Schnelligkeit kann also in diesem Fall als Differenzenquotient ermittelt werden. Besitzt schließlich ein Massenpunkt eine nach Betrag und Richtung konstante Geschwindigkeit, so ist seine Bewegung **gradlinig gleichförmig**.

Man kann die Bewegungsgleichung $s = s(t)$ einer zwangläufigen Bewegung gemäß Figur 2.3 anschaulich als Kurve in der (t, s)-Ebene darstellen. Diese Kurve wird der **Fahrplan** der Bewegung genannt. Die algebraische Schnelligkeit wird nach (2.6) durch die Steigung des Fahrplans dargestellt. Unter der **mittleren algebraischen Schnelligkeit** für das Zeitintervall $t_2 - t_1$ versteht man die algebraische Schnelligkeit, mit welcher der Massenpunkt den zugehörigen Bogen $s_2 - s_1$ in der gegebenen Zeit gleichförmig durchlaufen würde. Der Fahrplan wäre dann durch die Sehne (t_1, s_1), (t_2, s_2) gegeben, die mittlere algebraische Schnelligkeit also durch die Steigung dieser Sehne. Bei der praktischen Verwendung solcher Fahrpläne muß beachtet werden, daß die in den beiden Koordinatenrichtungen aufgetragenen Größen inkommensurabel, das heißt von verschiedener Dimension sind.

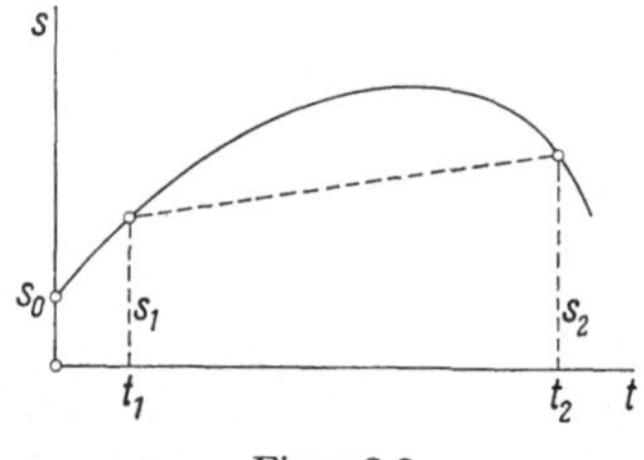

Figur 2.3

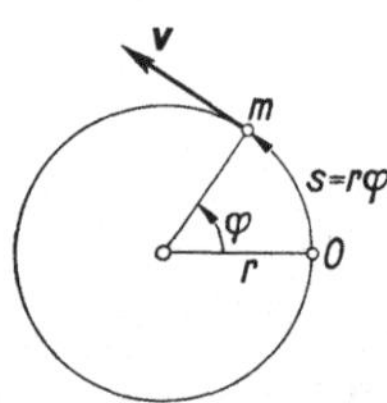

Figur 2.4

Bei der *Kreisbewegung* (Figur 2.4) verwendet man als Lagekoordinate nach Abschnitt 1 zweckmäßig den algebraischen Drehwinkel φ. Die algebraische Bogenlänge ist dann durch (1.1) gegeben. Die Geschwindigkeit v liegt in der Kreistangente, und die algebraische Schnelligkeit

$$v = \dot{s} = r\dot{\varphi} \tag{2.7}$$

ist positiv oder negativ, je nachdem der algebraische Drehwinkel zu- oder abnimmt. Man pflegt die zeitliche Ableitung $\omega = \dot{\varphi}$ des Drehwinkels, die selbst eine algebraische Größe ist, als **Winkelgeschwindigkeit** zu bezeichnen und die letzte Beziehung auch in der Form

$$v = r\,\omega \tag{2.8}$$

zu schreiben.

Die Dimension der Winkelgeschwindigkeit ist $[t^{-1}]$; als Einheit verwendet man praktisch nur die s^{-1}.

Ist die Kreisbewegung *gleichförmig*, so kann die Beziehung $\dot{\varphi} = \omega = $ const. mit

$$\varphi = \omega\,t + \varphi_0$$

integriert werden, wobei φ_0 den Drehwinkel zur Zeit $t = 0$ angibt. Die **Um-**

laufszeit T folgt dann aus der Forderung

$$\varphi = \omega T + \varphi_0 = \varphi_0 + 2\pi$$

zu

$$T = \frac{2\pi}{\omega}\,. \tag{2.9}$$

Die Zahl der Umläufe je Zeiteinheit wird durch die **sekundliche Drehzahl**

$$\nu = \frac{1}{T} = \frac{\omega}{2\pi} \tag{2.10}$$

oder die **minutliche Drehzahl**

$$n = 60\,\nu = \frac{30}{\pi}\,\omega \tag{2.11}$$

gegeben. Ferner folgt aus (2.10) und (2.11)

$$\omega = 2\pi\nu = \frac{\pi n}{30}\,. \tag{2.12}$$

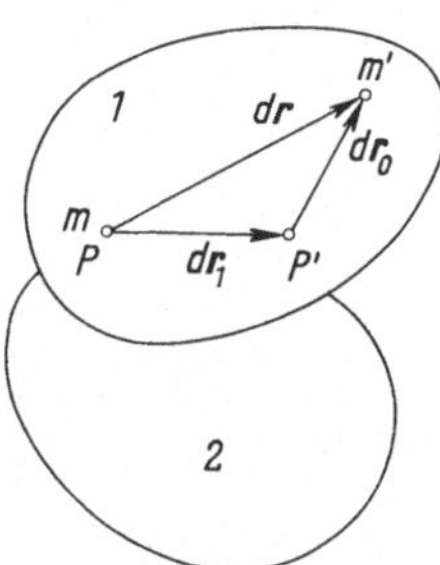

Figur 2.5

Es empfiehlt sich gelegentlich, die Bewegung eines Massenpunktes als Ergebnis mehrerer **Teilbewegungen** aufzufassen. Das kann dadurch geschehen, daß man ihn auf zwei verschiedene Koordinatensysteme (Figur 2.5) bezieht, die man sich etwa mit dem Körper 2 und dem relativ dazu sich bewegenden Körper 1 verbunden denkt. Verschiebt sich für den im System 2 ruhenden Beobachter der Massenpunkt im Zeitelement dt um den Vektor dr von m nach m', und bezeichnet der Vektor dr_1 die Verschiebung PP' desjenigen Punktes P, der dem Bezugssystem 1 angehört und zu Beginn des Zeitelements mit m zusammenfällt, so stellt $dr_0 = dr - dr_1$ die Verschiebung von m im Zeitelement dt relativ zum Körper 1 dar. Man hat also

$$dr = dr_0 + dr_1\,, \tag{2.13}$$

das heisst die Verschiebung des Massenpunktes setzt sich für den Beobachter im System 2 aus seiner Verschiebung relativ zum System 1 und der Verschiebung zusammen, die er als Punkt des Systems 1 erleiden würde. Indem man (2.13) mit dem Zeitelement dt dividiert, erhält man das **Additionstheorem der Geschwindigkeiten**

$$v = v_0 + v_1\,. \tag{2.14}$$

Diesem zufolge setzt sich die Geschwindigkeit v eines Massenpunktes im Bezugssystem 2 aus der Relativgeschwindigkeit v_0 gegenüber dem Bezugssystem 1 und derjenigen v_1 zusammen, die der Massenpunkt im System 2 aufweisen würde, wenn er starr mit dem System 1 verbunden wäre. Verallgemeinerungen dieses Satzes werden dadurch erhalten, daß man weitere Bezugssysteme 3, 4, ... einführt und annimmt, daß sich jedes von ihnen relativ zum folgenden bewege.

Bewegt sich ein Massenpunkt unter dem Einfluß einer Kraft K (Figur 2.6), so leistet diese bei der zum Zeitelement dt gehörenden Elementarverschiebung dr nach Band I (13.5) die **Elementararbeit**

$$dA = K\,dr \tag{2.15}$$

und im endlichen Zeitintervall $t_2 - t_1$, das der Verschiebung von 1 nach 2 längs der Bahnkurve C entspricht, die **Arbeit**

$$A = \oint_1^2 K\,dr\,. \tag{2.16}$$

Unter der **Leistung** der Kraft versteht man ihre Arbeit pro Zeiteinheit, das heisst den Ausdruck

$$L = \frac{dA}{dt}\,. \tag{2.17}$$

Die Arbeit hat die Dimension $[K\,l]$ und wird etwa in J oder mgk* gemessen. Die Dimension der Leistung ist daher $[K\,l\,t^{-1}]$; als Einheit verwendet man das Watt (1 W = 1 J/s), das Kilowatt (1 kW = 1000 W), ferner 1 mkg*/s und gelegentlich noch die Pferdestärke (1 PS = 75 mkg*/s).

Setzt man (2.15) in (2.17) ein, so kommt mit Rücksicht auf (2.1)

$$L = K\,v\,. \tag{2.18}$$

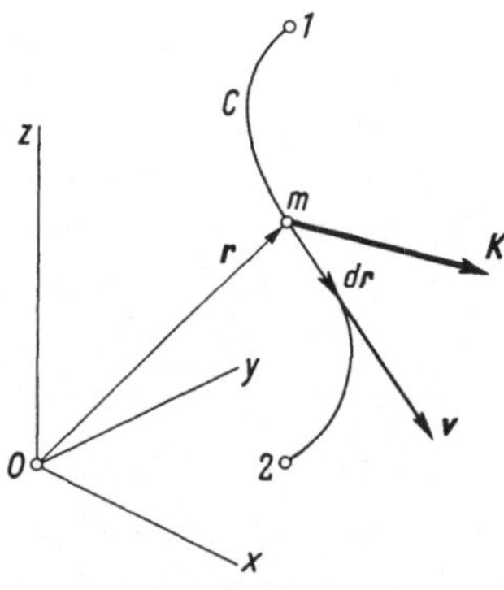

Figur 2.6

Die Leistung der Kraft K am Massenpunkt m wird also durch skalare Multiplikation der Kraft mit der Geschwindigkeit von m erhalten. Sie ändert sich im allgemeinen von Augenblick zu Augenblick und ist positiv, null oder negativ, je nachdem K und v einen spitzen, rechten oder stumpfen Winkel einschließen. Da nach (2.15), (2.1) und (2.18)

$$dA = K\,dr = K\,v\,dt = L\,dt \tag{2.19}$$

ist, kann die Arbeit auch als Zeitintegral

$$A = \int_{t_1}^{t_2} L\,dt \tag{2.20}$$

der Leistung berechnet werden.

Ist ein Massenpunkt Träger mehrerer Kräfte K_1, K_2, ..., K_n, so lassen sich diese zur Resultierenden

$$R = \sum_1^n K_i$$

zusammenfassen. Ihre Leistung ist durch

$$L = R\,v = \left(\sum_1^n K_i\right)v = \sum_1^n K_i\,v = \sum_1^n L_i \tag{2.21}$$

gegeben und somit die algebraische Summe der Leistungen der Einzelkräfte.

Aufgaben

1. Ein Massenpunkt besitzt die in s und m auszuwertenden Bewegungsgleichungen

$$x = 36 - t^2, \qquad y = t^2 - 16, \qquad z = t - 2.$$

Wann, wo, woher und mit welcher Geschwindigkeit tritt er in den ersten Oktanten ein? Wann, wo, wohin und mit welcher Geschwindigkeit tritt er aus ihm aus? Welchen Abstand hat er zur Zeit $t = 3$ s von O? Man ermittle und diskutiere die Bahnkurve.

2. Man stelle die Bewegungsgleichung eines Massenpunktes auf, der sich längs der Geraden von Figur 2.7 in der Zeit τ von B nach A bewegt, und dessen Schnelligkeit dem Quadrat seiner Entfernung von O proportional ist. Man ermittle die algebraische Anfangsschnelligkeit v_a und die algebraische Endschnelligkeit v_e. Sodann konstruiere man den Fahrplan.

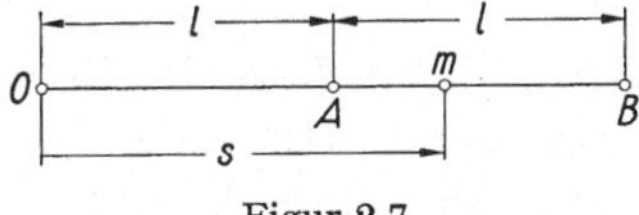

Figur 2.7

3. Die Beschleunigung

Wie der Fahrstrahl, so ist auch die Geschwindigkeit eines Massenpunktes bei der Bewegung eine vektorielle Funktion der Zeit, die man am besten dadurch untersucht, daß man die Geschwindigkeitsvektoren für verschiedene Zeiten vom gleichen Punkt aus abträgt (Figur 3.1).

Unter der **Beschleunigung** des Massenpunktes versteht man die Änderung seiner Geschwindigkeit je Zeiteinheit, das heißt deren zeitliche Ableitung

$$a = \frac{dv}{dt} \, . \tag{3.1}$$

Die Beschleunigung ist also ein Vektor und damit vom Koordinatensystem unabhängig, solange man Systeme, die sich gegeneinander bewegen, ausschließt. Sie kann nach (2.1) auch als zweite zeitliche Ableitung

$$a = \frac{d^2 r}{dt^2} \tag{3.2}$$

des Fahrstrahls aufgefaßt werden und hat die Komponenten

$$a_x = \dot{v}_x = \ddot{x} \, , \qquad a_y = \dot{v}_y = \ddot{y} \, , \qquad a_z = \dot{v}_z = \ddot{z} \, , \tag{3.3}$$

so daß man auch $a = (\ddot{x}, \ddot{y}, \ddot{z})$ schreiben kann. Betrag und Richtungskosinus sind durch

$$a = |a| = \sqrt{\ddot{x}^2 + \ddot{y}^2 + \ddot{z}^2} \tag{3.4}$$

bzw.

$$\cos\alpha = \frac{\ddot{x}}{a} \, , \qquad \cos\beta = \frac{\ddot{y}}{a} \, , \qquad \cos\gamma = \frac{\ddot{z}}{a}$$

gegeben.

Die Dimension ist $[a] = [l\, t^{-2}]$; als Einheit hat man daher zum Beispiel 1 m/s².

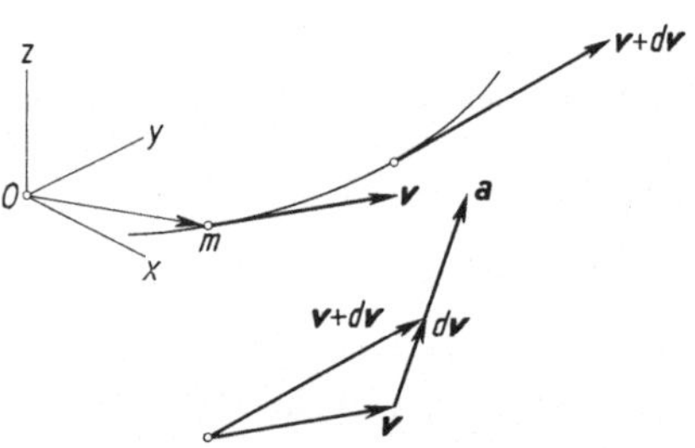

Figur 3.1

Im Gegensatz zur Geschwindigkeit liegt der Beschleunigungsvektor im allgemeinen nicht in der Bahntangente. Um seine Beziehung zur Bahnkurve zu erhalten, kann man mit dem Massenpunkt das rechtwinklige Achsenkreuz seiner Bahntangente, der Normale und der Binormale verbinden. Man bezeichnet es als sein **begleitendes Koordinatensystem** und stellt es (Figur 3.2) zweckmäßig durch die Einheitsvektoren τ, v, β in den drei Achsenrichtungen dar. Dabei wird τ als Einheitsvektor in der **Bahntangente** definiert und in Richtung zunehmender algebraischer Bogenlänge s orientiert. Sind m und m' zwei konsekutive Lagen des Massenpunktes auf seiner Bahnkurve C und τ, τ' die zugehörigen Tangentenvektoren, so ist, da es sich um Einheitsvektoren handelt, $d\tau = \tau' - \tau$ normal zu τ. Die Richtung von $d\tau$ definiert die **Bahn-**

normale, deren Einheitsvektor $\boldsymbol{\nu}$ demnach mit der noch freien Konstanten $\varrho \geqq 0$ in der Form

$$\boldsymbol{\nu} = \varrho \, \frac{d\boldsymbol{\tau}}{ds} \qquad (\boldsymbol{\nu}^2 = 1) \tag{3.5}$$

angesetzt werden kann und stets nach der Konkavseite der Bahnkurve weist. Aus der Nebenfigur 3.2 folgt, daß $|\,d\boldsymbol{\tau}\,| = d\varphi$, das heißt gleich dem Winkel zwischen den konsekutiven Lagen der Bahntangente ist, und da sich somit aus der sogenannten Frenetschen Formel (3.5) $ds = \varrho \, d\varphi$ ergibt, stellt ϱ den Krümmungsradius der Bahnkurve dar. Der Einheitsvektor β der **Binormale** wird schließlich senkrecht zu $\boldsymbol{\tau}$ und $\boldsymbol{\nu}$ angesetzt.

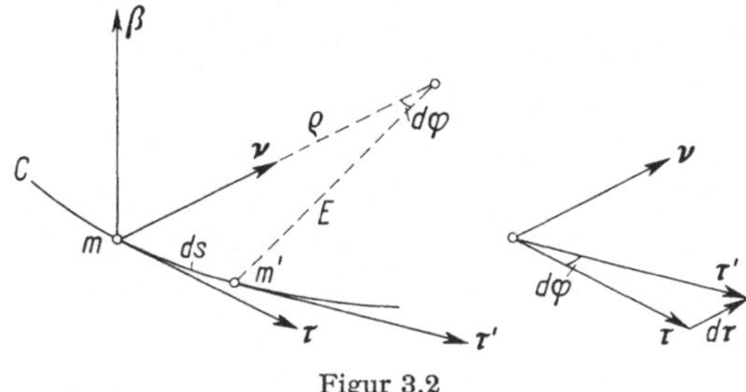

Figur 3.2

Mit der algebraischen Schnelligkeit (2.6) kommt nach (3.5)

$$\dot{\boldsymbol{\tau}} = \frac{d\boldsymbol{\tau}}{ds} \, \dot{s} = \frac{v}{\varrho} \, \boldsymbol{\nu} \,, \tag{3.6}$$

und da man den Geschwindigkeitsvektor in der Form

$$\boldsymbol{v} = v \, \boldsymbol{\tau} \tag{3.7}$$

darstellen kann, ergibt sich aus (3.6)

$$\boldsymbol{a} = \dot{\boldsymbol{v}} = \dot{v} \, \boldsymbol{\tau} + v \, \dot{\boldsymbol{\tau}} = \dot{v} \, \boldsymbol{\tau} + \frac{v^2}{\varrho} \, \boldsymbol{\nu} \,. \tag{3.8}$$

Hieraus folgt erstens, daß der Beschleunigungsvektor $\boldsymbol{a}$ in Richtung der Binormale keine Komponente besitzt und daher stets in der **Schmiegungsebene** E der Bahnkurve liegt, die durch die Vektoren $\boldsymbol{\tau}$ und $\boldsymbol{\nu}$ aufgespannt wird. Zweitens liefert (3.8) die Komponentenzerlegung von $\boldsymbol{a}$ in der Schmiegungsebene. Der Beschleunigungsvektor zerfällt hier in die Komponenten

$$a_\tau = \dot{v} = \ddot{s} \,, \qquad a_\nu = \frac{v^2}{\varrho} = \frac{\dot{s}^2}{\varrho} \tag{3.9}$$

in Richtung der Bahntangente bzw. der Normale. Die Komponenten (3.9) werden als **Tangential-** bzw. **Normalbeschleunigung** bezeichnet. Die erste ist eine algebraische Größe, deren Vorzeichen davon abhängt, ob die algebraische Schnelligkeit zu- oder abnimmt. Die zweite hängt von der Schnelligkeit des Massenpunktes sowie von der Krümmung der Bahnkurve ab und ist nichtnegativ; der Beschleunigungsvektor $\boldsymbol{a}$ ist daher (Figur 3.3) stets gegen die Konkavseite der Bahnkurve gerichtet.

Fällt a momentan in die Bahntangente, so ist nach (3.9) vorübergehend $a_\nu = 0$, also $v = 0$ oder $\varrho = \infty$. Das trifft zum Beispiel bei der Bewegungsumkehr oder im Wendepunkt einer ebenen Bahnkurve zu. Fällt a momentan in die Normale, so wird vorübergehend $a_\tau = 0$, also v stationär, wie etwa dann, wenn v extremal wird.

Fällt a dauernd in die Bahntangente, so hat man nach (3.9) entweder Ruhe oder eine gradlinige Bewegung. Liegt a dauernd in der Normalen, so ist die Bewegung gleichförmig, und wenn a identisch null ist, liegt eine gradlinig gleichförmige Bewegung vor. Alle diese Aussagen lassen sich auch umkehren.

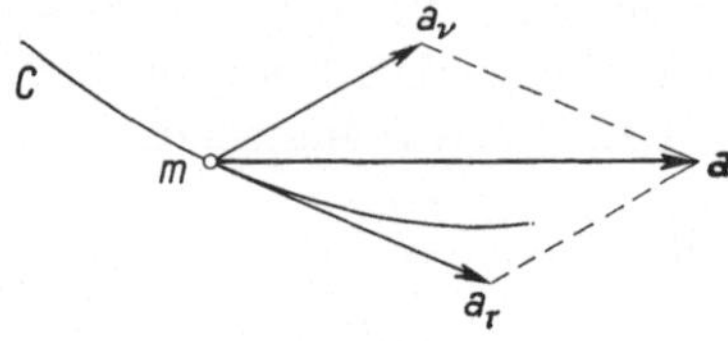

Figur 3.3

Es ist besonders zu beachten, dass auch eine gleichförmige Bewegung beschleunigt sein kann. Die Beschleunigung lässt nämlich, wenn sie in die Bahnnormale fällt, die Schnelligkeit des Massenpunktes unverändert und wirkt sich nur in einer Richtungsänderung aus.

Im Falle der *Kreisbewegung* mit dem algebraischen Drehwinkel φ (Figur 3.4) ist die algebraische Schnelligkeit durch (2.7) oder (2.8) gegeben. Man pflegt hier die Grösse $\alpha = \dot{\omega} = \ddot{\varphi}$ als **Winkelbeschleunigung** zu bezeichnen.

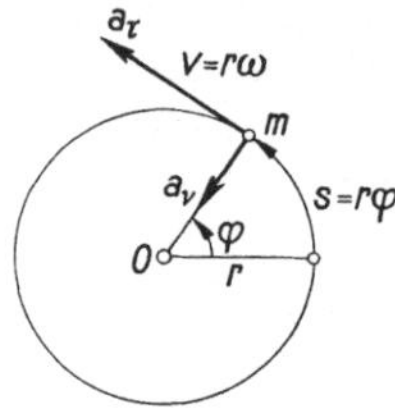

Figur 3.4

Sie ist eine algebraische Größe, hat die Dimension $[t^{-2}]$ und wird praktisch stets in s^{-2} gemessen.

Die beiden Komponenten der Beschleunigung sind bei der Kreisbewegung

$$a_\tau = \dot{v} = (r\,\omega)^{\displaystyle\cdot}\,, \qquad a_\nu = \frac{v^2}{\varrho} = \frac{(r\,\omega)^2}{r}$$

oder ausgeführt

$$a_\tau = r\,\alpha = r\,\dot{\omega} = r\,\ddot{\varphi}\,, \qquad a_\nu = r\,\omega^2 = r\,\dot{\varphi}^2\,. \tag{3.10}$$

Im Falle der *gleichförmigen* Kreisbewegung ist nur die zweite Komponente von null verschieden, und zwar konstant.

Läuft ein Massenpunkt mit der Drehzahl $n = 3000$ min^{-1} gleichförmig auf einem Kreis vom Radius $r = 20$ cm, so ist die Winkelgeschwindigkeit nach (2.12) $\omega = \pi\,n/30 = 314$ s^{-1}, also die konstante Schnelligkeit $v = r\,\omega = 6280$ cm/s $= 62,8$ m/s und die Normalbeschleunigung $a_\nu = r\,\omega^2 = 1,97 \cdot 10^6$ cm/s$^2 = 19,7$ km/s^2.

Figur 3.5 zeigt einen Punkt P, der mit der konstanten Winkelgeschwindigkeit $\varkappa$ auf einem Kreis vom Radius A läuft. Seine Bewegungsgleichung lautet $\varphi = \varkappa t + \varphi_0$ oder, wenn der Anfangswinkel φ_0 mit $-\varepsilon$ bezeichnet wird,

$$\varphi = \varkappa t - \varepsilon \, . \tag{3.11}$$

Bewegt sich ein Massenpunkt auf der x-Achse so, dass seine Lage stets durch die Normalprojektion von P gegeben ist, so pendelt er im Intervall $-A \leqq x \leqq A$. Seine Bewegungsgleichung ist $x = A \cos\varphi$ oder nach (3.11)

$$x = A \cos(\varkappa t - \varepsilon) \, . \tag{3.12}$$

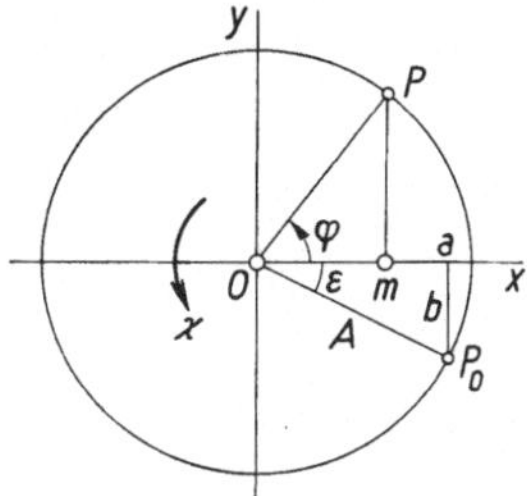

Figur 3.5

Die Bewegung (3.12) wird als **harmonische Schwingung** bezeichnet. Da sie gradlinig ist, fallen der Geschwindigkeits- und der Beschleunigungsvektor stets in die x-Achse. Die algebraische Schnelligkeit wird als zeitliche Ableitung der algebraischen Bogenlänge erhalten, die hier durch den **Ausschlag** dargestellt wird. Sie beträgt

$$\dot{x} = -A \varkappa \sin(\varkappa t - \varepsilon) \, , \tag{3.13}$$

verschwindet an den Umkehrstellen $x = \pm A$ und ist in O extremal. Die Beschleunigung hat nur eine Tangentialkomponente, und diese ist

$$\ddot{x} = -A \varkappa^2 \cos(\varkappa t - \varepsilon) \, . \tag{3.14}$$

Nach (3.14) und (3.12) ist $\ddot{x} = -\varkappa^2 x$, die Beschleunigung also stets gegen O gerichtet und dem Betrag nach dem Ausschlag proportional.

Der Fahrplan der harmonischen Schwingung ist in Figur 3.6 dargestellt und hat die Form einer in beiden Richtungen verzerrten und längs der t-Achse verschobenen Cosinuslinie. Der **Höchstausschlag** A wird auch als **Amplitude** bezeichnet und im Fahrplan als größte Ordinate abgelesen. Die Größe ε wird als **Phasenwinkel** oder **Phasenkonstante** bezeichnet und tritt, mit $\varkappa$ dividiert, als Abszisse eines positiven Höchstausschlages auf. Mit der Kreisbewegung ist auch die harmonische Schwingung periodisch. Sie hat die **Periode** oder **Schwingungsdauer**

$$T = \frac{2\pi}{\varkappa} \, , \tag{3.15}$$

die mit der Umlaufszeit der Kreisbewegung übereinstimmt und im Fahrplan zwischen zwei aufeinanderfolgenden Höchstausschlägen nach der gleichen Seite, aber auch zwischen zwei gleichgerichteten Nulldurchgängen abgelesen werden kann. Die Zahl der Schwingungen je Sekunde ist mit

$$\nu = \frac{1}{T} = \frac{\varkappa}{2\,\pi} \tag{3.16}$$

gleich der sekundlichen Drehzahl von P und wird als **Frequenz** oder **Schwingungszahl** bezeichnet. Schließlich heißt die Winkelgeschwindigkeit der Kreisbewegung,

$$\varkappa = 2\,\pi\,\nu = \frac{2\,\pi}{T}\,, \tag{3.17}$$

die **Kreisfrequenz** der harmonischen Schwingung. Sie stellt den sekundlich von P durchlaufenen Winkel im absoluten Winkelmaß dar.

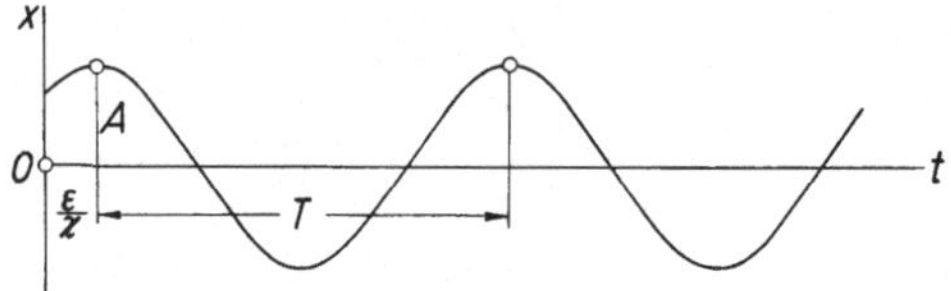

Figur 3.6

Die Bewegungsgleichung (3.12) der harmonischen Schwingung kann auch in der Gestalt

$$x = A\,(\cos\varepsilon\,\cos\varkappa t + \sin\varepsilon\,\sin\varkappa t)$$

oder mit den Abkürzungen

$$a = A\,\cos\varepsilon\,, \qquad b = A\,\sin\varepsilon\,, \tag{3.18}$$

deren geometrische Bedeutung aus Figur 3.5 ersichtlich ist, in der Form

$$x = a\,\cos\varkappa t + b\,\sin\varkappa t \tag{3.19}$$

angeschrieben werden. Die Bewegung erscheint damit in zwei besonders einfache harmonische Schwingungen zerlegt. In vielen Fällen wird sie zunächst in der Form (3.19) gewonnen. Ihre Amplitude und Phasenkonstante folgen dann aus den Umkehrungen

$$A = \sqrt{a^2 + b^2}\,, \qquad \tan\varepsilon = \frac{b}{a} \tag{3.20}$$

der Beziehungen (3.18).

Aufgaben

1. Man knüpfe an Aufgabe 2.1 an und ermittle die Beschleunigungen, die der Massenpunkt m beim Eintritt in den ersten Oktanten sowie beim Austritt aus ihm besitzt.

2. Man diskutiere die Beschleunigung des Massenpunktes von Aufgabe 2.2 und gebe insbesondere die algebraischen Beschleunigungen a_a und a_e an, die der Massenpunkt in B bzw. A besitzt.

3. Der Massenpunkt von Figur 3.7 bewegt sich auf einem Kreis vom Radius r. Seine anfängliche Winkelgeschwindigkeit ist $\omega_0 = 3\,\mathrm{s}^{-1}$, und der Tangens des Winkels α zwischen seinem Geschwindigkeits- und Beschleunigungsvektor ist der Winkelgeschwindigkeit proportional, mithin von der Form $\tan\alpha = \varkappa\,\omega$. Man ermittle ω als Funktion von t, sodann die Bewegungsgleichung und schließlich den Wert, den $\varkappa$ annehmen muß, damit der Massenpunkt nach einem Umlauf zum Stillstand kommt.

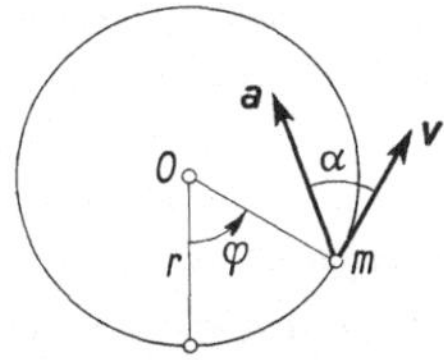

Figur 3.7

4. Der starre Körper

Der **starre Körper** ist dadurch charakterisiert (Band I, Abschnitt 1), dass die ihm angehörenden Punkte unveränderliche Abstände besitzen. Figur 4.1 zeigt einen solchen Körper K, bezogen auf das kartesische Koordinatensystem x, y, z. Ein Satz von unabhängigen Größen, welche die Lage des Körpers eindeutig festlegen, soll auch hier als Satz von **Lagekoordinaten** bezeichnet werden, und unter dem **Freiheitsgrad** sei wie in Abschnitt 1 die Zahl der Lagekoordinaten verstanden.

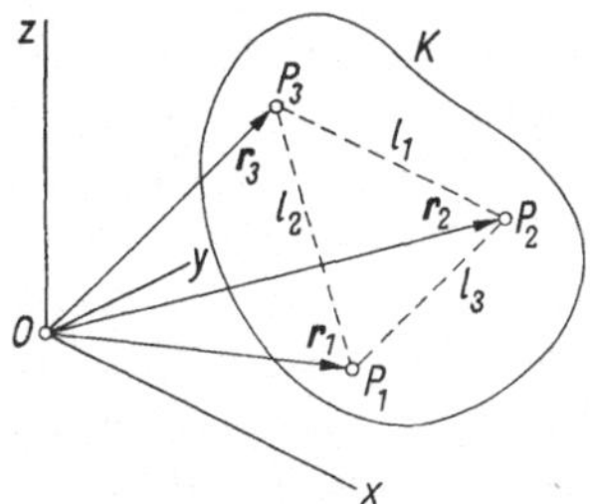

Figur 4.1

Die **Lage** eines beliebigen Körpers wird durch die Fahrstrahlen seiner Punkte beschrieben. Diejenige des starren Körpers ist mit den Fahrstrahlen $\boldsymbol{r}_1 = (x_1, y_1, z_1)$, ... dreier Punkte P_1, P_2, P_3, gegeben, die ihm angehören und nicht auf einer Geraden liegen. Die insgesamt neun Komponenten dieser drei Fahrstrahlen sind aber nicht unabhängig. Da nämlich die Abstände l_1, l_2, l_3 zwischen den drei Punkten unveränderlich sind, gelten drei Beziehungen der Form

$$(\boldsymbol{r}_3 - \boldsymbol{r}_2)^2 = (x_3 - x_2)^2 + (y_3 - y_2)^2 + (z_3 - z_2)^2 = l_1^2,\ldots, \qquad (4.1)$$

und da diese Relationen drei Gleichungen zwischen den Komponenten der

Fahrstrahlen darstellen, ist der Freiheitsgrad des im Raume freien starren Körpers 6.

Praktisch empfiehlt es sich freilich nicht, die Lagekoordinaten des starren Körpers in der angedeuteten Weise einzuführen. Zweckmässiger ist das folgende, durch Figur 4.2 nahegelegte Verfahren: Man fixiert einen beliebigen Punkt C im Körper (zum Beispiel seinen Schwerpunkt) durch seinen Fahrstrahl bzw. seine Koordinaten x_C, y_C, z_C, so daß sich der Körper nur noch um C drehen kann. Sodann führt man mit C als Ursprung das **begleitende Koordinatensystem***) x', y', z' ein, dessen Achsen denjenigen des Bezugssystems x, y, z während der Bewegung parallel bleiben, sowie ein beliebiges **körperfestes Koordinatensystem** ξ, η, ζ. Es handelt sich dann noch darum, die Lage des körperfesten Systems im begleitenden zu fixieren. Das geschieht dadurch, daß man mit $\varkappa$ die zur Ebene z', ζ normale Schnittgerade der Ebenen x', y' und ξ, η einführt und als **Knotenachse** bezeichnet. Schreibt man jetzt den Winkel ψ zwischen der x'- und der Knotenachse vor, so ist mit $\varkappa$ die Ebene z', ζ fixiert, und wenn noch der Winkel ϑ zwischen den Achsen z' und ζ gegeben wird, ist auch die ζ-Achse festgelegt. Um die Drehung zu verhindern, die der Körper dann noch um die ζ-Achse ausführen kann, ist schließlich der Winkel φ zwischen der Knoten- und der ξ-Achse zu fixieren.

Man bezeichnet die drei Winkel

$$\psi = \sphericalangle\, (x',\, \varkappa)\,, \qquad \vartheta = \sphericalangle\, (z',\, \zeta)\,, \qquad \varphi = \sphericalangle\, (\varkappa,\, \xi) \tag{4.2}$$

nach EULER (1707–1783) als **Eulersche Winkel** des Körpers. Sie stellen algebraische Größen dar und sind dann positiv zu rechnen, wenn sie, von der erstgenannten Achse nach der zweiten geschlagen, einen Drehsinn besitzen, der mit der Achse z' bzw. $\varkappa$ bzw. ζ eine Rechtsschraube bildet.

Die Größen x_C, y_C, z_C sowie ψ, ϑ, φ sind voneinander unabhängig und fixieren die Lage des starren Körpers relativ zum Bezugssystem x, y, z. Sie können daher als Lagekoordinaten des freien starren Körpers bezeichnet werden, und damit bestätigt sich, daß der Freiheitsgrad in diesem Falle 6 beträgt.

Jede **Bewegung** besteht aus einer Änderung der Lagekoordinaten, die man wieder allgemein mit q_1, q_2, ... bezeichnen kann, und wird dadurch beschrieben, daß man die Lagekoordinaten als Funktionen der Zeit gibt. Die betreffenden Beziehungen sind die **Bewegungsgleichungen** des Körpers. Ihre Zahl ist nur beim freien Körper 6; ist er geführt, so hat man weniger Freiheitsgrade und damit auch weniger Bewegungsgleichungen.

Bleiben während der Bewegung des Körpers die in ihm enthaltenen Geraden sich selbst parallel, so spricht man von einer **Parallelverschiebung** oder **Translation**. Da dann (Figur 4.2) insbesondere die Achsen ξ, η, ζ ihre Richtungen beibehalten, sind die Eulerschen Winkel konstant; als Lagekoordinaten bleiben nur die Koordinaten von C, und der Freiheitsgrad ist demnach 3. Werden die möglichen Translationen durch die weitere Forderung eingeschränkt, daß sich C auf einer gegebenen Fläche oder Kurve bewege, so

---

*) Man beachte den Unterschied in der Definition des begleitenden Koordinatensystems beim Massenpunkt (Seite 20) und beim starren Körper.

reduziert sich der Freiheitsgrad auf 2 bzw. 1. Wird C insbesondere auf einer Ebene oder einer Geraden geführt, so liegt eine **ebene** oder **gradlinige Translation** vor.

Bleibt ein beliebiger Punkt C bei der Bewegung fest, so spricht man von einer **Kreiselung**. Da hier die Koordinaten von C konstant sind, bleiben als Lagekoordinaten die Eulerschen Winkel und damit drei Freiheitsgrade.

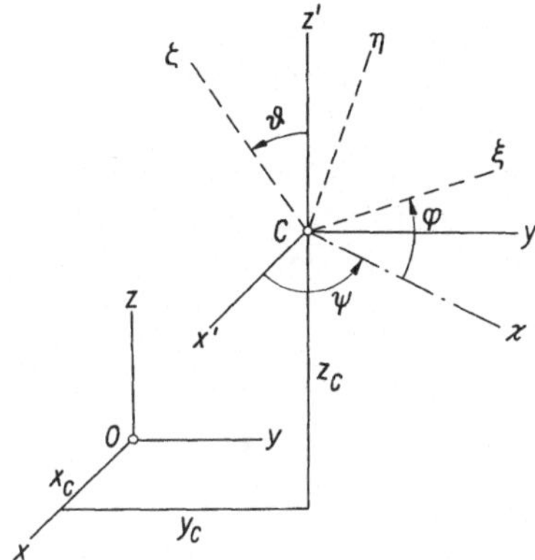

Figur 4.2

Wird außer C ein weiterer Punkt und damit eine ganze Gerade, beispielsweise die ζ-Achse festgehalten, dann liegt eine **Rotation** vor. Neben den Koordinaten von C sind dann auch die beiden Eulerschen Winkel ψ und ϑ konstant; als Lagekoordinate bleibt φ allein und damit ein einziger Freiheitsgrad, so daß die Bewegung wieder als **zwangläufig** zu bezeichnen ist.

Schließlich ist die **ebene Bewegung** dadurch charakterisiert, daß sich alle Punkte des Körpers, die in einer festen Ebene E liegen, in dieser verschieben. Man nennt E die **Bewegungsebene** und kann die Lage des Körpers durch diejenige einer ihm angehörenden Strecke $P_1 P_2$ (Fig. 4.3) in E fixieren, das heißt durch die Koordinaten x_1, y_1 von P_1 sowie den Drehwinkel φ der Strecke $P_1 P_2$. Der Freiheitsgrad der ebenen Bewegung beträgt mithin 3. Auf das gleiche Resultat kommt man auch von Figur 4.2 aus, indem man z_C konstant und $\vartheta = 0$ hält. Dann ist nämlich C an eine Horizontalebene gebunden und durch x_C, y_C fixiert. Ferner reduziert sich die Drehung um C auf eine Rotation um die vertikale ζ-Achse; die Knotenachse ist nicht mehr definiert, und die Summe der Eulerschen Winkel ψ und φ wird zur dritten Lagekoordinate.

Ebenso, wie die Lage eines Körpers durch die Fahrstrahlen seiner Punkte beschrieben wird, versteht man unter dem **Bewegungszustand** die Gesamtheit der Geschwindigkeiten dieser Punkte in einem gegebenen Augenblick. Der Bewegungszustand verhält sich also zur Lage des Körpers wie beim Massenpunkt die Geschwindigkeit zum Fahrstrahl; wie diese ist er im allgemeinen zeitlich veränderlich. Da auch die Geschwindigkeiten der verschiedenen Punkte eines Körpers im gleichen Augenblick im allgemeinen verschieden sind, kann man nicht von der Geschwindigkeit (oder Beschleunigung) eines Körpers sprechen, sondern nur von seinem Bewegungszustand (bzw. der zeitlichen Änderung desselben).

Ist der Körper starr, dann sind seine Fahrstrahlen nicht unabhängig. Es ist daher zu erwarten, daß hier auch zwischen den Geschwindigkeiten der einzelnen Punkte Beziehungen existieren, so daß der Bewegungszustand ähnlich einfach wie die Lage beschrieben werden kann. Daß solche Beziehungen bestehen, mag im folgenden an einigen einfachen Sonderfällen illustriert werden, während die Behandlung des allgemeinsten Bewegungszustandes auf Abschnitt 5 verschoben werden soll.

Bei der **ebenen Bewegung** behalten die Normalen zur Bewegungsebene E ihre Richtungen bei. Die Fahrstrahlen zweier Punkte P_1 und P_2, die (Figur 4.4) auf einer solchen Normalen liegen, genügen daher der Bedingung

$$(r_2 - r_1)^{\cdot} = 0 , \tag{4.3}$$

die man auch in der Form

$$v_2 = v_1 \tag{4.4}$$

schreiben kann. Hieraus folgt, daß alle Punkte auf einer Normalen zu E zur gleichen Zeit die gleiche (zu E parallele) Geschwindigkeit, mithin auch die gleiche Beschleunigung und schließlich auch kongruente Bahnkurven besitzen. Somit kann jede Ebene, die zu E parallel ist, als Bewegungsebene aufgefaßt werden. Auch die Geschwindigkeitsvektoren in einer solchen Ebene sind nicht unabhängig voneinander.

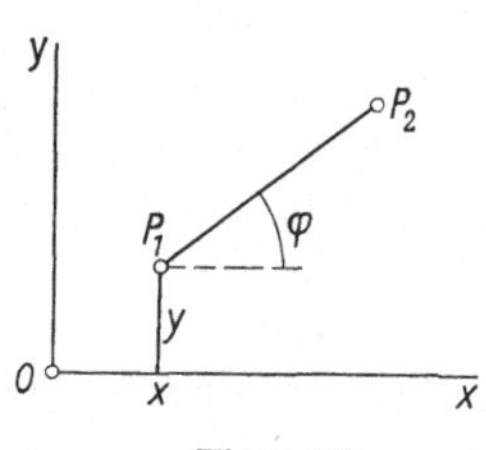

Figur 4.3

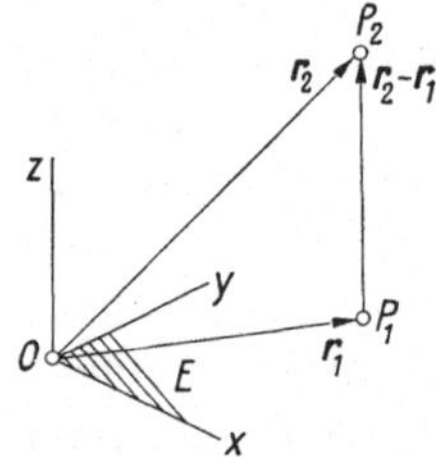

Figur 4.4

Da bei der **Translation** alle Geraden des Körpers ihre Richtungen beibehalten, gilt für ein beliebiges Punktepaar P_1, P_2 die Beziehung (4.3) und damit (4.4). In jedem Augenblick haben somit alle Punkte des Körpers die gleiche Geschwindigkeit und die gleiche Beschleunigung; außerdem sind ihre Bahnkurven kongruent. Der Bewegungszustand wird also in diesem Fall durch eine einzige Geschwindigkeit, zum Beispiel diejenige des Punktes C beschrieben. Sie kann sich im Laufe der Zeit ändern.

Bei der **Rotation** laufen die Punkte P (Figur 4.5) auf Kreisen mit den Radien ϱ um die **Rotationsachse** μ. Die Geschwindigkeit von P ist dabei tangential zum Kreis und hat den Betrag

$$v = \omega \varrho , \tag{4.5}$$

wobei ω die Winkelgeschwindigkeit der Rotation bezeichnet. Der Richtungssinn von v bestimmt sich aus dem Drehsinn der Rotation.

Man kann die Bestimmungsstücke der Rotation durch einen einzigen linienflüchtigen Vektor, nämlich die **vektorielle Winkelgeschwindigkeit** darstellen. Darunter versteht man einen Vektor in der Drehachse, dessen Richtungssinn mit dem Drehsinn der Rotation eine Rechtsschraube bildet und dessen Betrag in einem geeignet gewählten Maßstab die Größe ω der Winkelgeschwindigkeit angibt.

Mit Hilfe dieses Winkelgeschwindigkeitsvektors und des Fahrstrahls r von seinem Anfangspunkt O nach P wird die Geschwindigkeit eines beliebigen Punktes P bei der Rotation durch das Vektorprodukt

$$v = \boldsymbol{\omega} \times r \tag{4.6}$$

dargestellt. In der Tat ist nach (4.6) v tangential zum Bahnkreis von P, weist in der Bewegungsrichtung und hat den Betrag $v = \omega\, r \sin\varphi$, der mit (4.5) übereinstimmt, und zwar unabhängig von der Lage des Punktes O auf μ.

Auch bei der Rotation wird somit der Bewegungszustand, ähnlich wie bei der Translation, durch einen einzigen Vektor $\boldsymbol{\omega}$ beschrieben. Sein Betrag kann sich im Laufe der Zeit ändern. Läßt man bei festgehaltenem Punkt O auch Richtungsänderungen von $\boldsymbol{\omega}$ zu, dann erhält man eine Bewegung, bei der auf die Dauer nur der Punkt O fest bleibt, mithin eine Kreiselung um O.

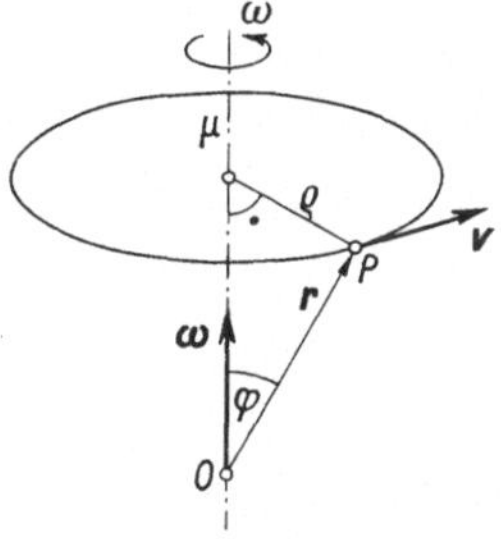

Figur 4.5

Aufgaben

1. Man betrachte die Punkte, die bei der ebenen Bewegung in der Bewegungsebene liegen, und untersuche die Abhängigkeit ihrer Geschwindigkeiten.

5. Der allgemeinste Bewegungszustand

Die Lage des starren Körpers wird nach Abschnitt 4 durch die Fahrstrahlen dreier nicht auf einer Geraden liegender Punkte gegeben, und zwischen diesen Fahrstrahlen bestehen drei Beziehungen der Form (4.1). Es folgt hieraus, daß der allgemeinste Bewegungszustand des starren Körpers durch die Geschwindigkeiten dreier solcher Punkte beschrieben werden kann, und daß zwischen diesen noch Beziehungen existieren.

In der Tat folgt aus der Gleichung

$$(r_k - r_i)^2 = l^2, \tag{5.1}$$

welche wie (4.1) die Unveränderlichkeit des Abstandes zweier beliebiger Punkte P_i und P_k des Körpers ausdrückt, durch Ableitung nach der Zeit

$$(r_k - r_i)(v_k - v_i) = 0 \tag{5.2}$$

oder

$$(r_k - r_i)\, v_k = (r_k - r_i)\, v_i \;.$$

Es gilt also (Figur 5.1) der **Satz von den projizierten Geschwindigkeiten,** wonach im starren Körper die Geschwindigkeiten v_i, v_k zweier beliebiger Punkte P_i und P_k in Richtung ihrer Verbindungsgeraden gleiche Projektionen $v_i' = v_k'$ aufweisen.

So haben die Geschwindigkeiten der Punkte auf der Achse eines geraden starren Stabes in jedem Augenblick gleiche Projektionen in der Achsenrichtung.

Figur 5.1   Figur 5.2

Praktisch empfiehlt es sich nicht, den allgemeinsten Bewegungszustand des starren Körpers durch drei Geschwindigkeiten zu beschreiben. Man geht zweckmäßiger von Figur 4.2 aus, der man entnimmt, daß die Bewegung in eine Translation und eine Kreiselung aufgespalten werden kann. In der Tat bewegt sich ja das begleitende Koordinatensystem x', y', z' translatorisch, und die Bewegung des körperfesten Systems ξ, η, ζ relativ zum begleitenden ist eine Kreiselung um den Punkt C. Die Translation mit C wird augenblicklich durch eine einzige Geschwindigkeit v_C beschrieben, und es ist zu vermuten, daß die Kreiselung um C momentan durch eine vektorielle Winkelgeschwindigkeit ω dargestellt werden kann.

Um diese Vermutung zu bestätigen, sei der Bewegungszustand eines Kreisels (Figur 5.2) mit dem Drehpunkt C in der Form

$$v = \omega \times r \tag{5.3}$$

angesetzt, wobei ω ein fester Winkelgeschwindigkeitsvektor ist. Sind P_i und

P_k zwei beliebige Punkte des Kreisels mit den Fahrstrahlen r_i, r_k, so gilt nach (5.3)

$$v_k - v_i = \boldsymbol{\omega} \times (r_k - r_i) \, ,$$

und da die rechte Seite zur Verbindungsstrecke der beiden Punkte normal steht, ist der Projektionssatz für ein beliebiges Punktepaar erfüllt. Der Ansatz (5.3) stellt also einen möglichen Bewegungszustand des Kreisels dar. Um zu zeigen, daß er auch den allgemeinsten Bewegungszustand beschreibt, seien neben C die Punkte P_1 und P_2 betrachtet, die im Abstand 1 von C auf den Achsen x' bzw. y' liegen. Der allgemeinste Bewegungszustand des starren Körpers wird durch die Geschwindigkeiten dreier nicht auf einer Geraden liegender Punkte beschrieben, derjenige des Kreisels mit dem Drehpunkt C also durch die Geschwindigkeiten von P_1 und P_2. Mit Rücksicht auf den Projektionssatz für die Seiten des Dreiecks $C\,P_1\,P_2$ gilt dabei

$$v_{1x} = 0 \, , \qquad v_{2y} = 0 \, , \qquad v_{2x} = -\,v_{1y} \, ;$$

es dürfen also nur die Geschwindigkeitskomponenten v_{1y}, v_{1z} und v_{2z} vorgeschrieben werden. Durch Anwendung von (5.3) auf die Punkte P_1 und P_2 folgt

$$v_{1x} = 0 \, , \qquad v_{1y} = \omega_z \, , \qquad v_{1z} = -\,\omega_y \, ,$$

$$v_{2x} = -\,\omega_z \, , \qquad v_{2y} = 0 \, , \qquad v_{2z} = \omega_x \, .$$

Aus der zweiten, dritten und letzten dieser sechs Gleichungen bestimmen sich die Komponenten des Vektors $\boldsymbol{\omega}$ eindeutig; die übrigen Beziehungen sind mit dem Projektionssatz von selbst erfüllt. Somit stellt (5.3) den allgemeinsten Bewegungszustand des Kreisels dar.

Damit ist klar geworden, daß sich in einem bestimmten Augenblick die Geschwindigkeiten v der Punkte P eines beliebig bewegten starren Körpers aus je zwei Teilgeschwindigkeiten zusammensetzen. Die erste ist die Geschwindigkeit v_O eines beliebigen Punktes im Körper, der jetzt mit O statt mit C bezeichnet werden soll, und dieser Anteil von v stellt eine momentane Translation mit dem Punkt O dar. Die zweite Teilgeschwindigkeit ist $\boldsymbol{\omega} \times r$ und kann nach Abschnitt 4 als Beitrag einer momentanen Rotation mit der Winkelgeschwindigkeit $\boldsymbol{\omega}$ um eine durch O gehende Achse μ (Figur 5.3) gedeutet werden. Der Bewegungszustand besteht also in jedem Augenblick in einer Translation mit O und einer Rotation um eine Achse durch O; er wird durch die **Translationsgeschwindigkeit v_O** sowie die **Winkelgeschwindigkeit $\boldsymbol{\omega}$ der Rotation** beschrieben. Die Geschwindigkeit des Punktes P mit dem von O aus gezogenen Fahrstrahl r ist

$$v = v_O + \boldsymbol{\omega} \times r \, , \tag{5.4}$$

und die beiden Vektoren v_O, $\boldsymbol{\omega}$, welche den Bewegungszustand beschreiben, sollen im folgenden zusammen als **Kinemate** bezeichnet werden.

Im Laufe der Zeit ändern sich die beiden Vektoren der Kinemate, auch wenn der Bezugspunkt O im Körper festgehalten wird. Die Geschwindigkeit

v_0 beschreibt dann eine Translation mit O und die Winkelgeschwindigkeit ω eine Kreiselung um O, und das sind die gleichen Bewegungen, wie sie in Figur 4.2 mit Hilfe des Punktes C, seines begleitenden und des körperfesten Koordinatensystems unterschieden worden sind.

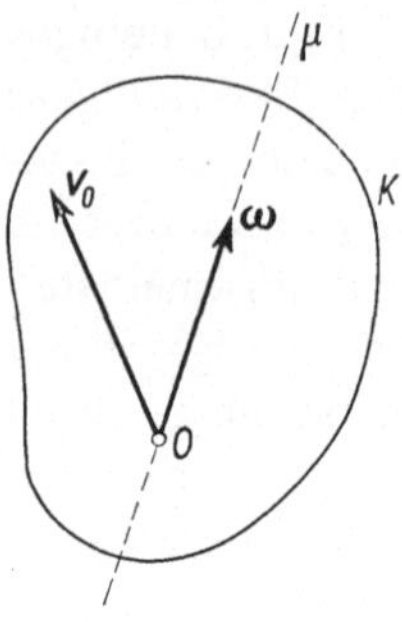

Figur 5.3

Man kann die beiden Vektoren der Kinemate in Figur 5.3 in je zwei Komponenten zerlegen und die Kinemate derart als Summe zweier Teilkinematen auffassen, die nach (5.4) zwei Bewegungszustände darstellen. Dabei läßt sich der eine davon als Bewegungszustand des gegebenen Körpers K relativ zu einem Bezugssystem 1 deuten, der andere als Bewegungszustand, den K für einen Beobachter in einem weiteren System 2 hätte, wäre K starr mit 1 verbunden. In diesem Sinne gilt ein **Additionstheorem für Kinematen,** wie es in Abschnitt 2 für die Geschwindigkeiten des Massenpunktes bewiesen worden ist.

Die einfachste Anwendung besteht in der Zerlegung der Kinemate von Figur 5.3 in ihre Winkelgeschwindigkeit ω, welche die Kreiselung von K relativ zum begleitenden Koordinatensystem beschreibt, und die Geschwindigkeit v_O, welche die Translation von K mit dem begleitenden System darstellt.

Da man in der Wahl des Punktes O frei ist, kann man einen und denselben Bewegungszustand durch Kinematen in beliebigen Punkten darstellen. Figur 5.4 zeigt zwei solche, nämlich v_O, ω und $v_{O'}$, ω' im Punkt O', der bezüglich O den Fahrstrahl s besitzt. Nach (5.4) erhält man, von der Kinemate in O ausgehend, für O' die Geschwindigkeit

$$v_{O'} = v_O + \omega \times s\,, \tag{5.5}$$

und da diese bereits die Translationsgeschwindigkeit der Kinemate in O' ist, stellt (5.5) die Beziehung dar, nach der sich die Translationsgeschwindigkeit transformiert. Ist ferner P ein beliebiger Punkt, durch die Fahrstrahlen r, r' auf O bzw. O' bezogen, so kann seine Geschwindigkeit v, wiederum nach (5.4), auf die beiden Arten

$$v = v_O + \omega \times r = v_{O'} + \omega' \times r' \tag{5.6}$$

gewonnen werden. Nun ist aber $r = s + r'$, mithin nach (5.6)

$$v_O + \omega \times s + \omega \times r' = v_{O'} + \omega' \times r'$$

oder unter Berücksichtigung von (5.5)

$$(\boldsymbol{\omega} - \boldsymbol{\omega}') \times \boldsymbol{r}' = 0 \, .$$

Da diese Beziehung unabhängig von $\boldsymbol{r}'$ gelten muß, folgt $\boldsymbol{\omega}' = \boldsymbol{\omega}$; die Winkelgeschwindigkeit ist also eine **Invariante** der Kinemate.

In Band I, Abschnitt 6, ist gezeigt worden, wie eine räumliche Kräftegruppe auf Dynamen in verschiedenen Punkten reduziert werden kann. Dort ist die *Einzelkraft* invariant, und zwischen den *Momentvektoren* in O und O' besteht die Beziehung Band I, (6.12), die aus (5.5) erhalten wird, wenn man die Größen $\boldsymbol{v}_O$, $\boldsymbol{\omega}$ (und $\boldsymbol{s}$) der Reihe nach durch $\boldsymbol{M}_O$, $\boldsymbol{R}$ (und $\boldsymbol{r}$) ersetzt. Die Kinemate transformiert sich also genau so wie die Dyname, und zwar entspricht der Einzelkraft der Dyname die Winkelgeschwindigkeit der Kinemate, dem Momentvektor die Translationsgeschwindigkeit.

Auf Grund dieser Analogie gibt es zu jedem Satz, der sich auf die Dyname bezieht, einen entsprechenden Satz für die Kinemate. Zum Beispiel ist neben der Winkelgeschwindigkeit $\boldsymbol{\omega}$ das Skalarprodukt $\boldsymbol{v}_O\boldsymbol{\omega}$ eine Invariante. Ferner läßt sich der neue Bezugspunkt O' in Figur 5.4 stets so wählen, daß die Vektoren der Kinemate gleich oder entgegengesetzt gerichtet sind. Die Punkte O', welche diese Eigenschaft haben, liegen auf einer Geraden, der **Zentralachse** des Bewegungszustandes. Die Kinemate in O' wird als **Schraube** bezeichnet, und zwar als Rechts- oder Linksschraube, je nachdem die Vektoren gleiche oder entgegengesetzte Richtung haben. In der Tat ist der Bewegungszustand, welcher aus der Rotation um eine Achse und einer Translation in deren Richtung besteht, derjenige einer momentanen Schraubung. Diese liefert das einfachste Bild für den allgemeinsten Bewegungszustand des starren Körpers. Bei dessen Verwendung ist freilich zu beachten, daß die Bestimmungsstücke der Schraubung, insbesondere die Zentralachse, sich im allgemeinen im Laufe der Zeit ändern.

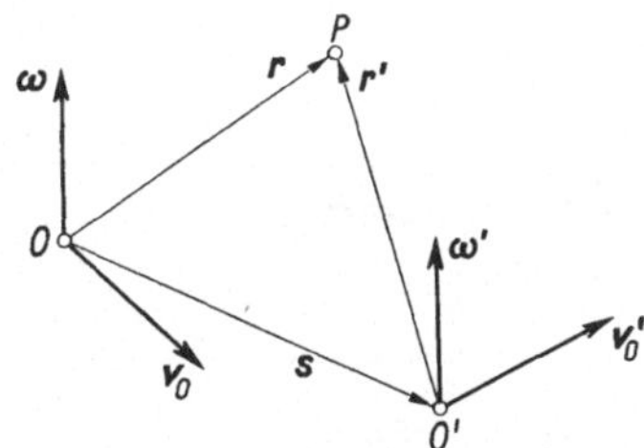

Figur 5.4

Auch die Bedingung dafür, daß der Bewegungszustand eine noch einfachere Darstellung zuläßt, kann aus der Analogie mit der Dyname gewonnen werden und lautet nach Band I (6.15)

$$\boldsymbol{v}_O \, \boldsymbol{\omega} = 0 \, . \tag{5.7}$$

Im Fall $\boldsymbol{\omega} = 0$ liegt eine augenblickliche Translation vor, im Fall $\boldsymbol{v}_O = 0$ eine Rotation um eine Achse durch O und mit $\boldsymbol{v}_O \perp \boldsymbol{\omega}$ eine solche um die Zentralachse, die jetzt nicht mehr durch O geht.

3 Ziegler

Besteht die Kinemate in O während eines endlichen Zeitintervalls nur im Vektor v_O, so ist für diese Zeit die ganze Bewegung eine Translation (mit möglicherweise veränderlicher Geschwindigkeit). Reduziert sich dagegen die Kinemate auf den Vektor $\boldsymbol{\omega}$, so liegt eine Kreiselung (mit im allgemeinen veränderlicher Winkelgeschwindigkeit) vor. Die ebene Bewegung (Figur 5.5) dagegen ist dadurch gekennzeichnet, daß v_O stets einer bestimmten Ebene E parallel und $\boldsymbol{\omega}$ zu ihr normal ist. Dann und nur dann liefert nämlich (5.4) für alle Punkte des Körpers eine zu E parallele Geschwindigkeit v.

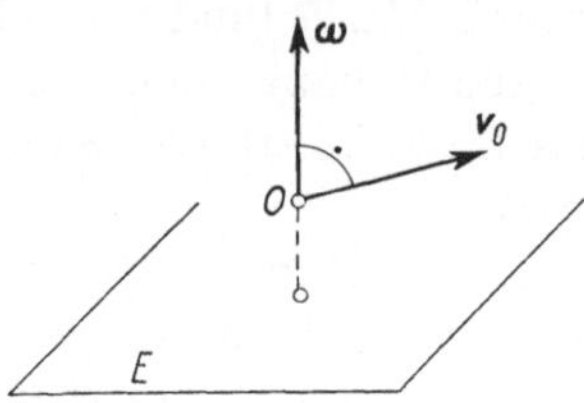

Figur 5.5

Bewegt sich ein Körper relativ zu einem zweiten so, daß er ihn stets berührt und daß alle Punkte, in denen der Kontakt stattfindet, als Angehörige beider Körper die gleiche Geschwindigkeit haben, dann sagt man, daß die Körper aufeinander **abrollen.** Ist O ein Berührungspunkt, so muß sich die Kinemate in O, welche den Bewegungszustand des ersten Körpers relativ zum zweiten beschreibt, auf die Winkelgeschwindigkeit $\boldsymbol{\omega}$ reduzieren, und aus (5.4) folgt, daß allfällige weitere Berührungspunkte auf der Wirkungslinie von $\boldsymbol{\omega}$ liegen müssen.

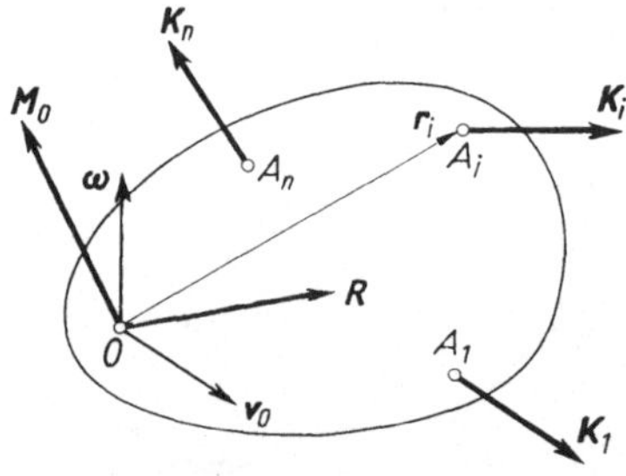

Figur 5.6

Greift an einem starren Körper (Figur 5.6), dessen Bewegungszustand durch die Kinemate v_O, $\boldsymbol{\omega}$ in O dargestellt wird, eine Kräftegruppe $\boldsymbol{K}_1$, $\boldsymbol{K}_2$, ..., $\boldsymbol{K}_n$ an, so läßt sich die Leistung der Kraft $\boldsymbol{K}_i$, deren Angriffspunkt A_i durch den Fahrstrahl $\boldsymbol{r}_i$ auf den Punkt O bezogen wird und die Geschwindigkeit

$$v_i = v_O + \boldsymbol{\omega} \times \boldsymbol{r}_i$$

besitzt, mit

$$L_i = \boldsymbol{K}_i v_i = \boldsymbol{K}_i v_O + \boldsymbol{K}_i (\boldsymbol{\omega} \times \boldsymbol{r}_i)$$

bzw.

$$L_i = K_i\, v_0 + (r_i \times K_i)\, \omega$$

anschreiben. Versteht man unter der **Leistung L der ganzen Kräftegruppe**
die Summe der Leistungen aller Einzelkräfte, so hat man

$$L = \sum_1^n L_i = \sum_1^n K_i\, v_0 + \sum_1^n (r_i \times K_i)\, \omega$$

oder

$$L = v_0 \sum_1^n K_i + \omega \sum_1^n r_i \times K_i \,,$$

und da die beiden letzten Summen mit den Komponenten R, M_0 der Dyname
in O übereinstimmen, die mit der gegebenen Kräftegruppe statisch äquivalent
ist, kommt schließlich

$$L = R\, v_0 + M_0\, \omega \,. \tag{5.8}$$

Die Leistung einer am starren Körper angreifenden Kräftegruppe kann demnach dadurch ermittelt werden, daß man die Kräfte durch eine Dyname und
den Bewegungszustand durch eine Kinemate im gleichen Punkt O darstellt
und die Skalarprodukte aus Einzelkraft und Translationsgeschwindigkeit sowie Momentvektor und Winkelgeschwindigkeit addiert. Sie läßt sich mithin in zwei – freilich von der Wahl des Bezugspunktes abhängige – Beiträge
zerlegen, die der Leistung im Fall reiner Translation bzw. reiner Rotation
entsprechen.

Die **Leistung eines Kräftepaares** vom Moment M ist nach (5.8) durch
$L = M\, \omega$ gegeben. Sie hängt nur vom rotatorischen Bewegungsanteil des Körpers ab, an dem das Paar angreift, und verschwindet dann, wenn der Körper
sich im Augenblick translatorisch oder aber so bewegt, daß M und ω normal
zueinander sind.

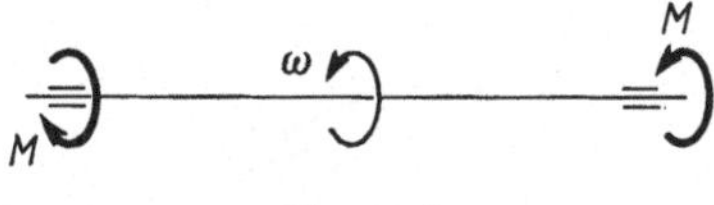

Figur 5.7

Dreht sich zum Beispiel eine **Welle** (Figur 5.7), die einen Motor mit einer Ar-
beitsmaschine verbindet, unter dem Einfluß der an ihren Enden angreifenden
Momente M gleichförmig mit der Winkelgeschwindigkeit ω, so sind das antreibende
Moment M und die Winkelgeschwindigkeit ω gleichgerichtet. Das Torsionsmoment
beträgt, da hier $L = M\, \omega$ ist,

$$M = \frac{L}{\omega} = \frac{L}{2\,\pi\,\nu} \,, \tag{5.9}$$

wobei ν die sekundliche Drehzahl bezeichnet. Damit ist eine Beziehung bewiesen,
die bereits in Band I verwendet und dort unter (28.14) aufgeführt ist.

Aufgaben

1. Man beweise die Invarianz des Skalarproduktes $v_0\,\omega$.

2. Ein starrer Körper dreht sich momentan mit entgegengesetzt gleichen Winkelgeschwindigkeiten ω um zwei parallele Achsen, die den Abstand b haben. Man stelle den Bewegungszustand einfacher dar.

3. Ein starrer Würfel (Figur 5.8) bewegt sich augenblicklich translatorisch mit der Geschwindigkeit v vom Betrag 5 m/s und rotiert gleichzeitig mit der Winkelgeschwindigkeit ω vom Betrag 5 s^{-1} um die Achse μ. Man stelle seinen Bewegungszustand durch eine Kinemate in der Ecke O dar und ermittle die Zentralachse sowie die Schraube, welche in einem ihrer Punkte den Bewegungszustand beschreibt.

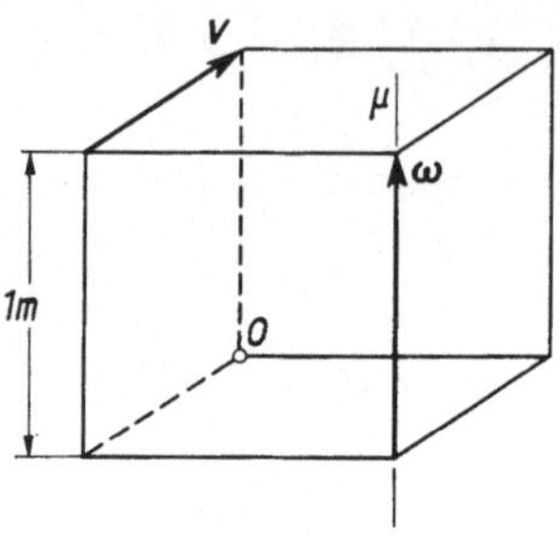

Figur 5.8

6. Die Kreiselung

Der einfachste Sonderfall des allgemeinen Bewegungszustandes ist nach Abschnitt 4 und 5 die Translation. Diese wird durch die Geschwindigkeit v_0 eines beliebigen Punktes im Körper beschrieben und ist damit so einfach, daß sich weitere Erörterungen erübrigen. Als nächster Sonderfall sei die Kreiselung diskutiert, bei der ein Punkt des Körpers fest ist. Man nennt den Körper in diesem Fall einen **Kreisel** und den festen Punkt O (Figur 6.1) seinen Drehpunkt.

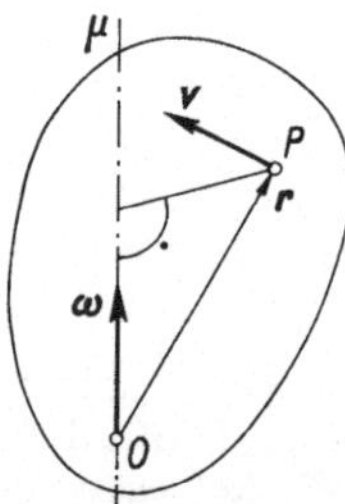

Figur 6.1

Stellt man den Bewegungszustand des Kreisels durch eine Kinemate in O dar, so reduziert sich diese, da $v_0 = 0$ ist, auf die vektorielle Winkelgeschwindigkeit ω; der Bewegungszustand kann also momentan als Rotation mit der Winkelgeschwindigkeit ω um eine durch O gehende Achse μ gedeutet werden. In der Tat ist mit $v_0 = 0$ die Geschwindigkeit eines beliebigen Punktes P mit dem auf O bezogenen Fahrstrahl r nach (5.4) durch

$$v = \omega \times r \qquad (6.1)$$

gegeben und stimmt nach (4.6) mit derjenigen überein, die bei einer Rotation mit der Winkelgeschwindigkeit ω um die Achse μ zu erwarten ist; insbesondere haben alle Punkte auf μ die Geschwindigkeit null.

Im Laufe der Zeit ändert sich ω im allgemeinen nach Betrag und Richtung. Die Rotationsachse ist daher weder im Raum noch im Kreisel fest, und eine bestimmte Gerade durch O kann im allgemeinen nur augenblicklich als Rotationsachse betrachtet werden. Man bezeichnet daher μ als **Momentanachse** und die Tatsache, daß die Kreiselung für die Ermittlung der Geschwindigkeiten augenblicklich als Rotation um μ aufgefaßt werden kann, als **Satz von der Momentanachse.**

Auf die Beschleunigung des Punktes P läßt sich der Satz nicht übertragen. Diese ist nach (6.1) durch

$$a = \dot{v} = \omega \times \dot{r} + \dot{\omega} \times r = \omega \times (\omega \times r) + \dot{\omega} \times r \qquad (6.2)$$

gegeben und hat mit dem letzten Term im Gegensatz zur Beschleunigung bei der Rotation im allgemeinen auch eine Komponente in Richtung von μ.

Die Geraden eines raumfesten Bezugssystems, die im Laufe der Zeit Momentanachsen werden, definieren einen ruhenden Kegel mit Spitze in O (Figur 6.2), der als **fester Polkegel** F bezeichnet wird. Analog beschreibt die Momentanachse auf dem Kreisel einen körperfesten Kegel mit Spitze in O, den sogenannten **beweglichen Polkegel** B. Die beiden Polkegel weisen in jedem Augenblick in der Momentanachse μ eine gemeinsame Erzeugende auf, und da deren Punkte die Geschwindigkeit null besitzen, kann die Bewegung in einem endlichen Zeitintervall als Abrollen des beweglichen auf dem festen Polkegel gedeutet werden.

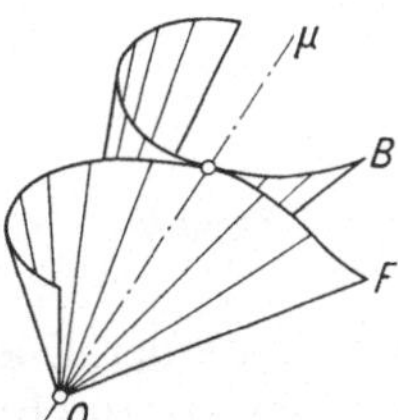

Figur 6.2

Der **Kollergang** (Figur 6.3) besteht aus einem Rad vom Radius r, das auf einer Horizontalebene E abrollt, während sich seine Achse l um den festen Punkt O dreht. Er stellt demnach einen Kreisel mit Drehpunkt O dar. Die Momentanachse μ ist durch zwei augenblicklich ruhende Punkte, nämlich O und den Berührungspunkt A des Rades bestimmt. Die Polkegel sind daher gerade Kreiskegel mit den halben Öffnungswinkeln $\pi/2 - \alpha$ bzw. α, wobei

$$\cos\alpha = \frac{l}{\sqrt{l^2 + r^2}}$$

ist. Die momentane Rotation mit der Winkelgeschwindigkeit ω um μ kann in zwei Teilbewegungen, nämlich die Drehung des Rades mit ω_1 um seine Achse und die Drehung mit ω_2 zerlegt werden, welche diese um die Vertikale durch O ausführt.

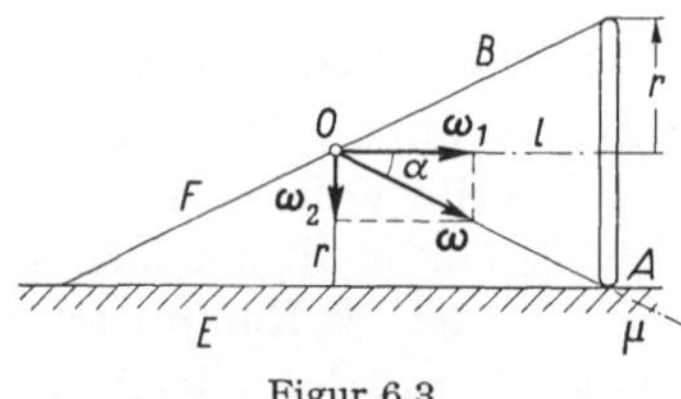

Figur 6.3

In Figur 6.4 ist ein Kreisel auf das raumfeste System x, y, z mit dem Drehpunkt O als Ursprung bezogen. Werden als Lagekoordinaten die Eulerschen Winkel ψ, ϑ, φ des körperfesten Systems ξ, η, ζ verwendet, so stellen ihre zeitlichen Ableitungen $\dot{\psi}$, $\dot{\vartheta}$, $\dot{\varphi}$ die Winkelgeschwindigkeiten dreier Teilrotationen dar, die zusammen die augenblickliche Rotation des Kreisels um seine Momentanachse ergeben. Durch Addition ihrer Winkelgeschwindigkeitsvektoren, die der Reihe nach in den Achsen z, $\varkappa$ und ζ liegen, muß also die momentane Winkelgeschwindigkeit ω erhalten werden.

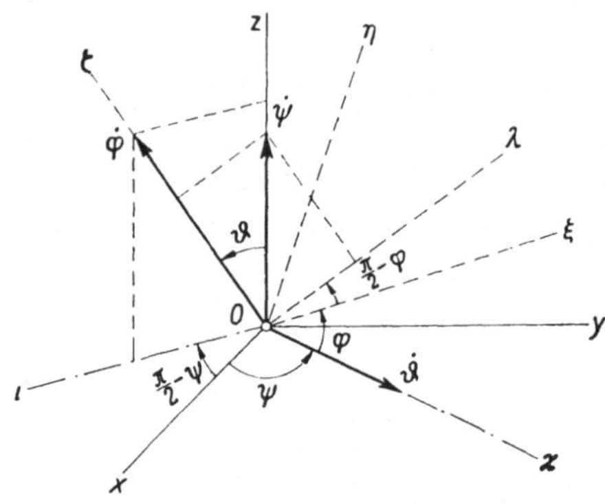

Figur 6.4

Führt man mit ι die Schnittgerade der Ebenen x, y, und z, ζ sowie mit λ diejenige der Ebenen ξ, η und z, ζ ein, so sind beide normal zur Knotenachse $\varkappa$. Es schließt also ι den Winkel $\pi/2$-ψ mit der x-Achse und λ den Winkel $\pi/2$-φ mit der ξ-Achse ein. Die Winkelgeschwindigkeit $\dot{\psi}$ stellt eine Rotation des rechtwinkligen Achsenkreuzes ι, $\varkappa$, z um die raumfeste Achse z dar. Diese wird als **Präzession** des Kreisels bezeichnet. Sodann dreht sich das rechtwinklige Achsenkreuz $\varkappa$, λ, ζ mit der Winkelgeschwindigkeit $\dot{\vartheta}$ um die im System ι, $\varkappa$, z feste Achse $\varkappa$ und liefert damit die sogenannte **Nickbewegung.** Schließlich dreht sich das körperfeste System ξ, η, ζ mit der Winkelgeschwindigkeit $\dot{\varphi}$ um die im Achsenkreuz $\varkappa$, λ, ζ feste ζ-Achse. Diese dritte Bewegung wird die **Eigenrotation** des Kreisels genannt.

Um die Komponenten ω_x, ω_y, ω_z der resultierenden Winkelgeschwindigkeit ω bezüglich des raumfesten Koordinatensystems zu erhalten, projiziert man die Vektoren von $\dot{\psi}$, $\dot{\vartheta}$, $\dot{\varphi}$ der Reihe nach auf die Achsen x, y, z und erhält nach Figur 6.4

$$\begin{aligned}
\omega_x &= \dot{\varphi}\sin\vartheta\sin\psi + \dot{\vartheta}\cos\psi\,, \\
\omega_y &= -\dot{\varphi}\sin\vartheta\cos\psi + \dot{\vartheta}\sin\psi\,, \\
\omega_z &= \dot{\varphi}\cos\vartheta + \dot{\psi}\,.
\end{aligned} \tag{6.3}$$

Die Komponenten im körperfesten System ergeben sich analog mit

$$\begin{aligned}
\omega_\xi &= \dot{\psi}\sin\vartheta\sin\varphi + \dot{\vartheta}\cos\varphi\,, \\
\omega_\eta &= \dot{\psi}\sin\vartheta\cos\varphi - \dot{\vartheta}\sin\varphi\,, \\
\omega_\zeta &= \dot{\psi}\cos\vartheta + \dot{\varphi}\,.
\end{aligned} \tag{6.4}$$

Im übrigen gehen die rechten Seiten von (6.3) und (6.4) durch Vertauschung von ψ und φ sowie Vorzeichenwechsel in der mittleren Beziehung ineinander über.

In der Praxis wird oft der in zwei Ringen gelagerte oder, wie man auch sagt, **kardanisch aufgehängte Kreisel** verwendet, wie er in Figur 6.5 schematisch dargestellt ist. Macht man die Achse des äußeren Ringes zur z- und diejenige des Rotors zur ζ-Achse, so ist die Horizontalebene durch den Drehpunkt die (x, y)- und die Mittelebene des Rotors die (ξ, η)-Ebene. Die Knotenachse $\varkappa$ fällt mit der horizontalen Achse zusammen, um die sich der innere Ring im äußeren dreht. Die Drehung des äußeren Ringes stellt hier die Präzession, diejenige des inneren Ringes relativ zum äußeren die Nickbewegung und die Drehung des Rotors im inneren Ring die Eigenrotation des Kreisels dar.

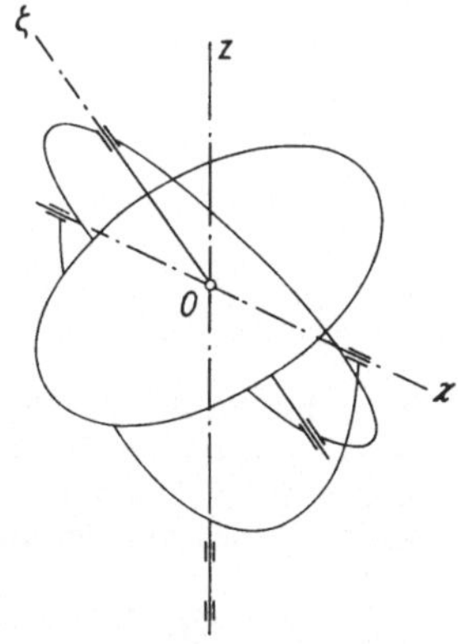

Figur 6.5

Das hier verwendete **Kardangelenk** kommt als **Kardankupplung** auch da zur Anwendung, wo es sich (wie im Automobilbau) darum handelt, zwei Wellen zu verbinden, die sich (Figur 6.6) unter dem spitzen Winkel α schneiden. Die beiden Wellen 1 und 2, von denen die erste mit der z-Achse des raumfesten Koordinatensystems zusammengelegt werden kann, während die zweite in der Ebene

y, z liegen soll, sind an den Enden gabelförmig ausgebildet und durch ein starres, rechtwinkliges Kreuz verbunden, dessen Arme sich in den Gabeln drehen können, während sein Mittelpunkt O, der Schnittpunkt von 1 und 2, ruht.

Man kann die Welle 2 als Kreisel mit der momentanen Winkelgeschwindigkeit ω auffassen und die körperfeste Achse ζ in den zugehörigen Kreuzarm legen. Der andere Kreuzarm liegt dann in den Ebenen ξ, η sowie x, y und stellt somit die Knotenachse $\varkappa$ dar. Die Bewegung des so definierten Kreisels besteht in einer Präzession mit der Winkelgeschwindigkeit $\dot\psi$ um die Achse z, einer Nickbewegung mit $\dot\vartheta$ um den horizontalen Kreuzarm und einer Eigenrotation mit $\dot\varphi$ um den andern Arm. Dabei stimmt $\dot\psi$ mit der Winkelgeschwindigkeit ω_1 der Welle 1 überein, während ω die Drehung der Welle 2 beschreibt, mithin in ihre Achse fällt und den Betrag ω_2 besitzt. Es liegt also ein Kreisel vor, dessen Winkelgeschwindigkeit ω bezüglich des raumfesten Koordinatensystems nach (6.3) die Komponenten

$$\left.\begin{aligned}
\omega_x &= \dot\varphi \sin\vartheta \sin\psi + \dot\vartheta \cos\psi &&= 0\,, \\
\omega_y &= -\dot\varphi \sin\vartheta \cos\psi + \dot\vartheta \sin\psi &&= \omega_2 \sin\alpha\,, \\
\omega_z &= \dot\varphi \cos\vartheta + \omega_1 &&= \omega_2 \cos\alpha
\end{aligned}\right\} \tag{6.5}$$

besitzt, während die Komponente bezüglich der körperfesten Achse ζ verschwindet, mithin nach (6.4)

$$\omega_\zeta = \omega_1 \cos\vartheta + \dot\varphi = 0 \tag{6.6}$$

ist.

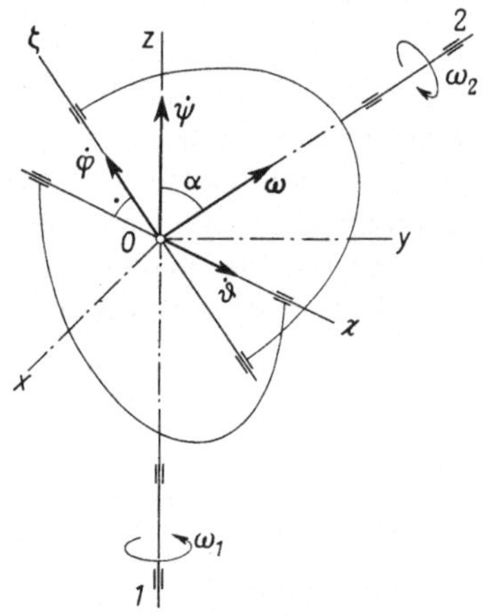

Figur 6.6

Aus den vier Beziehungen (6.5), (6.6) läßt sich der Zusammenhang zwischen den Winkelgeschwindigkeiten ω_1 und ω_2 bestimmen. Eliminiert man nämlich $\dot\vartheta$ aus den ersten beiden Gleichungen, indem man sie nach Erweitern mit $\sin\psi$ bzw. $-\cos\psi$ addiert, und ordnet man die beiden andern Gleichungen, so erhält man das neue System

$$\left.\begin{aligned}
\dot\varphi \sin\vartheta &= -\omega_2 \sin\alpha \cos\psi\,, \\
\dot\varphi \cos\vartheta &= \omega_2 \cos\alpha - \omega_1\,, \\
\dot\varphi &= -\omega_1 \cos\vartheta\,.
\end{aligned}\right\} \tag{6.7}$$

Aus den beiden ersten Beziehungen (6.7) folgt

$$\tan^2\vartheta = \frac{\omega_2^2 \sin^2\alpha \cos^2\psi}{(\omega_1 - \omega_2 \cos\alpha)^2}\,; \tag{6.8}$$

die Elimination von $\dot{\varphi}$ aus den letzten beiden liefert

$$\cos^2\vartheta = \frac{\omega_1 - \omega_2 \cos\alpha}{\omega_1}\,, \qquad \text{mithin} \qquad \sin^2\vartheta = \frac{\omega_2 \cos\alpha}{\omega_1}$$

und

$$\tan^2\vartheta = \frac{\omega_2 \cos\alpha}{\omega_1 - \omega_2 \cos\alpha}\,. \tag{6.9}$$

Der Vergleich von (6.8) und (6.9) ergibt jetzt

$$\omega_2 \sin^2\alpha \cos^2\psi = (\omega_1 - \omega_2 \cos\alpha) \cos\alpha$$

oder

$$\omega_2 \sin^2\alpha \, (1 - \sin^2\psi) = \omega_1 \cos\alpha - \omega_2 \, (1 - \sin^2\alpha)\,,$$

also schließlich

$$\frac{\omega_2}{\omega_1} = \frac{\cos\alpha}{1 - \sin^2\alpha \sin^2\psi}\,. \tag{6.10}$$

Das Verhältnis der Winkelgeschwindigkeiten ω_1 und ω_2 ist demnach bei gegebenem α vom Drehwinkel ψ der Welle 1 abhängig und damit im allgemeinen zeitlich veränderlich. Es schwankt, wie man in (6.10) leicht abliest, zwischen den Werten $\cos\alpha$ und $1/\cos\alpha$. Dieser Nachteil kann freilich durch Hintereinanderschalten mehrerer Kardankupplungen behoben werden.

Aufgaben

1. Auf einer Horizontalebene (Figur 6.7) rollt eine Kreisscheibe vom Radius r, die auf einer in O gelagerten Welle der Länge l sitzt. Der höchste Punkt auf dem Rad hat die momentane Schnelligkeit v. Man ermittle die Momentanachse, die momentane Winkelgeschwindigkeit $\boldsymbol{\omega}$ und die beiden Polkegel. Ferner zerlege man die Kreiselung in die Bewegungen der Achse und des Rades relativ zur Achse und gebe die zugehörigen Winkelgeschwindigkeiten ω_1, ω_2 sowie die Umlaufzeiten T_1, T_2 an.

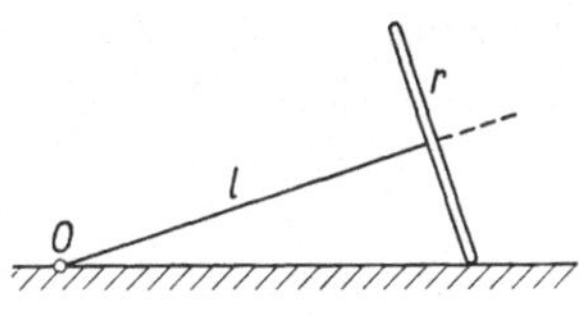

Figur 6.7

7. Die ebene Bewegung

Läßt man den Drehpunkt eines Kreisels normal zu einer Ebene E (Figur 7.1) ins Unendliche abwandern, so erhält man als Grenzfall der Kreiselung die ebene Bewegung mit der Bewegungsebene E. Die Geschwindigkeiten (6.1) sind dann nämlich alle parallel zu E (und auf Normalen zu E gleich). Somit ist zu erwarten, daß sich die Merkmale der Kreiselung in analogen Eigenschaften der ebenen Bewegung spiegeln, die man übrigens in der Ebene E studieren kann.

Wird der Bewegungszustand durch eine Kinemate $\boldsymbol{v}_0$, $\boldsymbol{\omega}$ in einem Punkt O der Ebene E beschrieben, so liegt die Geschwindigkeit von O und damit auch die Translationsgeschwindigkeit $\boldsymbol{v}_0$ in E, und die Forderung, daß die Geschwindigkeit

$$\boldsymbol{v} = \boldsymbol{v}_0 + \boldsymbol{\omega} \times \boldsymbol{r} \tag{7.1}$$

jedes anderen Punktes P parallel zu E sei, verlangt, wie schon in Abschnitt 5 gezeigt wurde, einen zu E normalen Winkelgeschwindigkeitsvektor $\boldsymbol{\omega}$. Somit ist $v_0\,\omega = 0$, und hieraus folgt nach (5.7), daß der Bewegungszustand einfacher dargestellt werden kann. Sind v_0 und ω von null verschieden, so ist nach (7.1)

$$\omega \times r = -v_0 \tag{7.2}$$

die Gleichung der Zentralachse. Diese ist parallel zu ω, mithin normal zu E und wird dadurch erhalten, daß man von O aus normal zu v_0 um die Strecke $r = v_0/\omega$ in E fortschreitet, und zwar so, daß die Vektoren auf beiden Seiten von (7.2) gleichgerichtet sind. Damit erhält man den Fußpunkt M der Zentralachse μ in E und kann den Bewegungszustand als Rotation mit ω um die Momentanachse μ auffassen. Im Fall $v_0 = 0$ geht die Momentanachse durch O, im Fall $\omega = 0$ liegt sie unendlich fern, und die Rotation wird zur Translation mit v_0.

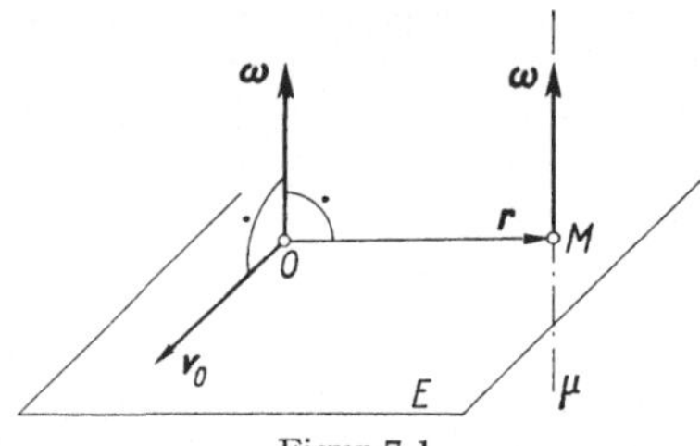

Figur 7.1

Beschränkt man sich auf die Betrachtung von Punkten in der Bewegungsebene, dann kann man das Ergebnis auch dahin formulieren, daß sich die ebene Bewegung momentan als Rotation mit der Winkelgeschwindigkeit ω um das **Momentanzentrum** M darstellen lasse. Die Geschwindigkeit v eines beliebigen Punktes P in E ist dann nach Figur 7.2 normal zur Verbindungsgeraden mit dem Momentanzentrum und besitzt den durch den Drehsinn von ω vorgeschriebenen Richtungssinn sowie den mit dem Abstand r von M gebildeten Betrag

$$v = \omega\,r . \tag{7.3}$$

Man nennt diese Aussagen den **Satz vom Momentanzentrum.**

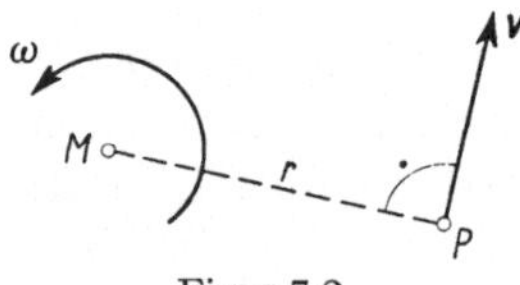

Figur 7.2

Schon im nächsten Augenblick erfolgt aber die Drehung im allgemeinen mit einer anderen Winkelgeschwindigkeit um eine neue Lage des Momentanzentrums; die Beschleunigung von P läßt sich daher nicht auf eine reine Rotation um M zurückführen.

Rollt ein Rad vom Radius r (Figur 7.3) in seiner Ebene an einer Horizontalen ab, so ist sein Berührungspunkt mit der Führungsgeraden augenblicklich in Ruhe und daher Momentanzentrum. Die Kinemate, welche den Bewegungszustand im Bezugspunkt M beschreibt, reduziert sich auf die Winkelgeschwindigkeit ω. Die

Geschwindigkeit eines beliebigen Punktes P auf dem Rad ist normal zu seiner Verbindungsgeraden mit M und dem Betrage nach proportional dem Abstand von M. So ist zum Beispiel die Geschwindigkeit des Mittelpunktes O horizontal und vom Betrag $v_0 = \omega\, r$. Die Beschleunigungen lassen sich aber nicht aus der momentanen Rotation ableiten. Der Bewegungszustand kann auch durch die Kinematen v_P, ω oder v_0, ω in P bzw. O dargestellt werden.

Figur 7.3

Figur 7.4

Kennt man (Figur 7.4) die Geschwindigkeit v_P eines Punktes P und die Gerade q, welche die Geschwindigkeit eines anderen Punktes Q enthält, dann wird das Momentanzentrum M als Schnittpunkt der Normalen zu v_P in P und zu q in Q gefunden. Der Drehsinn der Winkelgeschwindigkeit ω um M ergibt sich aus dem Richtungssinn von v_P, und es ist $\omega = v_P/r$, wenn r den Abstand MP bezeichnet.

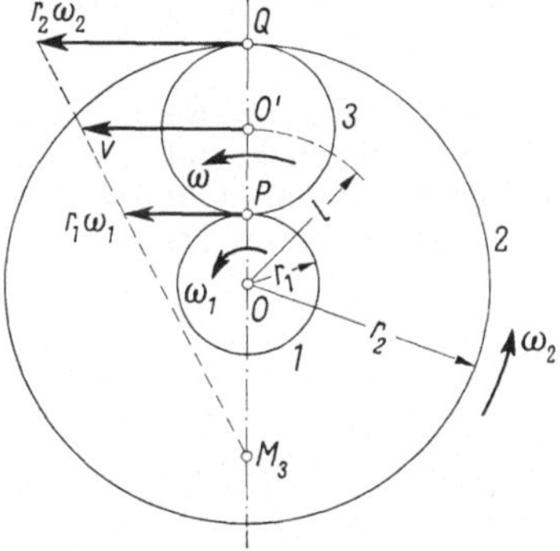

Figur 7.5

In Figur 7.5 sind die wichtigsten Elemente eines **Planetengetriebes** wiedergegeben, nämlich die Räder 1 und 2 mit den Radien r_1 bzw. r_2, die sich mit den Winkelgeschwindigkeiten ω_1 bzw. ω_2 um den Punkt O drehen und dabei ein drittes, auf ihnen abrollendes Rad 3, das sogenannte **Planetenrad** vom Radius

$$r_3 = \frac{1}{2}\,(r_2 - r_1)$$

mitnehmen. Praktisch werden alle drei Räder verzahnt und das Planetenrad in einem ebenfalls um O drehbaren Arm $O\,O'$ der Länge

$$l = \frac{1}{2}\,(r_1 + r_2) \tag{7.4}$$

gelagert, dessen Winkelgeschwindigkeit ω durch ω_1 und ω_2 bestimmt ist.

Die Momentanzentren M_1, M_2 und M der Räder 1, 2 sowie des Arms l fallen mit O zusammen. Die Punkte P, Q, in denen das Planetenrad die Räder 1 und 2 berührt, haben daher zum Arm normale Geschwindigkeiten der Beträge $\omega_1\,r_1$ bzw. $\omega_2\,r_2$. Da P und Q auch als Punkte des Planetenrades 3 aufgefaßt werden können und als solche, da 3 an den Rädern 1, 2 abrollt, die gleichen Geschwindigkeiten haben, liegt das Momentanzentrum M_3 des Planetenrades auf der Verbindungsgeraden PQ und wird hier durch die Forderung lokalisiert, daß sich die Strecken $M_3\,P$ und $M_3\,Q$ wie $r_1\,\omega_1$ und $r_2\,\omega_2$ verhalten. Das Zentrum O' des Planetenrades 3 hat die Schnelligkeit

$$v = \frac{1}{2}\,(r_1\,\omega_1 + r_2\,\omega_2)$$

und gehört auch dem Arm l an, so daß sich dessen Winkelgeschwindigkeit nach (7.4) zu

$$\omega = \frac{v}{l} = \frac{r_1\,\omega_1 + r_2\,\omega_2}{r_1 + r_2} \tag{7.5}$$

bestimmt.

Wird eines der Räder 1, 2 festgehalten, so hat man $\omega_1 = 0$ oder $\omega_2 = 0$, mithin

$$\omega = \frac{r_2}{r_1 + r_2}\,\omega_2 \qquad \text{bzw.} \qquad \omega = \frac{r_1}{r_1 + r_2}\,\omega_1\,,$$

während bei festgehaltenem Arm $\omega = 0$ und daher

$$\frac{\omega_2}{\omega_1} = -\,\frac{r_1}{r_2}$$

gilt.

Neben dem Satz vom Momentanzentrum wird bei Aufgaben der ebenen Kinematik oft auch der Satz von den projizierten Geschwindigkeiten (Abschnitt 5) verwendet.

In Figur 7.6 ist der Bewegungszustand zweier in C gelenkig miteinander verbundener Stäbe 1 und 2 dadurch gegeben, daß die Geschwindigkeiten der (etwa längs gegebenen Kurve geführten) Enden A und B vorgeschrieben sind. Die Geschwindigkeit v_C wird durch Anwendung des Projektionssatzes auf jeden der beiden Stäbe erhalten.

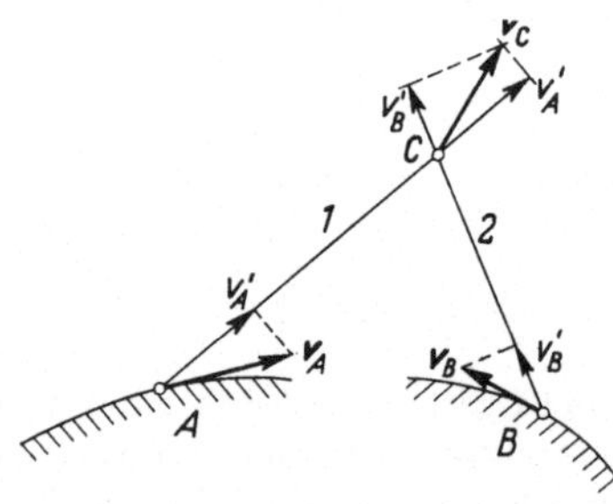

Figur 7.6

Diejenigen Punkte der raumfesten Bewegungsebene, die im Laufe der Zeit Momentanzentren werden, definieren eine Kurve F (Figur 7.7), die als **feste Polbahn** bezeichnet wird. Analog beschreibt das Momentanzentrum im Körper eine ebene Kurve B, die sogenannte **bewegliche Polbahn**. Faßt man die ebene Bewegung als Grenzfall der Kreiselung auf, so hat man die beiden Polbahnen als Spuren der Zylinder zu deuten, in welche die Polkegel beim Abwandern des Drehpunktes ins Unendliche übergehen. Sie weisen in jedem Augenblick im Momentanzentrum einen gemeinsamen Punkt auf, und da dieser keine Geschwindigkeit besitzt, läßt sich die Bewegung als Abrollen der beweglichen auf der festen Polbahn beschreiben.

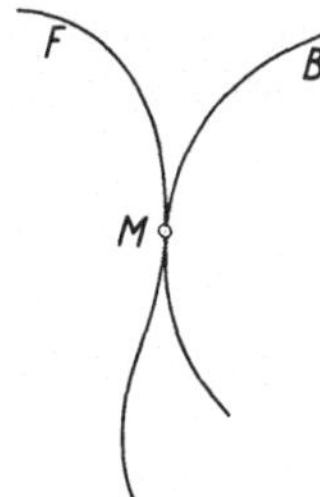

Figur 7.7

So ist zum Beispiel in Figur 7.3 die Führungsgerade die feste und die Peripherie des Rades die bewegliche Polbahn.

Die Ermittlung der beiden Polbahnen gelingt in einfacheren Fällen auf Grund elementarer geometrischer Überlegungen; bei verwickelteren Problemen geht man analytisch vor.

Als Beispiel für das geometrische Verfahren sei der sogenannte **Kreuzschieber** (Figur 7.8) betrachtet. Er besteht aus einem Stab der Länge l, dessen Endpunkte D und E an die Geraden d bzw. e mit dem Schnittpunkt C und dem Zwischenwinkel α gebunden sind. Das Momentanzentrum M liegt im Schnitt der in D und E auf d bzw. e errichteten Normalen, und die beiden Polbahnen werden dadurch gewonnen, daß man die Lage von M einerseits auf die ruhende Bewegungsebene, andererseits auf eine mit dem Stab verbunden gedachte Ebene bezieht.

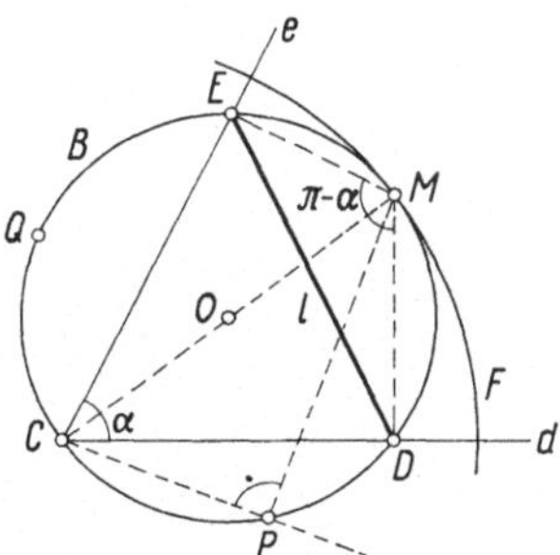

Figur 7.8

Das Viereck $CDME$ ist bei D und E rechtwinklig und damit einem Kreis B eingeschrieben, dessen Mittelpunkt O die Strecke CM halbiert. Wegen der Konstanz des Winkels $\pi - \alpha$ bei M wandert das Momentanzentrum, vom Stab aus beurteilt, auf diesem Kreis, der somit die bewegliche Polbahn darstellt. Für den raumfesten Beobachter liegt M stets auf dem Kreis B dem Punkt C diametral gegenüber; die feste Polbahn ist daher der Kreis F durch M mit dem Mittelpunkt C.

Die Geschwindigkeit eines beliebigen Punktes P auf B ist normal zu MP und fällt daher in die Verbindungsgerade CP. Seine Bahnkurve ist mithin die Gerade CP, und die gegebene Bewegung könnte auch dadurch erhalten werden, daß man die Endpunkte P, Q einer beliebigen Sehne des Kreises B längs Geraden durch C führen würde.

Zur analytischen Ermittlung der Polbahnen bezieht man den betrachteten Körper auf ein festes Koordinatensystem x, y und ein mitbewegtes ξ, η. Man hat dann nur die zusammengehörigen Koordinaten von M als Funktionen der Lagekoordinate des Körpers auszudrücken und allenfalls diese Lagekoordinate zu eliminieren.

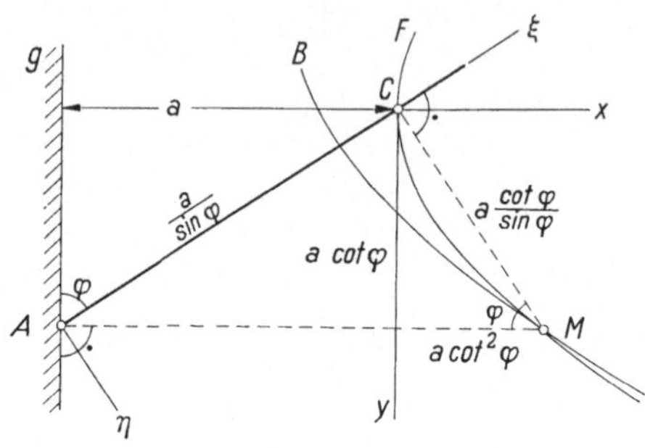

Figur 7.9

Figur 7.9 zeigt einen Stab, dessen Ende A längs der Geraden g geführt ist, während seine Achse stets durch den Punkt C im Abstand a von g geht. Da die Geschwindigkeit von A in g liegt und diejenige von C in die Stabachse fällt, ist das Momentanzentrum M der Schnittpunkt der in A zu g und in C zur Achse errichteten Normalen.

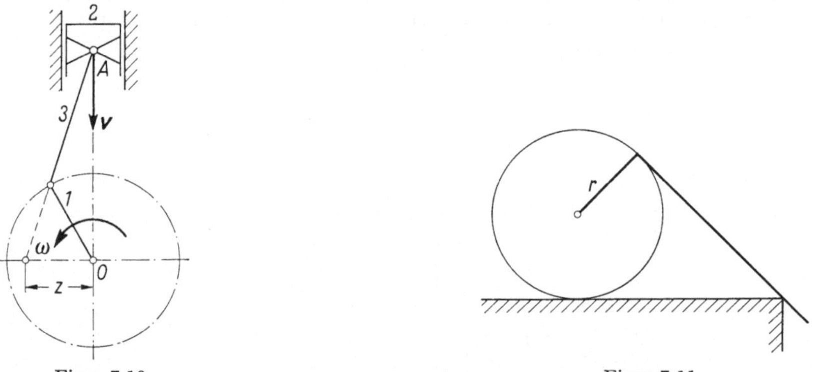

Figur 7.10   Figur 7.11

Im ruhenden Koordinatensystem x, y hat M die Koordinaten

$$x = a \cot^2 \varphi, \qquad y = a \cot \varphi,$$

und die Elimination der Lagekoordinate φ liefert als feste Polbahn die Parabel F mit der Gleichung

$$y^2 = a\,x.$$

Im System ξ, η, das mit dem Stab verbunden ist, sind

$$\xi = \frac{a}{\sin \varphi}, \qquad \eta = a\,\frac{\cos \varphi}{\sin^2 \varphi}$$

die Koordinaten von M, und die Elimination von φ ergibt die Gleichung

$$a^2\,\eta^2 = \xi^2\,(\xi^2 - a^2)$$

für die bewegliche Polbahn B.

Aufgaben

1. Das **Schubkurbelgetriebe** von Figur 7.10 besteht aus der Kurbel 1, die sich mit der Winkelgeschwindigkeit ω um O dreht, dem Kolben 2, der sich mit der Geschwindigkeit $\boldsymbol{v}$ in Richtung der Geraden AO translatorisch bewegt, und der Pleuelstange 3, welche die Körper 1 und 2 miteinander verbindet und eine ebene Bewegung ausführt. Man gebe die Momentanzentren der drei Körper 1, 2, 3 an und drücke die Schnelligkeit des Kolbens durch die Winkelgeschwindigkeit ω der Kurbel sowie den Abstand z zwischen O und dem Punkt aus, in dem die Achse der Pleuelstange die Normale zu AO durch O schneidet.

2. Der eine Schenkel eines rechtwinklig abgebogenen dünnen Stabes (Figur 7.11) hat die Länge r und ist an der Achse einer Scheibe vom Radius r gelagert, die über eine horizontale Führungsschiene rollt. Der andere Schenkel gleitet am Ende dieser Führung. Man ermittle die beiden Polbahnen des Stabes.

3. Ein dünner gerader Stab (Figur 7.12) der Länge l bewegt sich so, daß er stets am Ende C einer halbkreisförmigen Führung vom Radius r aufliegt und mit seinem Ende A in dieser Führung gleitet. Man nehme an, daß $\varphi = 30°$ und $v_C = 2\,\text{m/s}$ sei und konstruiere das Momentanzentrum sowie die Geschwindigkeiten der Punkte A und B. Sodann berechne man für $l = 2\,r$ und beliebige Winkel φ die Lage des Momentanzentrums, die Winkelgeschwindigkeit des Stabes, die Schnelligkeiten von A und B sowie die beiden Polbahnen.

4. In den Ecken O_1, O_2 eines Quadrates (Figur 7.13) mit der Seitenlänge l sind zwei Gelenkstäbe der Länge l gelagert, die durch einen weiteren Stab mit der Länge $l\sqrt{2}$ verbunden sind. Man ermittle die Polbahnen des mittleren Stabes.

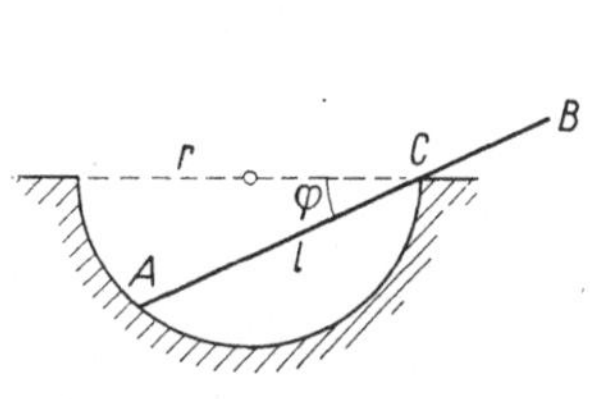

Figur 7.12

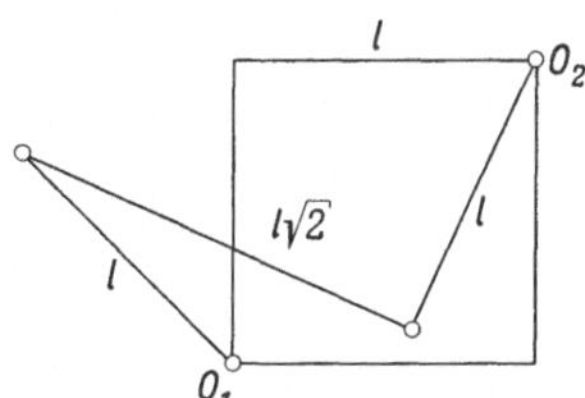

Figur 7.13

8. Kinematik der Relativbewegung

Es wurde schon mehrfach betont, daß man von der Lage bzw. Bewegung eines Massenpunktes (oder starren Körpers) stets nur in einem bestimmten Bezugssystem sprechen kann, und in der Tat kann sich ja ein Körper in bezug auf ein gegebenes Koordinatensystem in Bewegung befinden, aber gleichzeitig in einem anderen ruhen.

Wenn in den letzten Abschnitten gelegentlich von einem raumfesten Koordinatensystem die Rede war, so war das insofern nicht ganz korrekt, als man mit den Mitteln der Kinematik niemals entscheiden kann, ob sich ein System in Ruhe befindet; man kann höchstens sagen, daß es relativ zu einem anderen ruhe. Da man weiß, daß sich die Erde relativ zum Sonnensystem bewegt, wird man ein mit ihr verbundenes Koordinatensystem kaum als ruhend bezeichnen. Aber auch damit, daß man das Koordinatensystem mit dem Sonnensystem verbindet, ist nicht viel gewonnen, da sich dieses innerhalb der Milchstraße bewegt, die ihrerseits als Spiralnebel wieder nur einen winzigen Teil eines umfassenderen Systems bildet.

Es wird sich in Abschnitt 16 zeigen, daß man in gewissen Fällen aus Gründen der Kinetik berechtigt ist, ein bestimmtes Bezugssystem x, y, z so zu behandeln, als ob es in Ruhe wäre. Die Bewegung, die ein Massenpunkt m (Figur 8.1) in ihm ausführt, soll dann als wirkliche oder **absolute Bewegung** bezeichnet werden. Ist außerdem ein Bezugssystem ξ, η, ζ vorhanden, das sich relativ zum System x, y, z bewegt, so kann man dieses zweite System bzw. seinen Träger als **Fahrzeug** bezeichnen und die Bewegung, die m relativ zu ihm ausführt, als scheinbare oder als **Relativbewegung.** Um den Zusammenhang zwischen der relativen und der absoluten Bewegung wenigstens für den Massenpunkt zu etablieren, definiert man zweckmäßig als dritte noch die sogenannte **Führungsbewegung,** nämlich diejenige, die der Massenpunkt ausführen würde, wäre er starr mit dem Fahrzeug verbunden.

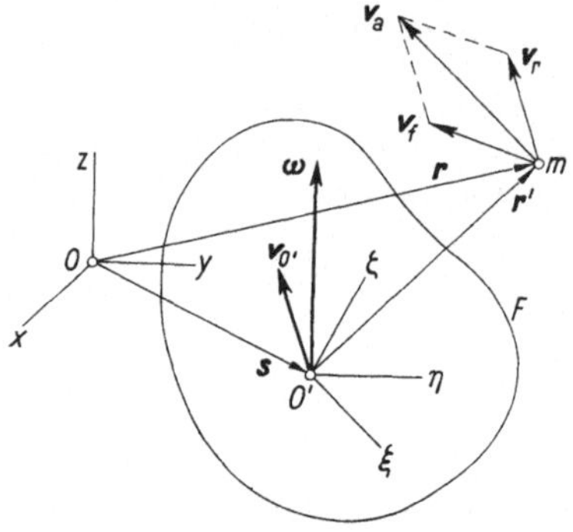

Figur 8.1

Die absolute Bewegung wird durch die Änderung des Fahrstrahls r beschrieben, wie sie ein Beobachter im System x, y, z wahrnimmt. Ihre Geschwindigkeit v_a bzw. Beschleunigung a_a wird als **absolute Geschwindigkeit** bzw. **Beschleunigung** bezeichnet. Analog wird die Relativbewegung durch die Änderung des Fahrstrahls r' für einen Beobachter auf dem Fahrzeug ξ, η, ζ gegeben. Zu ihr gehören die **Relativgeschwindigkeit v_r** und die **Relativbeschleunigung a_r.** Wenn man schließlich den Bewegungszustand des Fahrzeugs durch eine Kinemate $v_{O'}$, ω im Ursprung O' des Systems ξ, η, ζ darstellt, so gilt

$$v_{O'} = \frac{ds}{dt}, \tag{8.1}$$

wobei s der Fahrstrahl OO' ist. Die Führungsbewegung wird dadurch erhalten, daß man den Massenpunkt m als Bestandteil des Fahrzeugs auffaßt. Die

Führungsgeschwindigkeit v_f ist nach (5.4)

$$v_f = v_{O'} + \boldsymbol{\omega} \times \boldsymbol{r'} \,, \tag{8.2}$$

und die zugehörige Beschleunigung a_f wird als **Führungsbeschleunigung** bezeichnet.

Nach dem in Abschnitt 2 bewiesenen Additionstheorem der Geschwindigkeiten setzt sich die absolute Geschwindigkeit des Massenpunktes m vektoriell aus seiner Relativgeschwindigkeit und der Führungsgeschwindigkeit zusammen, nämlich derjenigen, die er hätte, wäre er starr mit dem Fahrzeug verbunden. Es gilt also (2.14) oder mit den neuen Bezeichnungen

$$v_a = v_r + v_f \,. \tag{8.3}$$

In Figur 8.2 ist ein Fahrzeug wiedergegeben, das sich mit der konstanten Geschwindigkeit c translatorisch nach rechts bewegt. Wird von ihm aus ein Massenpunkt m mit der relativen Anfangsgeschwindigkeit v_{r0} vertikal nach oben geworfen, so setzt sich seine absolute Anfangsgeschwindigkeit v_{a0} aus v_{r0} und der Führungsgeschwindigkeit $v_{f0} = c$ zusammen. Die absolute Bewegung ist daher der schiefe Wurf. Da bei diesem, wie sich in Abschnitt 10 zeigen wird, die Horizontalkomponente von v_a konstant ist, stimmt sie stets mit der Führungsgeschwindigkeit c überein. Daraus folgt, daß v_r dauernd vertikal, die Relativbewegung mithin der senkrechte Wurf ist. Die Wurfparabel C_a stellt die absolute, die Vertikale C_r die relative Bahnkurve dar.

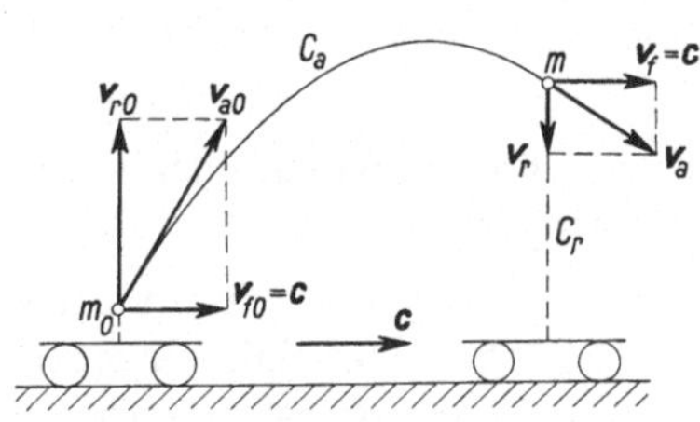

Figur 8.2

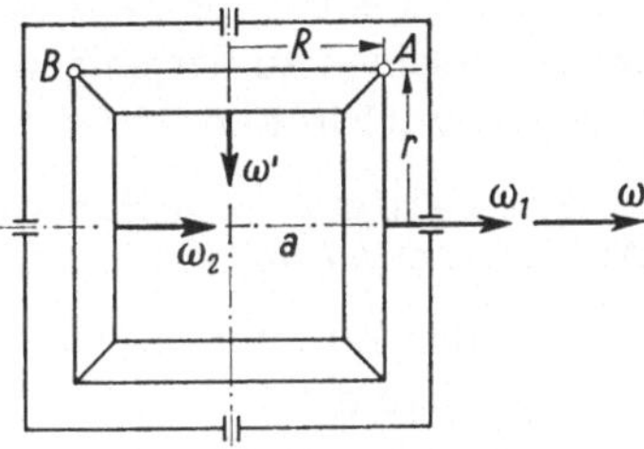

Figur 8.3

Durchläuft ein Automobil mit starrer Triebachse eine Kurve, so muß mindestens eines der beiden Räder gleiten, da nicht beide gleichzeitig auf verschieden langen Bögen abrollen können. Um dies zu verhindern, pflegt man die Triebachse zu unterbrechen und über ein **Differentialgetriebe** anzutreiben, wie es in Figur 8.3 schematisch dargestellt und auch für andere Zwecke verwendet wird. Das mit der Winkelgeschwindigkeit ω um die Achse a angetriebene Gehäuse enthält ein Kegelrad vom Radius R, das mit der Winkelgeschwindigkeit ω' in ihm frei rotieren kann und mit zwei weiteren Kegelrädern im Eingriff ist, welche ihrerseits die Radien r besitzen und die Räder mit den Winkelgeschwindigkeiten ω_1, ω_2 antreiben.

Man überlegt sich leicht, daß hier eine räumliche Abart des in Abschnitt 7 behandelten Planetengetriebes vorliegt. Denkt man sich das Automobil aufgebockt und damit in Ruhe, so kann man den Getriebekasten als Fahrzeug auffassen und die Beziehung (8.3) auf die beiden Punkte A und B anwenden. Ihre absolute Bewegung wird durch die Winkelgeschwindigkeiten ω_1, ω_2 bestimmt, die relative durch ω' und die Führungsbewegung durch ω. Alle Geschwindigkeiten sind normal zur Bildebene, und wenn man ihre Beträge nach vorn positiv rechnet, erhält man

$$v_{Aa} = r\,\omega_1, \qquad v_{Ar} = R\,\omega', \qquad v_{Af} = r\,\omega$$

50 I. Kinematik

sowie

$$v_{Ba} = r\,\omega_2, \qquad v_{Br} = -\,R\,\omega', \qquad v_{Bf} = r\,\omega,$$

mithin nach (8.3)

$$r\,\omega_1 = R\,\omega' + r\,\omega, \qquad r\,\omega_2 = -\,R\,\omega' + r\,\omega$$

und hieraus

$$\frac{\omega_1 + \omega_2}{2} = \omega \quad \text{sowie} \quad \omega' = \frac{1}{2}\,\frac{r}{R}\,(\omega_1 - \omega_2)\,. \tag{8.4}$$

Die Winkelgeschwindigkeit ω des Antriebs wird also derart in die Winkelgeschwindigkeiten der Räder aufgespalten, daß ihr arithmetisches Mittel mit ω übereinstimmt. Die Winkelgeschwindigkeit ω' des mittleren Kegelrades ist der Differenz $\omega_1 - \omega_2$ proportional und verschwindet bei gradliniger Fahrt.

In Abschnitt 2 und 3 wurde betont, daß die zeitliche Ableitung eines Vektors nicht von der Lage des Bezugssystems abhängt. Sie hängt aber von seinem Bewegungszustand ab.

So ändert sich beispielsweise ein Vektor, der starr mit dem Fahrzeug ξ, η, ζ (Figur 8.1) verbunden ist, für einen Beobachter auf dem Fahrzeug nicht, während ein Beobachter im System x, y, z im allgemeinen eine Änderung feststellen wird, die auf die Kreiselung des Fahrzeugs zurückzuführen ist. Die beiden Beobachter erhalten daher für die zeitliche Ableitung des Vektors, das heißt für seine Änderung pro Zeiteinheit, in der Regel verschiedene Werte.

Um diesem Unterschied Rechnung zu tragen, soll die Ableitung vom Standpunkt des Beobachters auf dem Fahrzeug ξ, η, ζ (die **scheinbare Ableitung**) im Unterschied zu derjenigen vom Standpunkt des Beobachters im System x, y, z (der **wirklichen Ableitung**) mit einem Strich versehen werden.

So sei also etwa beim Fahrstrahl r' des Massenpunktes m zwischen der wirklichen Ableitung dr'/dt und der scheinbaren $d'r'/dt$ unterschieden.

Um den Zusammenhang zwischen den beiden Ableitungen zu erhalten, sei insbesondere der Fahrstrahl r' von m (Figur 8.1) betrachtet. Die absolute Geschwindigkeit des Massenpunktes ist die wirkliche Ableitung seines Fahrstrahls $r = s + r'$, also

$$v_a = \frac{dr}{dt} = \frac{ds}{dt} + \frac{dr'}{dt}\,. \tag{8.5}$$

Die Relativgeschwindigkeit ist die scheinbare Ableitung des Fahrstrahls r', mithin

$$v_r = \frac{d'r'}{dt}\,, \tag{8.6}$$

und die Führungsgeschwindigkeit ist nach (8.2) und (8.1) durch

$$v_f = \frac{ds}{dt} + \boldsymbol{\omega} \times r' \tag{8.7}$$

gegeben. Setzt man (8.5) bis (8.7) in (8.3) ein, so kommt

$$\frac{dr'}{dt} = \frac{d'r'}{dt} + \boldsymbol{\omega} \times r'\,, \tag{8.8}$$

und da man jeden Vektor u als Fahrstrahl seines Endpunktes auffassen kann, gilt das Resultat in der Form

$$\frac{d\boldsymbol{u}}{dt} = \frac{d'\boldsymbol{u}}{dt} + \boldsymbol{\omega} \times \boldsymbol{u} \tag{8.9}$$

allgemein für beliebige Vektoren $\boldsymbol{u}$. Die wirkliche und die scheinbare Ableitung unterscheiden sich also um den Vektor $\boldsymbol{\omega} \times \boldsymbol{u}$, der offensichtlich die wirkliche Ableitung des scheinbar konstanten Vektors $\boldsymbol{u}$ darstellt, von der Rotation des Fahrzeugs herrührt und dann und nur dann verschwindet, wenn sich dieses translatorisch bewegt oder wenn $\boldsymbol{u}$ im Augenblick Null bzw. zu $\boldsymbol{\omega}$ parallel ist.

Nachdem mit (8.3) der Zusammenhang zwischen der absoluten, der relativen und der Führungsgeschwindigkeit hergestellt wurde, kann mit (8.9) jetzt auch der entsprechende Zusammenhang zwischen den Beschleunigungen ermittelt werden.

Die Führungsbewegung ist (Figur 8.1) dadurch gekennzeichnet, daß der Fahrstrahl $\boldsymbol{r}'$ für den Beobachter auf dem Fahrzeug konstant, nach (8.8) also

$$\frac{d\boldsymbol{r}'}{dt} = \boldsymbol{\omega} \times \boldsymbol{r}' \tag{8.10}$$

ist. Die Führungsgeschwindigkeit ist durch (8.2) gegeben. Ihre zeitliche Ableitung

$$\frac{d\boldsymbol{v}_f}{dt} = \frac{d\boldsymbol{v}_{O'}}{dt} + \boldsymbol{\omega} \times \frac{d\boldsymbol{r}'}{dt} + \frac{d\boldsymbol{\omega}}{dt} \times \boldsymbol{r}' \tag{8.11}$$

stellt aber nicht die Führungsbeschleunigung $\boldsymbol{a}_f$, das heißt die auf die Zeiteinheit bezogene Änderung der Führungsgeschwindigkeit bei der Führungsbewegung dar, sondern diese Änderung während der wirklichen Bewegung. Um die Führungsbeschleunigung zu erhalten, muß (8.10) in (8.11) berücksichtigt, das heißt $d\boldsymbol{r}'/dt$ durch die rechte Seite von (8.10) ersetzt werden, und damit kommt

$$\boldsymbol{a}_f = \frac{d\boldsymbol{v}_{O'}}{dt} + \boldsymbol{\omega} \times (\boldsymbol{\omega} \times \boldsymbol{r}') + \frac{d\boldsymbol{\omega}}{dt} \times \boldsymbol{r}'. \tag{8.12}$$

Indem man (8.12) von (8.11) subtrahiert, erhält man jetzt

$$\frac{d\boldsymbol{v}_f}{dt} - \boldsymbol{a}_f = \boldsymbol{\omega} \times \left(\frac{d\boldsymbol{r}'}{dt} - \boldsymbol{\omega} \times \boldsymbol{r}' \right),$$

und hierfür kann man unter Berücksichtigung von (8.8) sowie (8.6) auch

$$\frac{d\boldsymbol{v}_f}{dt} = \boldsymbol{a}_f + \boldsymbol{\omega} \times \frac{d'\boldsymbol{r}'}{dt} = \boldsymbol{a}_f + \boldsymbol{\omega} \times \boldsymbol{v}_r \tag{8.13}$$

schreiben.

Die Relativbeschleunigung $\boldsymbol{a}_r$ ist die scheinbare Ableitung der Relativgeschwindigkeit, mithin nach (8.9)

$$\boldsymbol{a}_r = \frac{d'\boldsymbol{v}_r}{dt} = \frac{d\boldsymbol{v}_r}{dt} - \boldsymbol{\omega} \times \boldsymbol{v}, .$$

Es gilt also

$$\frac{d\boldsymbol{v}_r}{dt} = \boldsymbol{a}_r + \boldsymbol{\omega} \times \boldsymbol{v}_r. \tag{8.14}$$

Schließlich ist die absolute Beschleunigung $\boldsymbol{a}_a$ als wirkliche Ableitung der Absolutgeschwindigkeit nach (8.3) durch

$$\boldsymbol{a}_a = \frac{d\boldsymbol{v}_a}{dt} = \frac{d\boldsymbol{v}_r}{dt} + \frac{d\boldsymbol{v}_f}{dt}$$

gegeben, und wenn man rechterhand (8.13) sowie (8.14) einsetzt, hat man

$$\boldsymbol{a}_a = \boldsymbol{a}_r + \boldsymbol{a}_f + 2\,\boldsymbol{\omega} \times \boldsymbol{v}_r\,. \tag{8.15}$$

Der Zusammenhang zwischen den Beschleunigungen ist nach (8.15) weniger einfach als derjenige (8.3) zwischen den Geschwindigkeiten. Hier tritt auf der rechten Seite der zusätzliche Term

$$\boldsymbol{a}_c = 2\,\boldsymbol{\omega} \times \boldsymbol{v}_r \tag{8.16}$$

auf, der die Dimension einer Beschleunigung hat und genau dann verschwindet, wenn sich das Fahrzeug translatorisch bewegt oder wenn $\boldsymbol{v}_r$ momentan null bzw. zu $\boldsymbol{\omega}$ parallel ist. Man nennt den Zusatzterm (8.16) nach seinem Entdecker CORIOLIS (1835) die **Coriolisbeschleunigung.** Mit ihr lautet (8.15)

$$\boldsymbol{a}_a = \boldsymbol{a}_r + \boldsymbol{a}_f + \boldsymbol{a}_c\,; \tag{8.17}$$

die absolute Beschleunigung setzt sich also vektoriell aus der relativen, der Führungs- und der Coriolisbeschleunigung zusammen.

Figur 8.4 zeigt einen ruhenden Massenpunkt m, der von einem mit der Winkelgeschwindigkeit ω gleichförmig um O rotierenden Fahrzeug aus betrachtet werden soll. Die Geschwindigkeit $\boldsymbol{v}_f$ hat den Betrag $r\,\omega$, und da $\boldsymbol{v}_a = 0$ ist, folgt aus (8.3) $\boldsymbol{v}_r = -\,\boldsymbol{v}_f$ mit dem Betrag $r\,\omega$. Die Beschleunigungen $\boldsymbol{a}_f$ und $\boldsymbol{a}_r$ sind beide gegen O gerichtet und vom Betrag $r\,\omega^2$. Da $\boldsymbol{a}_c$ nach (8.16) doppelt so groß und nach außen gerichtet ist, bestätigt (8.17), daß $\boldsymbol{a}_a = 0$ ist.

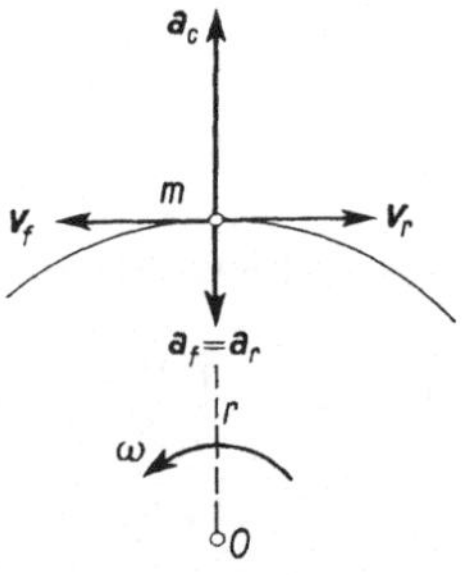

Figur 8.4

Die Beziehungen (8.3) und (8.17) erlauben insbesondere, die (absoluten) Geschwindigkeits- und Beschleunigungskomponenten eines Massenpunktes in *ebenen Polarkoordinaten* (Figur 8.5) anzugeben. Faßt man nämlich den Strahl $O\,m$ als Fahrzeug F auf, so dreht sich dieses mit der Winkelgeschwindigkeit $\dot{\varphi}$ um O, während sich der Massenpunkt auf ihm mit der Lagekoordinate r gradlinig bewegt. Die Relativgeschwindigkeit von m fällt in den Strahl F und hat den algebraischen (nämlich nach außen positiv gerechneten) Betrag $\dot{r}$; die Führungsgeschwindigkeit dagegen ist azimutal gerichtet und vom algebraischen (nämlich im Sinne zunehmenden Drehwinkels φ positiv gerechneten) Betrag $r\dot{\varphi}$. Durch Zusammensetzen wird die absolute Geschwindigkeit v erhalten, die demnach die Radialkomponente

$$v_r = \dot{r} \tag{8.18}$$

sowie die Azimutalkomponente

$$v_\varphi = r\dot{\varphi} \tag{8.19}$$

besitzt. Die Relativbeschleunigung von m fällt wiederum in den Strahl F und hat den algebraischen Betrag $\ddot{r}$; seine Führungsbeschleunigung weist in radialer und azimutaler Richtung die algebraischen Komponenten $-r\dot{\varphi}^2$ bzw. $r\ddot{\varphi}$ auf, und die Coriolisbeschleunigung ist azimutal und vom algebraischen Betrag $2\dot{r}\dot{\varphi}$. Somit zerfällt die absolute Beschleunigung a in die Komponenten

$$a_r = \ddot{r} - r\dot{\varphi}^2 \tag{8.20}$$

und

$$a_\varphi = r\ddot{\varphi} + 2\dot{r}\dot{\varphi} = \frac{1}{r}\left(r^2\dot{\varphi}\right)^{\boldsymbol{\cdot}}. \tag{8.21}$$

Für die *Kreisbewegung* gehen (8.18) bis (8.21) erwartungsgemäß in (2.7) und (3.10) über.

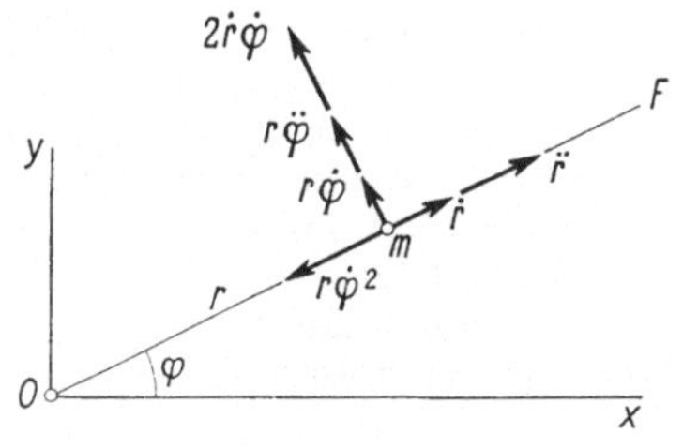

Figur 8.5

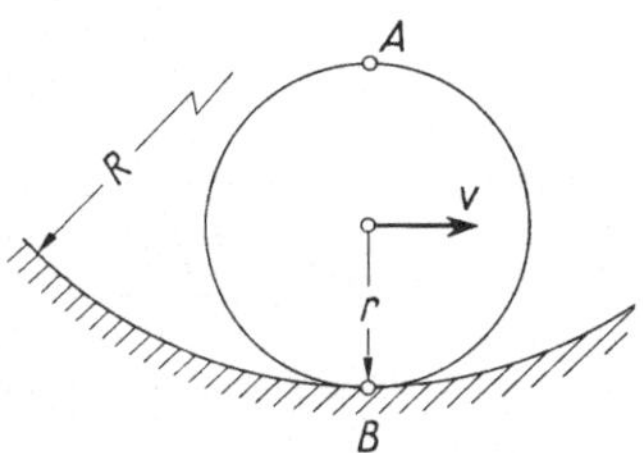

Figur 8.6

Aufgaben

1. Ein Wagen, dessen Räder den Radius r haben und auf der Unterlage nicht gleiten, fährt (Figur 8.6) über eine Kreisbahn vom Radius R. Die Schnelligkeit v der Naben ist dabei konstant. Man betrachte den Wagenkasten als Fahrzeug und ermittle die absolute, die relative und die Führungsgeschwindigkeit sowie die absolute, relative, Führungs- und Coriolisbeschleunigung des Berührungspunktes B sowie des ihm gegenüberliegenden Punktes A auf einem Rad.

2. Man knüpfe an das Beispiel von Figur 8.5 an und leite analog die Komponenten der Geschwindigkeit sowie der Beschleunigung eines Massenpunktes in Kugelkoordinaten her. Als Fahrzeug verwende man die durch den Massenpunkt und die z-Achse definierte Ebene. Man vergleiche das Resultat mit (28.25).

9. Systeme starrer Körper

Eine beliebige Gruppe von starren Körpern soll im folgenden als **starres System** bezeichnet werden. Dabei versteht sich von selbst, daß es auch aus einzelnen Massenpunkten bestehen kann.

So können zum Beispiel viele Maschinen als Systeme starrer Körper gelten, ebenso das Planetensystem unserer Sonne, das für die meisten Zwecke aber auch als System von Massenpunkten aufgefaßt werden kann.

Unter den **Lagekoordinaten** sei auch hier ein Satz von Größen $q_1, q_2, \ldots, q_n$ verstanden, die voneinander unabhängig sind und die Lage des Systems in einem gegebenen Bezugssystem eindeutig festlegen. Ferner soll die Anzahl n der Lagekoordinaten wieder als **Freiheitsgrad** bezeichnet werden. Im Gegensatz zum Massenpunkt oder zum einzelnen starren Körper, wo n höchstens 3 oder 6 ist, kann aber ein System beliebig viele Freiheitsgrade aufweisen.

Bei einem System, das aus m freien Massenpunkten besteht, ist beispielsweise $n = 3\,m$.

Für die Ermittlung des Freiheitsgrades kann man davon ausgehen, daß jeder starre Körper (bzw. Massenpunkt), der zum System gehört, für sich sechs (bzw. drei) Freiheitsgrade hat. Es ist sodann festzustellen, wie sich die Zahl der Freiheitsgrade mit Rücksicht auf die vorhandenen Bindungen vermindert. Ein zweiter Weg besteht darin, daß man das System zunächst als einzigen starren Körper auffaßt und alsdann die Freiheitsgrade hinzufügt, welche vom völlig erstarrten zum wirklichen System führen.

Figur 9.1 zeigt drei starre Körper, die durch ein Kugelgelenk K sowie ein beidseitig geschlossenes Zylindergelenk Z verbunden, sonst aber im Raum frei sind. Wären die Körper je für sich frei, dann hätten sie insgesamt $3 \cdot 6 = 18$ Freiheitsgrade. Im Kugelgelenk K haben die Körper 1 und 2 einen gemeinsamen Punkt, und damit reduziert sich der Freiheitsgrad um 3. Ferner haben im Zylindergelenk Z die Körper 2 und 3 einen Punkt sowie zwei Eulersche Winkel gemeinsam; der Freiheitsgrad reduziert sich also nochmals um 5 und beträgt damit 10.

Denkt man sich umgekehrt die drei Körper zunächst starr verbunden, so ist der Freiheitsgrad 6. Die Rotation von 3 gegenüber 2 liefert einen, die Kreiselung von 1 gegen 2 drei zusätzliche Freiheitsgrade, und damit bestätigt sich, daß $n = 10$ ist.

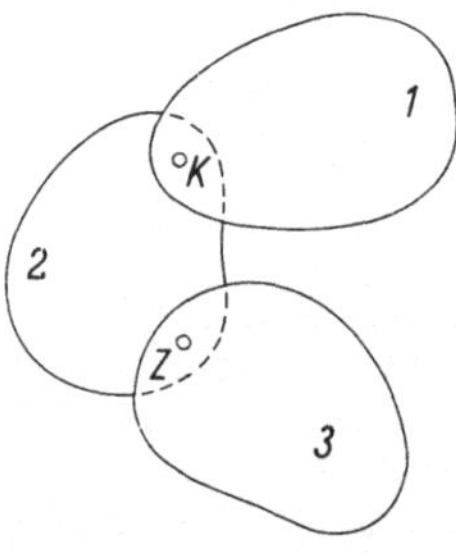

Figur 9.1

Wenn man in Figur 9.1 die Zahl der Körper vermehrt und schließlich den Grenzübergang zu unendlich vielen unendlich kleinen Gliedern vollzieht, so kommt man zum Faden mit $n = \infty$. Auch elastische Körper, Flüssigkeiten und andere nichtstarre Kontinua haben unendlich viele Freiheitsgrade. Wir werden uns hier im wesentlichen auf Systeme mit endlichem Freiheitsgrad beschränken.

Die Lagekoordinaten sind definitionsgemäß voneinander unabhängige Größen. Es kann aber vorkommen, daß man zunächst als Koordinaten Größen einführt, zwischen denen noch Gleichungen bestehen. Mit ihrer Hilfe kann man die Zahl der Koordinaten verringern, bis man schließlich auf einen Satz voneinander unabhängiger Lagekoorinaten q_1, q_2, ..., q_n kommt. Man nennt die Gleichungen zwischen den ursprünglich eingeführten Koordinaten **holonome Bindungen** und ein System, bei dem keine Bindungen anderer Art vorhanden sind, ein **holonomes System.**

Holonome Bindungen sind zum Beispiel die Relationen (4.1), nämlich

$$(x_3 - x_2)^2 + (y_3 - y_2)^2 + (z_3 - z_2)^2 = l_1^2, \ldots,$$

welche bei einem starren Dreieck (Figur 4.1) zwischen den insgesamt neun Koordinaten der drei Ecken bestehen und den Freiheitsgrad auf 6 reduzieren.

Es kommt gelegentlich vor, daß zwischen den *Differentialen* der Lagekoordinaten Beziehungen existieren, die sich nicht integrieren lassen und damit keine Bindungen im eben besprochenen Sinn darstellen. Die betreffenden Relationen sind meist in den Differentialen linear, also von der Form

$$\sum_1^n a_k \, dq_k = 0 , \tag{9.1}$$

wobei die a_k noch Funktionen aller Lagekoordinaten sein können. Man kann sie auch in der Form

$$\sum_1^n a_k \, \dot{q}_k = 0 \tag{9.2}$$

als Beziehungen zwischen den zeitlichen Ableitungen der Lagekoordinaten anschreiben. Diese zeitlichen Ableitungen $\dot{q}_k$ werden **verallgemeinerte Geschwindigkeiten** genannt; je nachdem, ob die Lagekoordinaten Längen, Winkel oder andere Größen sind, handelt es sich um Geschwindigkeiten oder Winkelgeschwindigkeiten usw. Beziehungen der Form (9.1) oder (9.2) werden – immer unter der Voraussetzung, daß sie sich nicht integrieren lassen – als **nichtholonome Bindungen** bezeichnet und das System, das Bindungen dieser Art enthält, als **nichtholonomes System.**

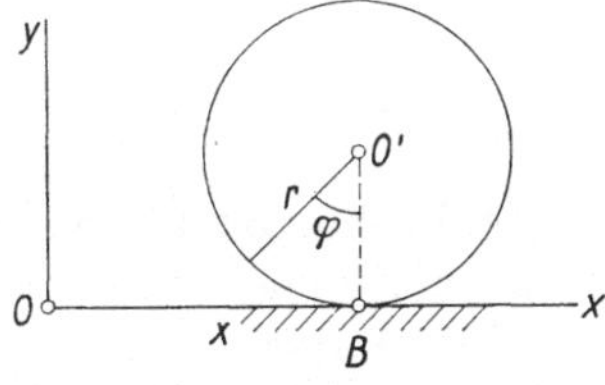

Figur 9.2

In Figur 9.2 bewegt sich ein Rad vom Radius r in der Bildebene, und zwar derart, daß es stets die x-Achse berührt. Es hat dann zwei Freiheitsgrade, und als Lagekoordinaten können die Abszisse x des Mittelpunktes O' sowie der Drehwinkel φ um O' verwendet werden. Wird die Führungsgerade als so rauh vorausgesetzt, daß das Rad rollen muß, dann gilt die **kinematische Rollbedingung**

$$\dot{x} = r \, \dot{\varphi} \quad \text{bzw.} \quad dx = r \, d\varphi , \tag{9.3}$$

die sich aus der Forderung ergibt, daß der Berührungspunkt B Momentanzentrum ist. Diese Bedingung läßt sich aber mit

$$x - x_0 = r \, (\varphi - \varphi_0) \tag{9.4}$$

integrieren und stellt daher eine holonome Bindung dar, die den Freiheitsgrad des Rades auf 1 reduziert.

Betrachtet man dagegen (Figur 9.3) eine Kugel vom Radius r, die auf der Horizontalebene x, y rollt, so kann man als Lagekoordinaten die kartesischen Koordinaten x, y des Mittelpunktes O' sowie die Eulerschen Winkel ψ, ϑ, φ bezüglich des begleitenden Systems x', y', z' verwenden. Stellt man den Bewegungszustand durch die Kinemate $\boldsymbol{v}_{O'}$, $\boldsymbol{\omega}$ in O' dar, so sind $\dot{x}$, $\dot{y}$, 0 die Komponenten von $\boldsymbol{v}_{O'}$ und (6.3) diejenigen von $\boldsymbol{\omega}$. Da die Geschwindigkeit des Berührungspunktes B auch hier null sein muß, gilt nach (5.4) für dessen Fahrstrahl $\boldsymbol{r} = (0, 0, -r)$ die Beziehung

$$\boldsymbol{v}_{O'} + \boldsymbol{\omega} \times \boldsymbol{r} = 0 \,,$$

und diese führt, in Komponenten ausgeschrieben, auf das System

$$\dot{x} + r \, (\dot{\varphi} \sin\vartheta \cos\psi - \dot{\vartheta} \sin\psi) = 0 \,,$$

$$\dot{y} + r \, (\dot{\varphi} \sin\vartheta \sin\psi + \dot{\vartheta} \cos\psi) = 0 \,,$$

das man auch in der Gestalt

$$\left. \begin{aligned} dx + r \, (\sin\vartheta \cos\psi \, d\varphi - \sin\psi \, d\vartheta) &= 0 \,, \\ dy + r \, (\sin\vartheta \sin\psi \, d\varphi + \cos\psi \, d\vartheta) &= 0 \end{aligned} \right\} \qquad (9.5)$$

schreiben kann. Man kann zeigen, daß es nicht integrierbar ist, und daß dementsprechend durch geeignetes Umherrollen der Kugel auf der Führungsebene den fünf Lagekoordinaten beliebig vorgeschriebene Werte erteilt werden können. Die Bindungen (9.5) sind mithin nichtholonom.

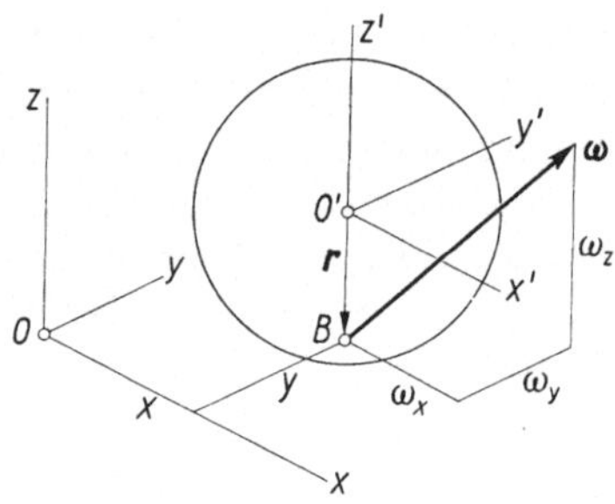

Figur 9.3

Unter einer **virtuellen Verschiebung** eines Systems versteht man eine beliebige infinitesimale Lagenänderung. Diese braucht nicht mit der wirklichen Bewegung des Systems übereinzustimmen, sondern ist willkürlich wählbar. Je nachdem, ob sie mit den (holonomen und nichtholonomen) Bindungen verträglich ist, wird sie als **zulässige** oder **unzulässige Verschiebung** bezeichnet.

In Figur 9.3 ist jede infinitesimale Verschiebung der Kugel, die sich allein durch Rollen auf der Unterlage bewerkstelligen läßt, eine zulässige Verschiebung. Jede andere virtuelle Verschiebung, zum Beispiel jede Translation oder jede Deformation der Kugel, ist unzulässig.

Im *holonomen* System sind nicht nur die n Lagekoordinaten, sondern auch ihre Differentiale unabhängig. Es gibt daher n **elementare zulässige Verschiebungen,** darin bestehend, daß je eine der Lagekoordinaten q_k um δq_k geändert wird, während die übrigen festgehalten werden. Dabei soll die Schreibweise δq_k

statt dq_k darauf hinweisen, daß es sich nicht um wirkliche, sondern um virtuelle Verschiebungen handelt. Die allgemeinste virtuelle Verschiebung wird durch Überlagerung der elementar-zulässigen erhalten.

Im *nichtholonomen* System mit m nichtholonomen Bindungen sind von den δq_k nur $n - m$ unabhängig. Es gibt also nur $n - m$ elementare zulässige Verschiebungen. Bezeichnet man die Anzahl der zulässigen Elementarverschiebungen als **Freiheitsgrad n' im Unendlichkleinen,** so ist beim holonomen System $n' = n$, beim nichtholonomen $n' = n - m < n$.

Man kann sich jede virtuelle Verschiebung in einem Zeitelement δt vorgenommen denken und demgemäß von einem **virtuellen Bewegungszustand** sprechen. Bei den zulässigen Bewegungszuständen treten dann an die Stelle der virtuellen Verschiebungen die verallgemeinerten **virtuellen Geschwindigkeiten** $\dot{q}_k = \delta q_k / \delta t$. Der Freiheitsgrad n' im Unendlichkleinen ist jetzt die Anzahl der **elementaren zulässigen Bewegungszustände.** Er ist meist einfacher zu ermitteln als die nichtholonomen Bindungen; ihre Anzahl kann der Beziehung $m = n - n'$ entnommen werden.

Im Beispiel von Figur 9.3 kann der allgemeinste zulässige Bewegungszustand der Kugel durch eine Kinemate in B dargestellt werden, die sich auf die Winkelgeschwindigkeit $\boldsymbol{\omega}$ reduziert. Da diese drei unabhängige Komponenten besitzt, ist $n' = 3$, und da $n = 5$ ist, bestätigt sich die Zahl der nichtholonomen Bindungen mit $m = 2$.

Greift man in einem System ein beliebiges Massenelement dm heraus, so kann man seine Lage wie im Falle des Massenpunktes durch den Fahrstrahl $\boldsymbol{r}$ beschreiben. Andererseits ist diese Lage in einem gegebenen Zeitpunkt auch durch die Lagekoordinaten des Systems gegeben, so daß man

$$\boldsymbol{r} = \boldsymbol{r}\,(q_1, q_2, \ldots, q_n) \tag{9.6}$$

hat. Die Fahrstrahlen $\boldsymbol{r}$ sind aber nur dann Funktionen der Lagekoordinaten allein, wenn das System zeitlich unveränderliche Bindungen aufweist oder, wie man auch sagt, **skleronom** ist. Bei einem **rheonomen System** dagegen, das heißt dann, wenn die Bindungen Funktionen der Zeit sind, kennt man die Fahrstrahlen der einzelnen Elemente erst dann, wenn neben den Lagekoordinaten auch die momentane Lage der Führungen gegeben ist. Sie sind daher in diesem Fall von der Gestalt

$$\boldsymbol{r} = \boldsymbol{r}\,(q_1, q_2, \ldots, q_n, t)\,. \tag{9.7}$$

In Figur 9.4 gleitet ein Massenpunkt m längs einer Geraden g, die sich ihrerseits nach einem bekannten Gesetz $\varphi = \varphi(t)$ in der Bildebene um O dreht. Als Lagekoordinate genügt, da die Funktion $\varphi(t)$ bekannt ist, der Abstand q von O. Die Komponenten des Fahrstrahls von $\boldsymbol{r}$ sind dann

$$x = q \cos\varphi(t)\,, \qquad y = q \sin\varphi(t)\,,$$

das heißt Funktionen von q und t. Der Massenpunkt ist mithin rheonom.

Nichtholonome und rheonome Systeme sind relativ selten und sollen im folgenden ausdrücklich ausgeschlossen werden. Der rheonome Fall kommt zwar (wie in Figur 9.4) gelegentlich bei Problemen der Relativbewegung vor, kann

aber hier durch Einführung von Zusatzkräften (Abschnitt 16) skleronom gemacht werden. Somit dürfen wir im folgenden annehmen, daß die Differentiale
der Lagekoordinaten unabhängig und daß gemäß (9.6) die Fahrstrahlen der
Elemente Funktionen der Lagekoordinaten allein sind.

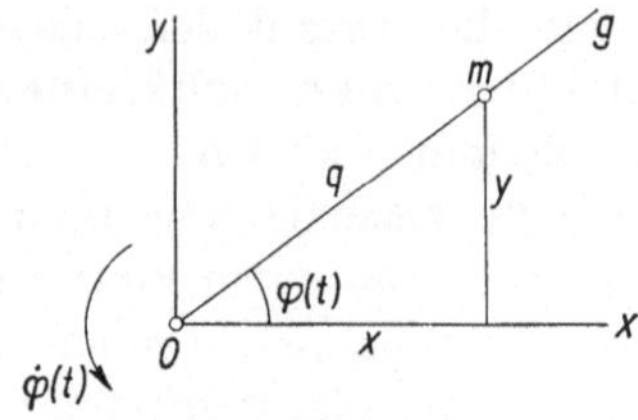

Figur 9.4

Aufgaben

1. Ein Rad rollt wie die Kugel von Figur 9.3 auf einer Horizontalebene, und
zwar mit horizontal gehaltener Achse. Man gebe seinen Freiheitsgrad im Endlichen
und im Unendlichkleinen an und stelle seine nichtholonomen Bindungen auf.

2. Man löse Aufgabe 1 für ein Rad, dessen Achse nicht horizontal gehalten wird.

II. Kinetik des Massenpunktes

10. Die Prinzipien von Newton

Die **Hauptaufgabe der Kinetik** besteht darin, die Bewegung zu ermitteln, die ein System unter dem Einfluß gegebener Kräfte ausführt. Es handelt sich also darum, die Bewegungsgleichungen $q_k = q_k(t)$, $(k = 1, 2, \ldots, n)$ aufzustellen, und zwar auf Grund der Kenntnis der am System angreifenden Lasten, die im allgemeinen Funktionen der Zeit, der Lage des Systems und seines Bewegungszustandes sind. Diese Aufgabe sei zunächst unter Beschränkung auf den Massenpunkt behandelt.

Ein künstlicher Erdsatellit zum Beispiel steht unter dem Einfluß der Gravitation von Erde, Mond und Sonne usw. sowie eines zwar kleinen, aber immerhin vorhandenen Widerstandes. Die Gravitationskräfte hängen von der Zeit und der Lage des Satelliten ab, der Widerstand auch von seiner Geschwindigkeit. Gesucht sind die auf die Erde bezogenen (kartesischen oder sphärischen) Koordinaten des Satelliten als Funktionen der Zeit.

Die am Massenpunkt angreifenden Kräfte K_1, K_2, $\ldots$, K_n lassen sich, wie in Band I, Abschnitt 2, gezeigt wurde, zu einer Resultierenden

$$R = \sum_1^n K_i \tag{10.1}$$

zusammensetzen. Um von ihr auf die Bewegung schließen zu können, muß sie mit einer kinematischen Größe, etwa der Geschwindigkeit oder Beschleunigung des Massenpunktes verknüpft werden. Diese Aufgabe ist 1684 von Newton (1642–1727) im Rahmen seiner drei Prinzipien gelöst worden.

Nach dem **ersten Newtonschen Prinzip,** das bereits Galilei (1564–1642) bekannt war und auch als **Trägheitsgesetz** bezeichnet wird, bewegt sich ein Massenpunkt, an dem keine Kräfte angreifen, gradlinig gleichförmig, das heißt mit konstantem Geschwindigkeitsvektor und mit dem Beschleunigungsvektor null.

Dieses erste Prinzip legt den Schluß nahe, daß jede Geschwindigkeitsänderung und damit jede Beschleunigung auf eine Kraftwirkung zurückzuführen sei, mithin der gesuchte Zusammenhang zwischen den Vektoren R und a herzustellen sei. Die einfachste Verknüpfung dieser Art läßt sich mit einer zunächst noch freien Konstanten m in der Form

$$m\,a = R \tag{10.2}$$

anschreiben und dahin formulieren, daß die Beschleunigung die Richtung der resultierenden Kraft habe und ihr dem Betrage nach proportional sei. Dies ist in der Tat der Inhalt des **zweiten Newtonschen Prinzips,** das auch kurzerhand als **Newtonsches Gesetz** oder als **Bewegungsgesetz** des Massenpunktes bezeichnet wird.

Die Proportionalitätskonstante m hängt vom betrachteten materiellen Punkt ab und wird seine **Masse** genannt. Da mit m auch die Kraft R anwächst, die nötig ist, um einem gegebenen Massenpunkt eine bestimmte Beschleunigung zu erteilen, kann sie als Maß für seine **Trägheit,** das heißt für sein Bestreben gelten, seine Geschwindigkeit und damit seine gradlinig gleichförmige Bewegung beizubehalten.

Die Masse hat nach (10.2) die Dimension $[m] = [K\,l^{-1}\,t^2]$ und wird in kg* s²/m oder in kg gemessen.

Das **dritte Newtonsche Prinzip** ist das bereits in Band I, Abschnitt 1 diskutierte **Reaktionsprinzip,** von dem bereits dort festgestellt wurde, daß es nicht nur im Fall der Ruhe gilt.

Um die Masse eines materiellen Punktes zu bestimmen, bedient man sich besonders einfacher, experimentell leicht zu untersuchender Bewegungen.

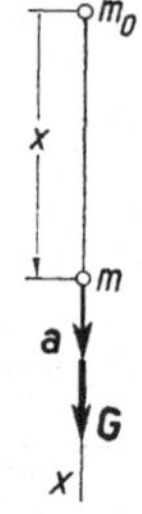

Figur 10.1

Unter dem **freien Fall** versteht man die Bewegung, die ein Massenpunkt (Figur 10.1) ausführt, wenn er ohne Anfangsgeschwindigkeit im luftleeren Raum sich selbst überlassen wird. Die einzige auf ihn einwirkende Kraft ist dann das Gewicht G, das hier bezüglich Richtung und Betrag als konstant angenommen werden soll. Zunächst folgt aus der im Newtonschen Gesetz (10.2) enthaltenen Aussage bezüglich der Richtungen, daß a dauernd vertikal sein muß. Wegen (3.1) und $v_0 = 0$ trifft dies auch für v zu; die Bewegung verläuft also längs einer durch die Anfangslage m_0 bestimmten Vertikalen. Macht man diese zur x-Achse, so folgt aus (10.2) und (3.3) oder (3.9) für die Beträge

$$m\,\ddot{x} = G$$

und durch Integration unter Berücksichtigung der **Anfangsbedingungen** $x_0 = 0$, $\dot{x}_0 = 0$

$$x = \frac{1}{2}\,\frac{G}{m}\,t^2\,.$$

Die experimentelle Überprüfung des freien Falles bestätigt diese Ergebnisse, insbesondere also die Tatsache, daß ein Massenpunkt im freien Fall die konstante Beschleunigung $\ddot{x} = g = G/m$ besitzt. Sie zeigt aber darüber hinaus, daß diese Beschleunigung g für die verschiedensten Massenpunkte die gleiche ist. Man bezeichnet sie als **Erdbeschleunigung** und kann mit ihrer Hilfe gemäß

$$G = m\,g \tag{10.3}$$

Gewicht und Masse eines materiellen Punktes verknüpfen. Genauere Untersuchungen zeigen freilich, daß g mit dem Ort auf der Erde, nämlich im wesentlichen mit der geographischen Breite und der Meereshöhe schwankt.

So beträgt g in mittleren Breiten und Höhen (Zürich) 9,807 m/s²; auf Meereshöhe ist der Zahlenwert am Äquator rund 9,780, an den Polen 9,832 m/s². Als Mittelwert ist offiziell 9,80665 festgesetzt.

Aus (10.3) und dieser Schwankung von g folgt, daß von den beiden Größen m und G mindestens eine ebenfalls mit dem Ort auf der Erde veränderlich sein muß.

Figur 10.2 zeigt einen einfachen **elastischen Schwinger,** bestehend aus einem Massenpunkt der Masse m, der an einer Schraubenfeder mit der Feder-

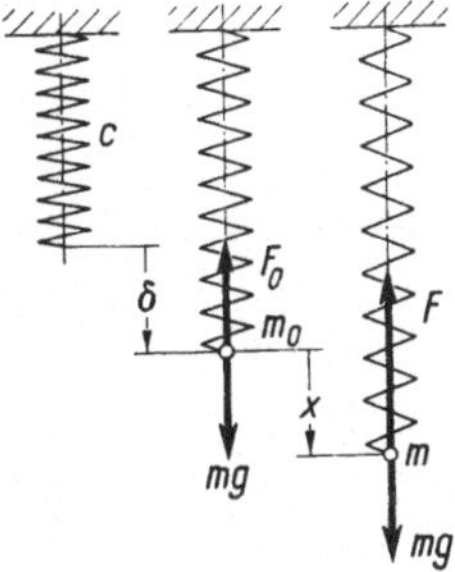

Figur 10.2

konstanten c und vernachlässigbar kleiner Masse hängt und an eine Vertikale gebunden ist. Die drei Teilfiguren stellen der Reihe nach die ungespannte Feder, die Gleichgewichtslage bei angehängtem Massenpunkt sowie eine allgemeine Lage während der Bewegung dar.

Nach Band I (30.7) greift am Massenpunkt außer seinem Gewicht mg die der Verlängerung der Feder proportionale Federkraft F an. Die **statische Verlängerung** δ der Feder kann der einzigen nichttrivialen Gleichgewichtsbedingung

$$m\,g = F_0 = c\,\delta \tag{10.4}$$

für den Massenpunkt entnommen werden. Rechnet man die Lagekoordinate x von der Gleichgewichtslage aus, dann ist die algebraische Resultierende in der allgemeinen Lage

$$R = m\,g - F = m\,g - c\,(\delta + x) = -\,x\,c\,, \tag{10.5}$$

wobei bereits von (10.4) Gebrauch gemacht ist. Da R stets gegen die Gleichgewichtslage gerichtet und proportional zu x ist, muß nach einer im Anschluß an

(3.14) gemachten Bemerkung als Bewegung eine **harmonische Schwingung** erwartet werden. In der Tat führt das Newtonsche Gesetz (10.2) mit (10.5) auf die **Bewegungsdifferentialgleichung**

$$m\,\ddot{x} = -\,c\,x\,,$$

die man mit der Abkürzung

$$\varkappa^2 = \frac{c}{m} \tag{10.6}$$

auch in der Form

$$\ddot{x} + \varkappa^2\,x = 0 \tag{10.7}$$

schreiben kann. Ihr allgemeinstes Integral lautet mit den noch freien Konstanten a und b

$$x = a\,\cos\varkappa t + b\,\sin\varkappa t \tag{10.8}$$

und stellt eine harmonische Schwingung der Kreisfrequenz $\varkappa$ dar. Schreibt man mit x_0 den anfänglichen Ausschlag und mit $\dot{x}_0$ die Anfangsschnelligkeit vor, so bestimmen sich die Integrationskonstanten zu $a = x_0$, $b = \dot{x}_0/\varkappa$, und man hat endgültig

$$x = x_0\,\cos\varkappa\,t + \frac{\dot{x}_0}{\varkappa}\,\sin\varkappa\,t\,. \tag{10.9}$$

Frequenz und Periode der Schwingung berechnen sich nach (3.16) und (3.15) aus (10.6) zu

$$\nu = \frac{\varkappa}{2\,\pi} = \frac{1}{2\,\pi}\,\sqrt{\frac{c}{m}}\,, \qquad T = \frac{1}{\nu} = 2\,\pi\,\sqrt{\frac{m}{c}} \tag{10.10}$$

und sind von den Anfangsbedingungen, mithin auch von der Amplitude unabhängig.

Die Frage, ob die Masse oder das Gewicht eines materiellen Punktes mit dem Ort auf der Erdoberfläche variiert, wird jetzt durch die Beobachtung entschieden, daß ein harmonischer Schwinger der eben betrachteten Art an verschiedenen Orten stets dieselbe Schwingungsdauer hat. Man ist daher berechtigt, einem materiellen Punkt eine feste, für die in ihm enthaltene Materie repräsentative Masse zuzuordnen. Daß sich dann sein Gewicht mit dem Ort auf der Erdoberfläche verändert, erklärt sich aus der Form der Erde. Da diese nämlich keine Kugel, sondern in besserer Näherung ein abgeplattetes Rotationsellipsoid ist, befinden sich die Pole näher am Mittelpunkt als der Äquator, und dies macht – zusammen mit dem Newtonschen Gravitationsgesetz (Abschnitt 15) – die Gewichtszunahme mit wachsender geographischer Breite ebenso verständlich wie die Abnahme mit der Meereshöhe.

Stellt man die Lage eines Massenpunktes in kartesischen Koordinaten dar, so sind nach (3.3) $\ddot{x}$, $\ddot{y}$, $\ddot{z}$ die Komponenten des Beschleunigungsvektors, und das Newtonsche Gesetz zerfällt, wenn mit R_x, R_y, R_z die Komponenten der Resultierenden eingeführt werden, in die drei **Bewegungsdifferentialgleichungen**

$$m\,\ddot{x} = R_x\,, \qquad m\,\ddot{y} = R_y\,, \qquad m\,\ddot{z} = R_z\,. \tag{10.11}$$

Ist die Resultierende als Funktion der Zeit, der Lage und der Geschwindigkeit des Massenpunktes gegeben, so hat man $R_x = R_x\,(t,\, x,\, y,\, z,\, \dot{x},\, \dot{y},\, \dot{z})$, ..., und die Beziehungen (10.11) bilden ein System von drei im allgemeinen simultanen Differentialgleichungen je zweiter Ordnung für die drei Funktionen $x(t)$, $y(t)$, $z(t)$. Die Hauptaufgabe ist damit auf das Problem der Integration dieses Systems zurückgeführt. Die dabei auftretenden sechs Integrationskonstanten sind von Fall zu Fall auf Grund der sechs **Anfangsbedingungen** festzulegen. Diese ergeben sich aus der Anfangslage $r_0 = (x_0,\, y_0,\, z_0)$ und der Anfangsgeschwindigkeit $v_0 = (\dot{x}_0,\, \dot{y}_0,\, \dot{z}_0)$ in der Form

$$x\,(t=0) = x_0\,, \ldots, \qquad \dot{x}\,(t=0) = \dot{x}_0\,, \ldots. \tag{10.12}$$

Der **schiefe Wurf** ist die Bewegung, die ein Massenpunkt unter dem Einfluß der Schwerkraft allein, das heißt ohne Luftwiderstand ausführt, wenn er zur Zeit $t = 0$ etwa von der Erdoberfläche aus mit schief nach oben gerichteter Anfangsgeschwindigkeit in Bewegung gesetzt wird. Sein Freiheitsgrad ist 3, und wenn man als Lagekoordinaten kartesische wählt, empfiehlt es sich, das Koordinatensystem so einzuführen, daß sein Ursprung O mit der Anfangslage m_0 zusammenfällt, die z-Achse vertikal ist und die Ebene x, z die Anfangsgeschwindigkeit v_0 enthält. Figur 10.3 zeigt den Massenpunkt in allgemeiner Lage mit dem Gewicht als resultierender Kraft. Die Bewegungsdifferentialgleichungen (10.11) lauten hier

$$m\,\ddot{x} = 0\,, \qquad m\,\ddot{y} = 0\,, \qquad m\,\ddot{z} = -\,m\,g\,, \tag{10.13}$$

und die Anfangsbedingungen sind, wenn α den sogenannten **Elevationswinkel** bezeichnet,

$$x_0 = y_0 = z_0 = 0\,, \qquad \dot{x}_0 = v_0 \cos\alpha\,, \qquad \dot{y}_0 = 0\,, \qquad \dot{z}_0 = v_0 \sin\alpha.$$

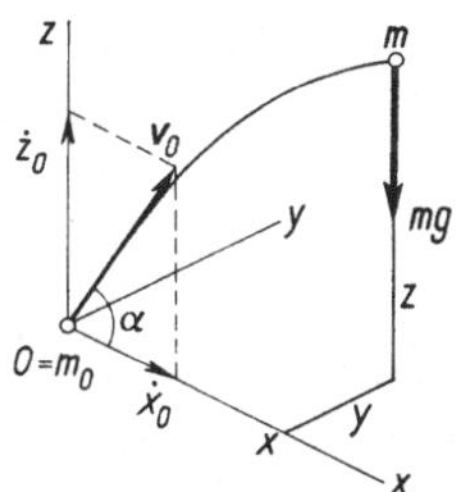

Figur 10.3

Eine erste Integration ergibt unter Berücksichtigung der letzten drei Anfangsbedingungen

$$\dot{x} = v_0 \cos\alpha\,, \qquad \dot{y} = 0\,, \qquad \dot{z} = -g\,t + v_0 \sin\alpha\,,$$

und wenn man diese Beziehungen unter Benützung der ersten drei Anfangsbedingungen noch einmal integriert, erhält man die Bewegungsgleichungen

$$x = v_0\,t \cos\alpha\,, \qquad y = 0\,, \qquad z = -\frac{g}{2}\,t^2 + v_0\,t \sin\alpha\,,$$

also insbesondere eine ebene Bewegung. Als Bahnkurve ergibt sich durch Elimination der Zeit aus den Bewegungsgleichungen die **Wurfparabel**

$$z = x \tan\alpha - \frac{g}{2\,v_0^2 \cos^2\alpha}\,x^2\,;$$

ferner entnimmt man den Bewegungsgleichungen (bzw. ihren zuerst erhaltenen Ableitungen) ohne Schwierigkeit die weiteren Daten, die von Interesse sind, wie Steigzeit, Steighöhe, Flugdauer und Wurfweite.

Die Behandlung des schiefen Wurfes ist deshalb besonders einfach, weil die Differentialgleichungen (10.13) je nur eine Unbekannte enthalten, mithin gar nicht gekoppelt sind. Das ist eine Vereinfachung, auf die man im allgemeinen nicht zählen kann, und die beispielsweise wegfällt, sobald man den Luftwiderstand berücksichtigt.

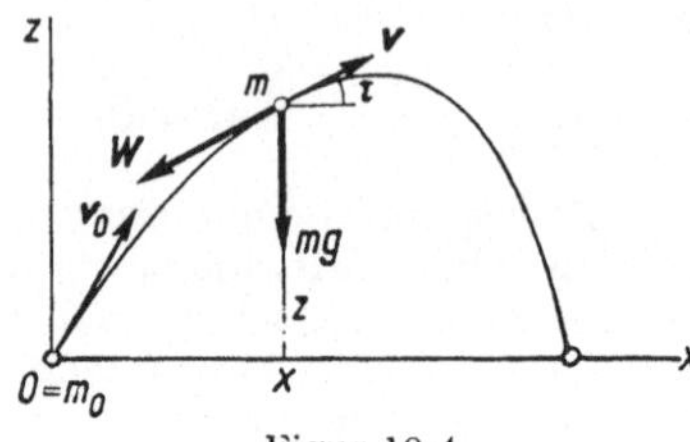

Figur 10.4

Die Geschoßbahnen der **Ballistik** sind keine Parabeln, sondern Kurven, die im absteigenden Ast steiler verlaufen. Das rührt vom Luftwiderstand W her, von dem man in erster Näherung annehmen kann, daß er nur von der Geschwindigkeit abhänge, ihr entgegengerichtet und dem Quadrat ihres Betrages proportional sei. Man hat dann $W = \lambda\, v^2$, und da nach Figur 10.4 $\cos\tau = \dot{x}/v$ und $\sin\tau = \dot{z}/v$ gilt, sind die Komponenten des Luftwiderstandes

$$W_x = -\,W\cos\tau = -\,\lambda\, v\, \dot{x}\,, \qquad W_z = -\,W\sin\tau = -\,\lambda\, v\, \dot{z}\,.$$

Die Bewegungsdifferentialgleichungen lauten jetzt

$$m\,\ddot{x} = -\,\lambda\,\dot{x}\sqrt{\dot{x}^2 + \dot{z}^2}\,, \qquad m\,\ddot{z} = -\,m\,g - \lambda\,\dot{z}\sqrt{\dot{x}^2 + \dot{z}^2}\,; \qquad (10.14)$$

sie sind nicht nur gekoppelt, sondern auch nichtlinear und damit nur schwer zu integrieren.

Mit $v_0 = 0$ erhält man den **Fall im widerstehenden Medium.** Man schließt hier aus Symmetriegründen, die man auch schon in Figur 10.1 hätte anführen können, daß die Bewegung längs einer Vertikalen erfolgt. Macht man diese zur z-Achse, und zwar jetzt zweckmäßig nach unten orientiert, so geht die zweite Bewegungsdifferentialgleichung (10.14) in

$$m\,\ddot{z} = m\,g - \lambda\,\dot{z}^2 \qquad (10.15)$$

über, während die erste trivial wird. Die Anfangsbedingungen lauten

$$z_0 = \dot{z}_0 = 0\,. \qquad (10.16)$$

Die Integration von (10.15) gelingt mit der Substitution $\dot{z} = v$. Führt man gleichzeitig die Abkürzung

$$u^2 = \frac{m\,g}{\lambda} \qquad (10.17)$$

ein, so geht (10.15) in

$$\dot{v} = g\left(1 - \frac{v^2}{u^2}\right) \quad \text{bzw.} \quad \frac{d(v/u)}{1 - (v/u)^2} = \frac{g}{u}\,dt$$

über, und hieraus folgt durch Integration unter Berücksichtigung der zweiten Anfangsbedingung (10.16) in der Form $v_0 = 0$

$$v = u\,\tanh\left(\frac{g}{u}\,t\right)\,. \qquad (10.18)$$

Figur 10.5 illustriert diesen Geschwindigkeitsverlauf und zeigt, daß die Größe u die Bedeutung einer **Grenzschnelligkeit** hat.

Schreibt man (10.18) in der Form

$$dz = u \, \frac{\sinh (gt/u)}{\cosh (gt/u)} \, dt \, ,$$

so findet man durch nochmalige Integration unter Berücksichtigung der anderen Randbedingung die Bewegungsgleichung

$$z = \frac{u^2}{g} \, \ln \cosh\!\left(\frac{g}{u}\, t\right) .$$

Um die Zeit abzuschätzen, die verstreicht, bis die Grenzschnelligkeit annähernd erreicht ist, kann man als **Anlaufszeit** τ diejenige Zeit definieren, für welche

$$v(\tau) = \frac{99}{100} \, u$$

ist. Setzt man zur Abkürzung

$$\frac{g}{u} \, \tau = w$$

so ist nach (10.18) $\tanh w = 99/100$, also

$$1 - \tanh w = 1 - \frac{e^{w} - e^{-w}}{e^{w} + e^{-w}} = 2 \, \frac{e^{-w}}{e^{w} + e^{-w}} = \frac{1}{100} \, .$$

Hieraus folgt näherungsweise

$$2 \, e^{-2w} = \frac{1}{100}$$

oder

$$\tau = \frac{u}{g} \, w \cong \frac{u}{2\,g} \, \ln 200 = 2{,}7 \, \frac{u}{g} \, .$$

Bei einer Grenzschnelligkeit $u = 100$ m/s beispielsweise beträgt mithin die Anlaufzeit 27 s, bei $u = 1$ cm/s dagegen nur 0,0027 s.

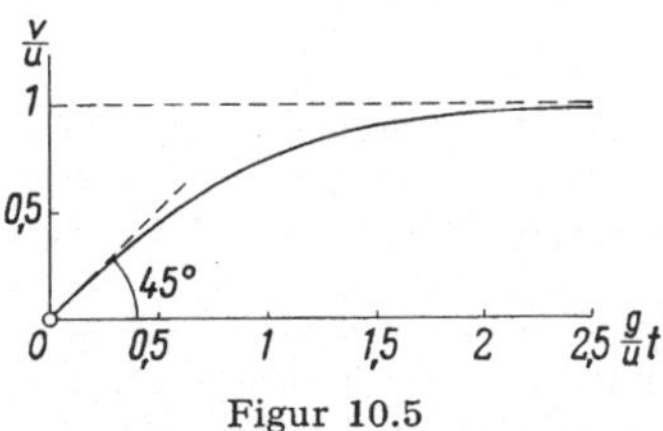

Figur 10.5

Das Vorgehen in den letzten Beispielen legt folgende allgemeine **Regel für dieLösung von Bewegungsaufgaben** des Massenpunktes nahe: Man geht von einer allgemeinen Lage des Massenpunktes aus, führt seine Lagekoordinaten sowie alle an ihm wirkenden Kräfte ein und formuliert sodann das Newtonsche Gesetz. Drückt man hier alle Unbekannten durch die Lagekoordinaten (sowie gegebenenfalls die Zeit) aus, so liegen die Bewegungsdifferentialgleichungen vor. Ihre Integration unter Berücksichtigung der Anfangsbedingungen führt auf die Bewegungsgleichungen (und liefert, wie sich noch zeigen wird, bei geführten Bewegungen zudem die Reaktionen als Funktionen der Zeit).

5 Ziegler

Wie schon in der Kinematik betont worden ist, braucht man als Lage-koordinaten nicht kartesische zu verwenden. So kann zum Beispiel bei einer ebenen Bewegung das **Newtonsche Gesetz** auch **in ebenen Polarkoordina-ten** r, φ (Figur 10.6) angeschrieben werden. Die Komponenten der Beschleuni-gung in radialer und azimutaler Richtung sind durch (8.20) und (8.21) gegeben. Bezeichnen R_r, R_φ die entsprechenden Komponenten der Resultierenden, so gilt

$$m\,(\ddot{r} - r\,\dot{\varphi}^2) = R_r \,, \qquad \frac{m}{r}\,(r^2\,\dot{\varphi})^{\cdot} = R_\varphi \,. \tag{10.19}$$

Bei der *Kreisbewegung* (Figur 10.7) ist r konstant. Zerlegt man die Vektoren $\boldsymbol{a}$ und $\boldsymbol{R}$ hier wie in Figur 3.4 in je eine Tangentialkomponente in Richtung wachsenden Drehwinkels und eine gegen den Mittelpunkt O gerichtete Normal-komponente, so folgt aus (10.19)

$$m\,r\,\ddot{\varphi} = R_\tau \,, \qquad m\,r\,\dot{\varphi}^2 = R_\nu > 0 \,. \tag{10.20}$$

Ist die Bewegung gleichförmig, so folgt aus (10.20), daß $R_\tau = 0$ und R_ν konstant ist. Die Normalkomponente von $\boldsymbol{R}$ hält den Massenpunkt auf der Kreisbahn; ohne sie würde er tangential weglaufen.

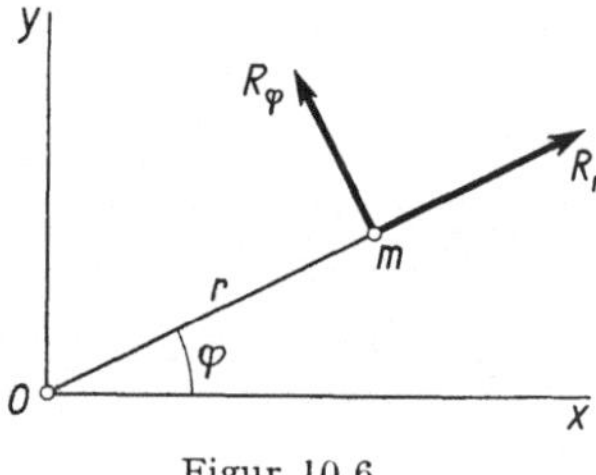

Figur 10.6   Figur 10.7

Mit dem Newtonschen Gesetz lassen sich alle in der Mechanik auftretenden Größen auf Zeiten, Längen und Kräfte bzw. Massen zurückführen, und damit können jetzt die beiden **Maßsysteme** definiert werden, die bisher nebeneinander gebraucht worden sind.

Das **technische Maßsystem** benützt als **Grundeinheiten** diejenigen der Zeit, der Länge und der Kraft, nämlich die Sekunde (s), den Meter (m) und das Kraft-kilogramm (kg*), definiert gemäß Band I, Abschnitt 1. Als **abgeleitete Einheiten** hat man hier

für die Schnelligkeit 1 m/s, einem Massenpunkt entsprechend, der in der Se-kunde einen Meter zurücklegt,

für die Beschleunigung 1 m/s², einem sekundlichen Schnelligkeitszuwachs von 1 m/s entsprechend,

für die Arbeit (oder das Moment) 1 mkg*, realisiert durch die Kraft 1 kg*, die in ihrer Richtung um 1 m verschoben wird (bzw. im Abstand 1 m vom Bezugs-punkt wirkt),

für die Leistung 1 mkg*/s, entsprechend einer Arbeit von 1 mkg* je Sekunde (bzw. die Pferdestärke: 1 PS = 75 mkg*/s)

und schließlich für die Masse 1 kg*s²/m, einem materiellen Punkt entsprechend, der unter der Kraft 1 kg* die Beschleunigung 1 m/s² erfährt.

Da die Erdbeschleunigung $g = 9{,}806$ m/s² beträgt, ist nach (10.3) zum Beispiel die Masse eines Körpers vom Gewicht 1 kg*

$$m = \frac{G}{g} = \frac{1}{9{,}807} \text{ kg*s}^2/\text{m} = 0{,}1020 \text{ kg*s}^2/\text{m} \, .$$

Es ist klar, daß man weitere Einheiten erhält, wenn man statt der besprochenen Grundeinheiten etwa für die Zeit 1 min oder 1 h, für die Länge 1 cm oder 1 km und für die Kraft 1 g* oder 1 t* verwendet. Das technische Maßsystem hat indessen den Nachteil, auf einer Krafteinheit als Grundeinheit zu beruhen, die auf der Erdoberfläche nicht überall den gleichen Wert besitzt. Aus diesem Grunde zieht man heute das sogenannte **MKS-System** von **Giorgi** vor. Dieses verwendet als Grundeinheiten diejenige der Zeit, der Länge und der Masse, nämlich die Sekunde (s), den Meter (m) und das Massenkilogramm (kg), das im Unterschied zum Kraftkilogramm ohne Stern geschrieben wird. Die Sekunde und der Meter werden wie im technischen Maßsystem definiert, das Kilogramm als Masse des Liters Normalwasser bzw. konventionell als Masse des Urkilogramms. Als abgeleitete Einheiten hat man für die Schnelligkeit wie im technischen Maßsystem 1 m/s und für die Beschleunigung 1 m/s², ferner

für die Kraft das Newton (1 N = 1 kgm/s²), nämlich diejenige Kraft, welche der Masse 1 kg die Beschleunigung 1 m/s² erteilt,

für die Arbeit (oder das Moment) das Joule (1 J = 1 Nm), der Kraft 1 N entsprechend, die in ihrer Richtung um 1 m verschoben wird (bzw. im Abstand 1 m vom Bezugspunkt wirkt)

und für die Leistung das Watt (1 W = 1 J/s), der Arbeit 1 J je Sekunde entsprechend.

Auch hier kann man die Einheiten modifizieren. So verwendet man für die Leistung auch das Kilowatt (1 kW = 1000 W); ferner erhält man, von den Grundeinheiten 1 s, 1 cm und 1 g ausgehend, diejenigen des **CGS-Systems.**

Aus diesen Definitionen und dem Newtonschen Gesetz ergeben sich folgende Beziehungen für entsprechende Einheiten des technischen und des MKS-Systems:

Kraft:	1 kg* = 1 kg · 9,807 m/s² =	9,807 N,
Masse:	1 kg*s²/m =	9,807 Ns²/m = 9,807 kg,
Arbeit (Moment): 1 mkg* =		9,807 Nm = 9,807 J
Leistung:	1 mkg*/s =	9,807 J/s = 9,807 W.

Die technischen Einheiten sind somit rund zehnmal grösser als diejenigen des MKS-Systems. Eine Ausnahme bildet die Pferdestärke mit

$$1 \text{ PS} = 75 \text{ mkg*/s} = 75 \cdot 9{,}807 \text{ W} = 0{,}735 \text{ kW.}$$

Aufgaben

1. Man betrachte eine Turbinenschaufel vom Gewicht 2 N, welche einen Hals von der Querschnittfläche $F = 6{,}3$ cm² besitzt, gleichförmig auf einem Kreis vom Radius $r = 30$ cm läuft und aus einem Material mit $\sigma_{zul} = 1{,}5$ t*/cm² besteht. Man beachte, daß die Zahlenwerte in verschiedenen Maßsystemen gegeben sind, vernachlässige das Gewicht und bestimme die zulässige minutliche Drehzahl n.

2. Ein Massenpunkt (Figur 10.8) verläßt den Ursprung eines rechtwinkligen Koordinatensystems mit vertikaler z-Achse mit der unter dem gleichen Winkel α gegen alle drei Koordinatenachsen geneigten Anfangsgeschwindigkeit v_0. An ihm greift das Gewicht G und eine Kraft K an, welche normal zur y-Achse und dem Abstand von ihr proportional, mithin vom Betrag $K = \lambda \varrho$ ist. Man ermittle die Bewegung.

3. An einem gewichtslosen Faden, der mit einer gewichtslosen Feder verbunden und durch die Öffnung A (Figur 10.9) einer vertikalen Wand geführt ist, hängt ein

Massenpunkt m, der sich bei ungespannter Feder in A und im Gleichgewicht im Abstand $l = 30$ cm darunter befindet. Er liegt zur Zeit $t = 0$ im Abstand $2\,l$ unter der Öffnung und hat die horizontale Anfangsgeschwindigkeit $\boldsymbol{v_0}$ vom Betrag 3 m/s. Man ermittle die Bewegung des Massenpunktes, seine Bahnkurve, sowie Zeit, Ort und Geschwindigkeit des Aufpralls auf die Wand.

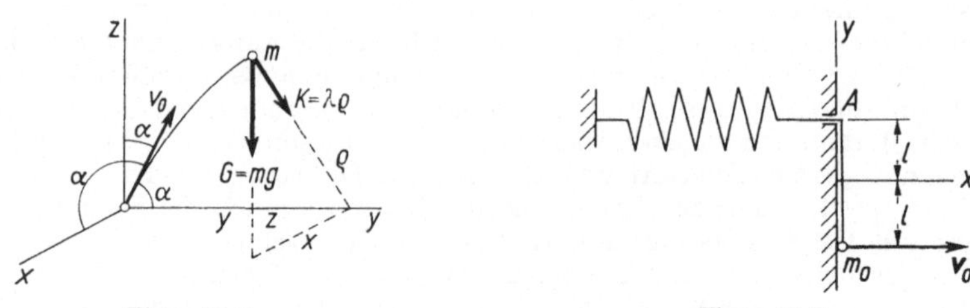

Figur 10.8   Figur 10.9

11. Der Energiesatz

Die Integration der Bewegungsdifferentialgleichungen läßt sich oft dadurch erleichtern, daß man das Newtonsche Gesetz durch den Energiesatz ergänzt. Dieser liefert zwar nichts wesentlich neues, da er aus dem Newtonschen Gesetz folgt; er stellt indessen ein erstes Integral der Newtonschen Bewegungsdifferentialgleichungen dar und vereinfacht damit in vielen Fällen den Integrationsprozeß.

Unter der **kinetischen Energie** eines Massenpunktes versteht man das halbe Produkt aus seiner Masse und dem Quadrat seiner Geschwindigkeit, nämlich die Größe

$$T = \frac{1}{2}\, m\, \boldsymbol{v}^2 = \frac{1}{2}\, m\, v^2 \,. \tag{11.1}$$

Sie ist eine skalare Größe und wird auch als **Bewegungsenergie** bezeichnet. Ferner ist sie positiv definit, nämlich positiv für $\boldsymbol{v} \neq 0$ und null für $\boldsymbol{v} = 0$, und schließlich kann sie natürlich in jedem Augenblick einen anderen Wert besitzen.

Die Dimension der kinetischen Energie ist $[m\, l^2\, t^{-2}] = [K\, l]$, also diejenige einer Arbeit, die Einheit somit 1 mkg* oder 1 J.

Ein Geschoß mit der Masse $m = 5$ kg und der Anfangsschnelligkeit $v_0 = 1$ km/s besitzt zum Beispiel die anfängliche Bewegungsenergie $T_0 = m\, v^2/2 = 2{,}5 \cdot 10^6$ J.

Bei der *Kreisbewegung* ist die kinetische Energie nach (11.1) und (2.8)

$$T = \frac{1}{2}\, m\, r^2\, \omega^2 \,. \tag{11.2}$$

Ist statt der Winkelgeschwindigkeit die Drehzahl gegeben, so hat man nach (2.12) und (10.3)

$$T = 2\,\pi^2\, \nu^2\, m\, r^2 \quad\text{oder}\quad T = \frac{1}{2}\left(\frac{\pi\, n}{30}\right)^2 \frac{G}{g}\, r^2 \,.$$

Es ist bei solchen Beziehungen zweckmäßig, der numerischen Rechnung im MKS-System die Schreibweise mit m, derjenigen im technischen System diejenige mit G/g zu Grunde zu legen, da man so direkt mit den Grundeinheiten rechnen kann.

Figur 11.1 zeigt einen Massenpunkt m, der sich unter dem Einfluß der resultierenden Kraft $\boldsymbol{R}$ bewegt. Erweitert man das Newtonsche Gesetz (10.2) skalar mit der Fahrstrahländerung $d\boldsymbol{r}$ im nächsten Zeitelement, so kommt

$$m\,\boldsymbol{a}\,d\boldsymbol{r} = \boldsymbol{R}\,d\boldsymbol{r}\,.$$

Die linke Seite kann nach (3.1) mit

$$m\,\boldsymbol{a}\,d\boldsymbol{r} = m\,\frac{d\boldsymbol{v}}{dt}\,d\boldsymbol{r} = m\,\frac{d\boldsymbol{r}}{dt}\,d\boldsymbol{v} = m\,\boldsymbol{v}\,d\boldsymbol{v} = d\left(\frac{m\,\boldsymbol{v}^2}{2}\right) = dT$$

umgeformt werden, und die rechte stellt nach Band I (13.5) die Elementararbeit dA der Resultierenden dar. Damit ist aber der **Energiesatz** in der sogenannten Differentialform

$$dT = dA \tag{11.3}$$

gewonnen, wonach die Zunahme der kinetischen Energie im Zeitelement dt der Elementararbeit von $\boldsymbol{R}$ bei der zugehörigen Verschiebung $d\boldsymbol{r}$ gleich ist. Insbesondere nimmt die Bewegungsenergie und damit die Schnelligkeit zu oder ab, je nachdem der Winkel zwischen $\boldsymbol{R}$ und der Bewegungsrichtung spitz oder stumpf ist; bei rechtem Winkel bleibt sie stationär.

Bei der *gleichförmigen Kreisbewegung* ist T konstant, und in der Tat ist hier nach einer Bemerkung, die im Anschluß an (10.20) gemacht worden ist, die Resultierende $\boldsymbol{R}$ stets normal zur Bewegungsrichtung.

Bei der *harmonischen Schwingung* ist $\boldsymbol{R}$ stets gegen die Gleichgewichtslage O gerichtet. Die Bewegungsenergie nimmt daher zu oder ab, je nachdem sich m gegen O oder von O weg bewegt.

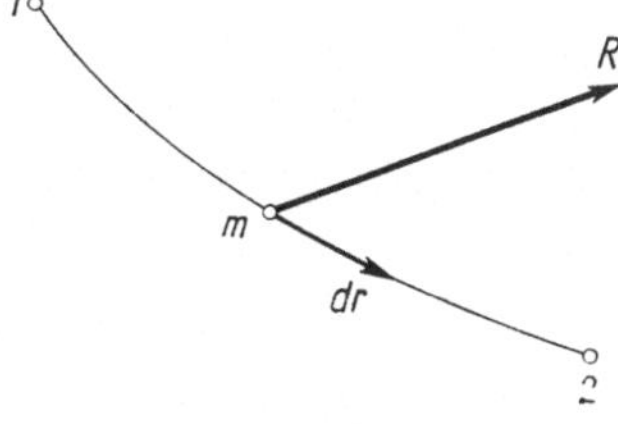

Figur 11.1

Dividiert man beide Seiten des Energiesatzes (11.3) mit dem Zeitelement, so erhält man rechterhand nach (2.17) die Leistung der Resultierenden und damit eine zweite Form

$$\dot{T} = L \tag{11.4}$$

des Satzes. Integriert man ferner beide Seiten von (11.3) über die Zeit $t_2 - t_1$, während welcher der Massenpunkt von 1 nach 2 läuft, so erhält man linkerhand

$$\int_{t_1}^{t_2} dT = T_2 - T_1\,,$$

nämlich die Zunahme der Bewegungsenergie bei der Bewegung von 1 nach 2, rechterhand die Gesamtarbeit

$$A_{12} = \int\limits_{1}^{2} dA$$

der Resultierenden bei der Verschiebung. Damit hat man den Energiesatz auch in endlicher Form

$$T_2 - T_1 = A_{12} \tag{11.5}$$

gewonnen.

Formuliert man den Satz (11.5) für den *freien Fall* (Figur 10.1) mit den Anfangsbedingungen $x_0 = 0$, $\dot{x}_0 = 0$, und zwar zwischen der Anfangs- und der allgemeinen Lage, so erhält man aus

$$T - T_0 = T = \frac{m}{2}\,\dot{x}^2 \quad \text{und} \quad A = m\,g\,x$$

die Differentialgleichung

$$\dot{x}^2 = 2\,g\,x\,,$$

die man auch in der Form

$$dt = \frac{1}{g}\,d\,\sqrt{2\,g\,x}$$

schreiben kann und unter Berücksichtigung der Anfangsbedingungen wieder mit

$$x = \frac{g}{2}\,t^2$$

integriert.

Im letzten Beispiel leistet der Energiesatz scheinbar ebensoviel wie das Newtonsche Gesetz. In Wirklichkeit wurde aber stillschweigend angenommen bzw. aus der Symmetrie geschlossen, daß sich der Massenpunkt auf einer Vertikalen bewege. Das folgt nicht aus dem Energiesatz, und in der Tat kann dieser als skalares Gesetz nicht so viel leisten wie das vektorielle Newtonsche Gesetz, das drei skalaren Beziehungen äquivalent ist.

Man kann den Energiesatz für den Fall, daß alle am Massenpunkt angreifenden Kräfte *konservativ* sind, auf eine vierte, mathematisch besonders vorteilhafte Form bringen. Dazu muß aber der Begriff der konservativen Kraft, der in Band I, Abschnitt 13 nur für stationäre Kraftfelder definiert worden ist, erweitert werden.

In erster Linie sind in der Dynamik auch **instationäre Feldkräfte** $\boldsymbol{K} = (X, Y, Z)$, nämlich solche mit den Komponenten

$$X = X\,(x, y, z, t)\,,\,\ldots \tag{11.6}$$

zuzulassen. Ist ein solches Feld in einem einfach zusammenhängenden Bereich B **wirbelfrei,** dann gilt zu jeder Zeit im ganzen Bereich rot $\boldsymbol{K} = 0$, mithin für jede Fläche in B

$$\int \boldsymbol{n}\,\text{rot}\,\boldsymbol{K}\,df = 0 \tag{11.7}$$

und nach dem Satz von STOKES [Band I, (13.29)] für jede geschlossene Kurve C in B

$$\oint\limits_{C} \boldsymbol{K}\,d\boldsymbol{r} = 0\,. \tag{11.8}$$

Hieraus folgt, daß das Integral

$$\oint_{\overset{.}{P}}^{\overset{O}{}} \boldsymbol{K}\, d\boldsymbol{r}\,, \tag{11.9}$$

erstreckt über eine beliebige Kurve C, die einen Punkt P mit einem festen Bezugspunkt O verbindet, allein von der Lage des Punktes P und der Zeit t abhängt, zu der es berechnet wird. Das wirbelfreie Feld ist also in B ein **Potentialfeld** mit dem zeitabhängigen Potential

$$V(x, y, z, t) = \int_{\overset{.}{P}}^{\overset{O}{}} \boldsymbol{K}\, d\boldsymbol{r}\,. \tag{11.10}$$

Liegt umgekehrt in B ein Potentialfeld der Art (11.10) vor, dann gilt jederzeit und überall in B

$$\boldsymbol{K} = -\operatorname{grad} V, \tag{11.11}$$

und da die Rotation auch eines zeitabhängigen Gradienten jederzeit verschwindet, ist das Feld wirbelfrei.

Nun ist aber zu beachten, daß die wirkliche Arbeit stets in einem endlichen Zeitintervall geleistet und somit nicht durch ein Linienintegral der Form (11.9) dargestellt wird. In (11.9) ist nämlich die Integration momentan in einem bestimmten Zeitpunkt auszuführen; für die Berechnung der Arbeit dagegen sind die Komponenten (11.6) von $\boldsymbol{K}$ an jeder Stelle von C für die Zeit t einzusetzen, zu welcher der Angriffspunkt diese Stelle passiert. Dementsprechend muß jetzt die Definition von Band I präzisiert und unter einer **konservativen Kraft** eine solche verstanden werden, deren Arbeit zwischen zwei Punkten nur von diesen und weder vom Verschiebungsweg noch von der Art abhängt, wie dieser zeitlich durchlaufen wird.

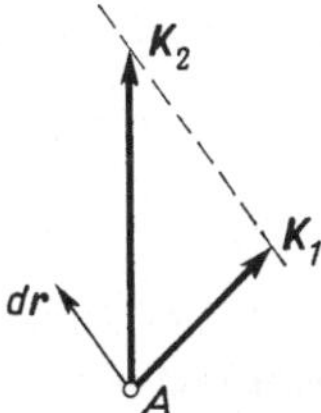

Figur 11.2

Es ist jetzt klar, daß aus der Wirbelfreiheit nicht ohne weiteres auf den konservativen Charakter der nichtstationären Feldkraft geschlossen werden kann. Vielmehr ist eine instationäre Kraft überhaupt niemals konservativ. Lassen sich nämlich zwei Zeitpunkte t_1, t_2 angeben, in denen die Feldkraft in einem Punkt A durch verschiedene Vektoren $\boldsymbol{K}_1$, $\boldsymbol{K}_2$ (Figur 11.2) dargestellt wird, so folgt aus $\boldsymbol{K}_2 - \boldsymbol{K}_1 \neq 0$ auch

$$\boldsymbol{K}_2\, d\boldsymbol{r} \neq \boldsymbol{K}_1\, d\boldsymbol{r}\,,$$

wenn $d\boldsymbol{r}$ eine Verschiebung in Richtung $\boldsymbol{K}_2 - \boldsymbol{K}_1$ bezeichnet. Schon die Elemen-

tararbeit hängt also hier nicht allein von den Endpunkten des Verschiebungs-
vektors ab.

Die präzisierte Definition der konservativen Kraft läßt sich auf weitere
Klassen von Kräften anwenden. So bestätigt man ohne weiteres, daß **ge-
schwindigkeitsabhängige Kräfte,** das heißt solche mit den Komponenten

$$X = X\,(\dot{x},\,\dot{y},\,\dot{z},\,x,\,y,\,z)\,,\,\ldots \tag{11.12}$$

im allgemeinen nichtkonservativ sind. Eine Ausnahme bilden hier die sogenannten **gyroskopischen Kräfte,** nämlich solche, die stets zur Bewegungsrichtung normal sind und damit keine Arbeit leisten.

Zu den geschwindigkeitsabhängigen (und zwar nichtgyroskopischen) Kräften
gehört zum Beispiel der Luftwiderstand eines Projektils, ferner die Reibung, die
ein Massenpunkt erfährt, wenn er längs einer rauhen Fläche oder Kurve gleitet. Im
Gegensatz hiezu kann der Normaldruck als konservativ bezeichnet werden, da er
keine Arbeit leistet.

Mit den letzten Beispielen ist der Begriff der konservativen Kraft auch auf
Reaktionen ausgedehnt, während Kräfte mit den Komponenten (11.6) oder
(11.12) nach Band I, Abschnitt 1 als Lasten zu bezeichnen sind, da sie *a priori*
als Funktionen der Zeit, der Lage und des Bewegungszustandes bekannt sind.

Greifen an einem Massenpunkt ausschließlich konservative Kräfte an, dann
ist auch ihre Resultierende R konservativ. Sie besitzt ein Potential V, das nur
von der Lage abhängt und nach Band I, Abschnitt 13, als Summe der Einzel-
potentiale gewonnen werden kann. Sind V_1, V_2 seine Werte in den Lagen 1, 2
des Massenpunktes, so ist die bei der Bewegung von 1 nach 2 durch R geleistete
Arbeit nach Band I (13.14)

$$A_{12} = V_1 - V_2\,.$$

Der Energiesatz (11.5) nimmt daher die Form

$$T_2 - T_1 = V_1 - V_2 \quad \text{bzw.} \quad T_2 + V_2 = T_1 + V_1$$

an, und da 1 und 2 beliebige Lagen sind, folgt

$$T + V = E\,, \tag{11.13}$$

wobei E eine Konstante ist, die von der Normierung der potentiellen Energie
abhängt. Man nennt E die **Gesamtenergie** und (11.13) den **Satz von der
Erhaltung der Energie.**

Jede diesem Satz unterworfene ungleichförmige Bewegung ist mit einer ständi-
gen Umsetzung der Energien T und V verbunden. So ist zum Beispiel beim schiefen
Wurf (Figur 11.3) bei geeigneter Normierung des Potentials

$$T = \frac{m}{2}\,v^2\,, \qquad V = m\,g\,z$$

und

$$E = T_0 + V_0 = \frac{m}{2}\,v_0^2\,.$$

Der Energiesatz (11.13) lautet also

$$\frac{m}{2}\,v^2 + m\,g\,z = \frac{m}{2}\,v^2$$

und liefert

$$v = \sqrt{v_0^2 - 2\,g\,z}\ .$$

Damit läßt sich zwar nicht die Bewegung, aber doch die Schnelligkeit v als Funktion von z gewinnen; sie ist bei gegebem v_0 nur von z, also nicht davon abhängig, ob sich der Massenpunkt im Auf- oder Abstieg befindet, bemerkenswerterweise auch nicht von der Elevation α.

Beim Auftreffen am Boden nimmt T stoßartig ab, ohne daß sich V ändert. Das steht nur scheinbar im Widerspruch mit dem Energiesatz. In Form der Reaktion tritt nämlich eine neue Kraft in Erscheinung, die nicht konservativ ist, eine negative Arbeit leistet und damit die Bewegungsenergie gemäß (11.5) reduziert.

Der vorstehenden Darstellung zufolge ist das Newtonsche Gesetz ein Axiom, der Energiesatz, der sich (Abschnitt 20 und 27) auch auf starre Körper und Systeme übertragen läßt, eine Konsequenz des Newtonschen Gesetzes und der Erhaltungssatz eine Sonderform des Energiesatzes, gültig für konservative Massenpunkte. In der Physik wird dieser Zusammenhang oft umgekehrt, indem der Erhaltungssatz in erweiterter, auch nichtmechanische Energieformen umfassender Form als Axiom betrachtet wird. Er braucht dann nicht auf konservative Fälle beschränkt zu werden.

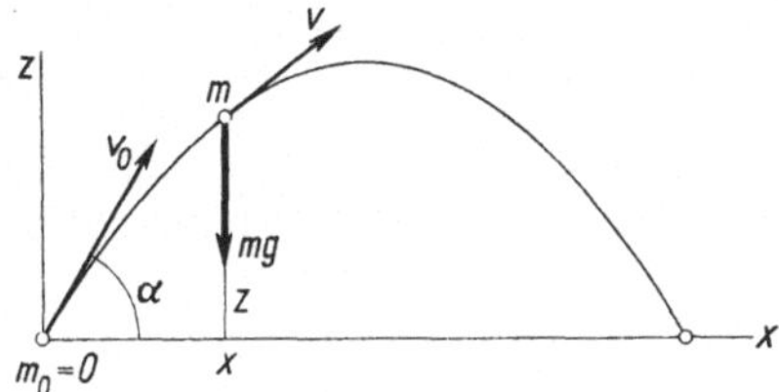

Figur 11.3

So gilt beim Auftreffen des Massenpunktes von Figur 11.3 der Erhaltungssatz noch immer, wenn man die thermische Energie berücksichtigt, die beim Stoß entsteht.

Zur Lösung der Hauptaufgabe reicht das Newtonsche Gesetz aus. Der Energiesatz liefert nichts Neues, enthält aber keine Beschleunigungen und stellt damit – jedenfalls in den Formen (11.5) und (11.13) – ein erstes Integral der Newtonschen Bewegungsdifferentialgleichungen dar. Die Integration, die er scheinbar erspart, steckt in der Ermittlung der Arbeit. Oft ist es indessen leichter, die Arbeit zu berechnen, als die Newtonschen Bewegungsdifferentialgleichungen zu integrieren.

Beim elastischen Schwinger von Figur 10.2 sind die am Massenpunkt angreifenden Kräfte $m\,g$ und $c\,(\delta + x)$ konservativ. Ihre Potentiale sind mit

$$V_1 = -\,m\,g\,(\delta + x)\,, \qquad V_2 = \frac{c}{2}\,(\delta + x)^2$$

auf die Lage des Massenpunktes bei ungespannter Feder normiert. Das Gesamtpotential ist

$$V = V_1 + V_2 = \frac{c}{2}\,x^2 + (c\,\delta - m\,g)\,x + \frac{c}{2}\,\delta^2 - m\,g\,\delta\,.$$

Der Gleichgewichtsbedingung (10.4) zufolge ist der Koeffizient des in x linearen Terms null, und wenn auch die beiden konstanten Glieder gestrichen werden, so heißt das einfach, daß das modifizierte Potential

$$V' = \frac{c}{2}\, x^2 \tag{11.14}$$

auf die Gleichgewichtslage normiert ist.

Der Energiesatz (11.13) lautet hier

$$\frac{m}{2}\, \dot{x}^2 + \frac{c}{2}\, x^2 = E; \tag{11.15}$$

seine Integration führt wieder auf (10.9). Andererseits erhält man durch Differentiation von (11.15) wieder (10.7) mit (10.6); es bestätigt sich also, daß (11.15) das erste Integral von (10.7) ist.

Aufgaben

1. Man ermittle die Steigzeit des schiefen Wurfes ohne Widerstand, ferner Steighöhe, Flugdauer und Wurfweite sowie die Grenze des sogenannten bestrichenen Raumes, das heißt derjenigen Fläche, die vom Ursprung aus mit einer gegebenen Anfangsschnelligkeit v_0 bestrichen werden kann.

2. Das ballistische Problem läßt sich durch die Annahme vereinfachen, daß der Widerstand der Schnelligkeit proportional, das heißt von der Form $\boldsymbol{W} = -\lambda\,\boldsymbol{v}$ sei. Man ermittle unter dieser Annahme für gegebene Anfangsschnelligkeit v_0 und Elevation α die Bewegung, die Steigzeit und die Steighöhe. Man zeige ferner, daß die Bahnkurve eine vertikale Asymptote besitzt, und ermittle deren Lage.

3. Man stelle für den freien Fall in einem Medium mit schnelligkeitsproportionalem Widerstand $W = \lambda\,v$ die Bewegungsgleichung auf. Sodann ermittle man die Grenzschnelligkeit u und schätze die Anlaufzeit ab. Wie groß ist diese für $u = 100$ m/s und für $u = 1$ cm/s?

12. Geführte Bewegungen

In Abschnitt 10 wurde das Newtonsche Gesetz in kartesischen und in ebenen Polarkoordinaten ausgeschrieben. Man kann es aber auch im **begleitenden Koordinatensystem** (Figur 12.1) formulieren, das aus der Bahntangente τ, der Bahnnormalen ν und der Binormalen β besteht. Dabei wird die Tangente zweckmäßig wie schon in Abschnitt 3 in Richtung zunehmender algebraischer Bogenlänge s, die Normale gegen den Krümmungsmittelpunkt hin positiv gerechnet. Der Beschleunigungsvektor $\boldsymbol{a}$ hat nach (3.9) im begleitenden System die Komponenten

$$a_\tau = \dot{v} = \ddot{s}\,, \qquad a_\nu = \frac{v^2}{\varrho} = \frac{\dot{s}^2}{\varrho} \tag{12.1}$$

sowie $a_\beta = 0$; dabei bezeichnet ϱ den Krümmungsradius. Zerlegt man auch die Resultierende $\boldsymbol{R}$ in die Komponenten R_τ, R_ν, R_β, so zerfällt das Newtonsche Gesetz in die Beziehungen

$$m\,\dot{v} = m\,\ddot{s} = R_\tau\,, \qquad m\,\frac{v^2}{\varrho} = m\,\frac{\dot{s}^2}{\varrho} = R_\nu\,, \qquad R_\beta = 0\,. \tag{12.2}$$

Die Resultierende liegt also immer in der Schmiegungsebene der Bahnkurve und ist hier, da in der zweiten Beziehung (12.2) die linke Seite nichtnegativ und daher $R_\nu \geqq 0$ ist, gegen die Konkavseite der Bahnkurve gerichtet.

Bei der *Kreisbewegung* hat man statt (12.1) nach (3.10)

$$a_\tau = r\,\dot\omega\,, \qquad a_\nu = r\,\omega^2\,,$$

mithin an Stelle von (12.2) und in Übereinstimmung mit (10.20)

$$m\,r\,\dot\omega = R_\tau\,, \qquad m\,r\,\omega^2 = R_\nu\,. \tag{12.3}$$

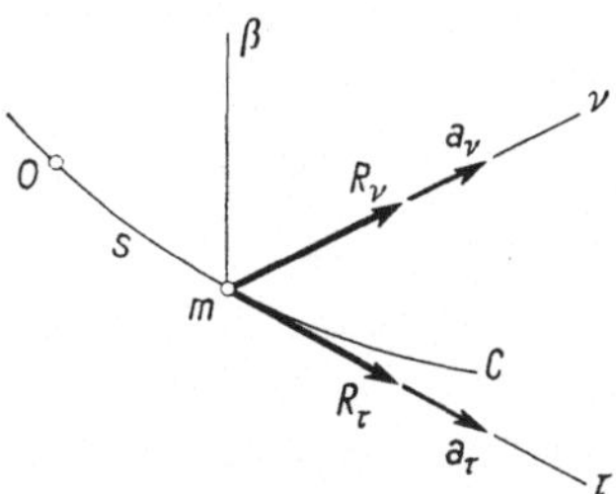

Figur 12.1

Die Form (12.2) bzw. (12.3) des Newtonschen Gesetzes ist stets dann von Vorteil, wenn die Bahnkurve bekannt ist, und das trifft oft bei geführten Bewegungen zu.

Bei einem Massenpunkt m, der an eine *Fläche f* gebunden ist, sind als Reaktionen wie in der Statik (Figur 12.2) ein Normaldruck N sowie eine Reibungskraft einzuführen, die zweckmäßig in zwei Komponenten F_1 und F_2 zerlegt wird. Je nachdem, ob die **Führung ein-** oder **zweiseitig** ist, gilt $N \geqq 0$ bzw. keine Einschränkung hinsichtlich des Vorzeichens von N. Ist m relativ zur Führungsfläche in Ruhe, dann gilt nach Band I (11.3) die Haftbedingung

$$|F| = \sqrt{F_1^2 + F_2^2} \leqq \mu_0\,|N| \tag{12.4}$$

mit der Haftreibungszahl μ_0. Im Falle des Gleitens hat man dagegen

$$|F| = \mu_1\,|N|\,, \tag{12.5}$$

wobei μ_1 die Gleitreibungszahl bezeichnet.

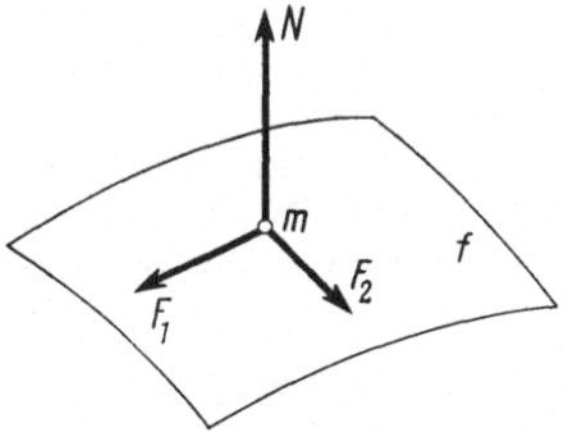

Figur 12.2

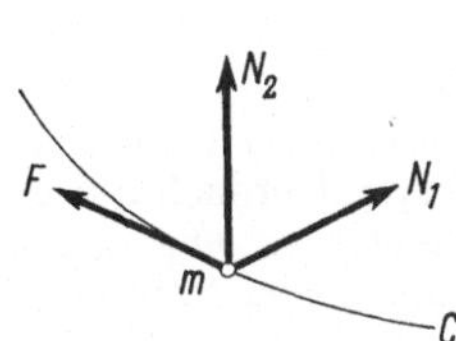

Figur 12.3

Ist der Massenpunkt an eine *Kurve C* gebunden (Figur 12.3), so hat der Normaldruck zwei Komponenten N_1, N_2, die Reibungskraft F dagegen nur

eine. Auch hier kann die **Führung vollständig** oder **unvollständig** sein. Die
Haftbedingung lautet

$$|F| \leqq \mu_0 |N| = \mu_0 \sqrt{N_1^2 + N_2^2}\,, \tag{12.6}$$

und die Gleitbedingung analog.

Die Führung braucht nicht durch ein starres Hindernis realisiert zu sein. So ist
es beim **sphärischen Pendel** (Figur 12.4) dynamisch belanglos, ob der Massenpunkt in einer reibungsfreien Kugelschale gleitet oder an einem (unelastischen)
Faden befestigt ist. In beiden Fällen ist die Führung beiläufig einseitig.

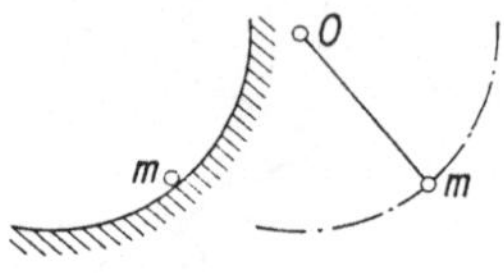

Figur 12.4

Bei geführten Bewegungen stellt sich die Hauptaufgabe in modifizierter
Form, indem hier von den Lasten auf die Bewegung und die Reaktionen zu
schließen ist, die im allgemeinen Funktionen der Zeit sind. Die Zahl der Unbekannten ist dabei stets 3, indem für jede Lagekoordinate, die mit Rücksicht
auf die Führung wegfällt, eine Reaktion auftritt. Im äußersten Fall ist die
Bewegung vorgeschrieben und die Gesamtheit der Reaktionen gesucht; es liegt
also die Umkehrung der Hauptaufgabe vor.

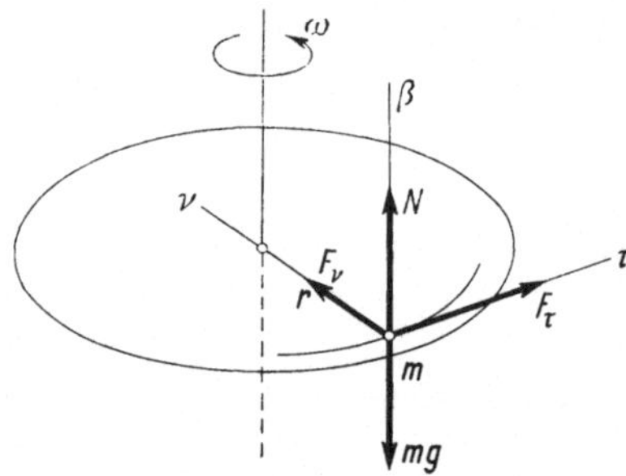

Figur 12.5

In Figur 12.5 ist ein Massenpunkt wiedergegeben, der auf einer mit der Winkelgeschwindigkeit $\omega(t)$ rotierenden rauhen horizontalen Scheibe liegt. Solange er
haftet, bewegt er sich auf einem Kreis vom Radius r, und zwar unter dem Einfluß
seines Gewichtes $m\,g$, des Normaldruckes N sowie der Komponenten F_τ, F_ν der
Haftreibung. Das Newtonsche Gesetz (12.3) liefert die Reaktionen

$$N = m\,g\,, \qquad F_\tau = m\,r\,\dot\omega\,, \qquad F_\nu = m\,r\,\omega^2\,.$$

Der Massenpunkt haftet aber nur, solange (12.4) erfüllt, das heißt

$$\sqrt{\dot\omega^2 + \omega^4} \leqq \frac{\mu_0\,g}{r}$$

ist. Im Falle gleichförmiger Rotation muß also

$$\omega^2 \leqq \frac{\mu_0\, g}{r}$$

sein.

Als Beispiel für eine nicht völlig vorgeschriebene Bewegung sei der Massenpunkt von Figur 12.6 betrachtet, der auf einer glatten schiefen Ebene gleitet, und zwar längs einer Fallgeraden, wenn er aus der Ruhe heraus losgelassen wird. Bezeichnet man die Lagekoordinate mit s, so hat man nach (12.2) wegen $\varrho = \infty$

$$m\,\ddot{s} = m\, g\, \sin\alpha\,, \qquad 0 = m\, g\, \cos\alpha - N\,.$$

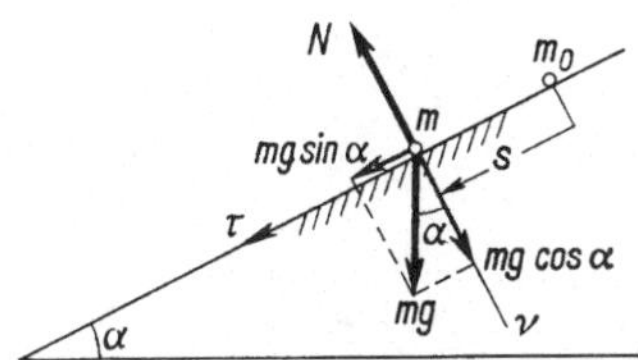

Figur 12.6

Der Normaldruck ist also konstant, und die Anfangsbedingungen $s_0 = \dot{s}_0 = 0$ führen auf die Bewegungsgleichung

$$s = \frac{g}{2}\, \sin\alpha\, t^2\,.$$

Figur 12.7 zeigt als Verallgemeinerung dieses Beispiels einen Massenpunkt m, der sich unter einer beliebigen Last $\boldsymbol{K}(t, s, \dot{s})$ längs einer glatten Führungskurve C bewegt. Wenn man $\boldsymbol{K}$ in die Komponenten K_τ, K_ν zerlegt und den Normaldruck N hinzufügt, dann erhält man aus (12.2)

$$m\,\ddot{s} = K_\tau\,, \qquad m\,\frac{\dot{s}^2}{\varrho} = K_\nu - N\,. \tag{12.7}$$

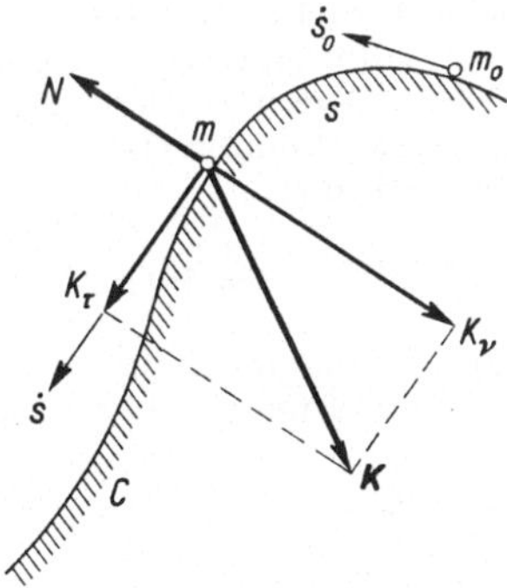

Figur 12.7

Die Bewegung folgt aus der ersten Beziehung (12.7), die deshalb auch als **eigentliche Bewegungsdifferentialgleichung** bezeichnet wird. Die zweite liefert, sobald die Bewegung bekannt ist, den Normaldruck als Funktion der Zeit.

Zieht man auch den Energiesatz

$$\frac{m}{2}\left(\dot{s}^2 - \dot{s}_0^2\right) = A \tag{12.8}$$

bei, so bedeutet, da K_ν und N keine Arbeit leisten, A die Arbeit von K_τ zwischen den Lagen s_0 und s. Die Beziehung (12.8) stellt daher das erste Integral der ersten Differentialgleichung (12.7) dar.

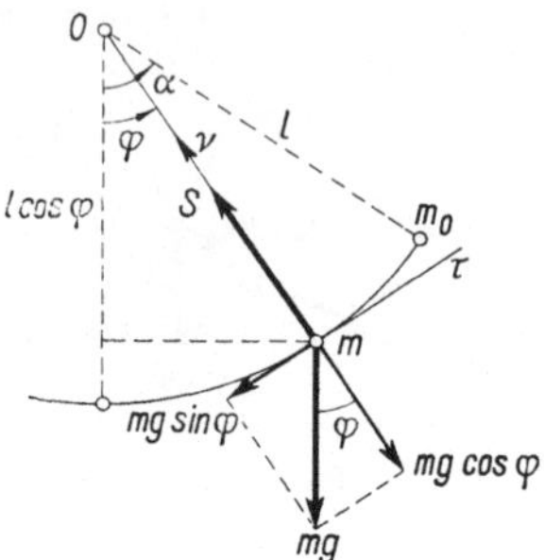

Figur 12.8

Ein Massenpunkt m (Figur 12.8), der durch einen (unelastischen) Faden l von vernachläßigbarer Masse an einen festen Punkt O gebunden ist, wird als **mathematisches Pendel** bezeichnet. Er hängt im Gleichgewicht unter dem Einfluß der Kräfte $m\,g$ und S vertikal unter O und soll aus der Ruhe heraus in einer Lage losgelassen werden, in welcher der Faden mit der Vertikalen den Winkel α einschließt. Dann bewegt sich m in der Ebene des Winkels α auf einer Kreisbahn und kann als **ebenes Pendel** bezeichnet werden. Die Bewegungsdifferentialgleichungen folgen aus (12.3) und lauten, in der Lagekoordinate φ geschrieben,

$$m\,l\,\ddot{\varphi} = -\,m\,g\,\sin\varphi\,, \qquad m\,l\,\dot{\varphi}^2 = S - m\,g\,\cos\varphi\,. \tag{12.9}$$

Dabei ist das erste Minuszeichen deshalb zu setzen, weil das Gewicht einen positiven Drehwinkel φ zu verkleinern sucht (und damit längs der in Richtung zunehmenden Winkels φ orientierten Bahntangente τ für positives φ eine negative Komponente aufweist), das zweite, weil die Normalbeschleunigung stets nach innen gerichtet ist (und die Normale ν zweckmäßig ebenso orientiert wird).

Die erste Beziehung (12.9) wird mit

$$\ddot{\varphi} = -\,\frac{g}{l}\,\sin\varphi \tag{12.10}$$

zur eigentlichen Bewegungsdifferentialgleichung; die zweite liefert die Fadenkraft S. Das Pendel ist konservativ; seine Energien können mit

$$T = \frac{m}{2}\,l^2\,\dot{\varphi}^2\,, \qquad V = -\,m\,g\,l\,\cos\varphi \tag{12.11}$$

angesetzt werden, und der Energiesatz (11.13), zwischen der Anfangs- und der allgemeinen Lage formuliert, ergibt $T + V = V_0$, das heißt

$$\frac{m}{2}\,l^2\,\dot{\varphi}^2 - m\,g\,l\,\cos\varphi = -\,m\,g\,l\,\cos\alpha\,.$$

Hieraus folgt

$$\dot{\varphi}^2 = \frac{2\,g}{l}\,(\cos\varphi - \cos\alpha)\,. \tag{12.12}$$

Man überzeugt sich leicht davon, daß (12.12) das erste Integral von (12.10) ist, und daß das Pendel unter ständiger Umwandlung von V in T und umgekehrt zwischen den Lagen α und $-\alpha$ hin- und herschwingt. Daß die Umkehrstellen α und $-\alpha$ sind, folgt aus dem Energiesatz und der Tatsache, daß im Augenblick der Umkehr $T = 0$ ist.

Beschränkt man sich auf kleine Winkelausschläge, so kann man in (12.10) näherungsweise $\sin\varphi = \varphi$ setzen. Mit dieser Vereinfachung, deren Berechtigung von der Lösung der exakten Differentialgleichung aus nachgewiesen werden kann, kommt

$$\ddot{\varphi} + \varkappa^2\,\varphi = 0 \quad \text{mit} \quad \varkappa^2 = \frac{g}{l}\,, \tag{12.13}$$

als Näherungslösung mithin die harmonische Schwingung

$$\varphi = a\,\cos\varkappa t + b\,\sin\varkappa t$$

oder unter Berücksichtigung der Anfangsbedingungen $\varphi_0 = \alpha$, $\dot{\varphi}_0 = 0$

$$\varphi = \alpha\,\cos\varkappa t\,.$$

Mit der Kreisfrequenz $\varkappa$ ist auch die Schwingungsdauer, die sich nach (3.15) zu

$$T = 2\,\pi\,\sqrt{\frac{l}{g}} \tag{12.14}$$

berechnet, von den Anfangsbedingungen und damit insbesondere von der Amplitude unabhängig; die Schwingung wird daher als **isochron** bezeichnet.

Für größere Ausschläge muß man die exakte Bewegungsdifferentialgleichung integrieren. Geht man von (12.12) aus, so gilt

$$\dot{\varphi} = \pm\,\sqrt{2\,\frac{g}{l}\,(\cos\varphi - \cos\alpha)}\,,$$

wobei das obere Vorzeichen für die Vorläufe (von $-\alpha$ bis α), das untere für die Rückläufe einzusetzen ist. Beschränkt man sich auf die erste Viertelperiode, während der das Pendel in die Gleichgewichtslage zurückschwingt, so gilt

$$\sqrt{\frac{2\,g}{l}}\,dt = -\,\frac{d\varphi}{\sqrt{\cos\varphi - \cos\alpha}}$$

oder, von $t = 0$ bis $T/4$ integriert,

$$\sqrt{\frac{2\,g}{l}}\,\frac{T}{4} = -\int_{\alpha}^{0} \frac{d\varphi}{\sqrt{\cos\varphi - \cos\alpha}} \quad \text{bzw.} \quad T = 2\sqrt{\frac{2\,l}{g}}\int_{0}^{\alpha} \frac{d\varphi}{\sqrt{\cos\varphi - \cos\alpha}}\,.$$

Die trigonometrische Identität

$$\cos\varphi = 1 - 2\,\sin^2(\varphi/2)$$

ergibt jetzt

$$T = 2\,\sqrt{\frac{l}{g}}\int_{0}^{\alpha} \frac{d\varphi}{\sqrt{\sin^2(\alpha/2) - \sin^2(\varphi/2)}}\,.$$

Ferner führt die Substitution

$$\sin(\varphi/2) = \sin(\alpha/2)\,\sin u$$

einerseits den Nenner des Integranden in $\sin(\alpha/2)\,\cos u$ über, andererseits wegen

$$\frac{1}{2}\,\cos(\varphi/2)\,d\varphi = \sin(\alpha/2)\,\cos u\,du$$

das Differential in

$$d\varphi = 2\,\frac{\sin(\alpha/2)\,\cos u}{\cos(\varphi/2)}\,du\;,$$

so daß man schließlich

$$T = 4\,\sqrt{\frac{l}{g}}\int\limits_0^{\pi/2}\frac{du}{\sqrt{1-\sin^2(\alpha/2)\,\sin^2 u}}$$

erhält.

Das letzte Integral stellt die Normalform des **vollständigen elliptischen Integrals erster Gattung** dar und ist eine Funktion des sogenannten **Moduls** $\sin(\alpha/2)$, die mit $K(\sin\alpha/2)$ bezeichnet wird. Somit ist die Schwingungsdauer endgültig

$$T = 4\,\sqrt{\frac{l}{g}}\;K\,(\sin\alpha/2)\;,$$

wobei die Funktionswerte von K den einschlägigen Tabellen*) zu entnehmen sind. Für kleine Werte von $\sin\alpha/2$ gilt die Potenzreihenentwicklung

$$T = 2\,\pi\,\sqrt{\frac{l}{g}}\left[1+\left(\frac{1}{2}\right)^2\sin^2\frac{\alpha}{2}+\left(\frac{1\cdot 3}{2\cdot 4}\right)^2\sin^4\frac{\alpha}{2}+\cdots\right]\;,$$

die für $\alpha \to 0$ erwartungsgemäß auf (12.14) zurückführt. In Wirklichkeit nimmt also die Schwingungsdauer T mit dem Winkelausschlag α zu, und die Bewegung ist nicht isochron.

Bei einem Massenpunkt, der gemäß Figur 12.7 einseitig geführt ist, kann es mitunter zum **Absprung** kommen. Solange der Normaldruck N gegen den Massenpunkt gerichtet ist, kann sich dieser freilich nicht von der Führung lösen; er kann aber abspringen, sobald $N = 0$ wird.

Gelingt es, die erste Beziehung (12.7), das heißt die eigentliche Bewegungsdifferentialgleichung zu integrieren, so verfügt man über $s(t)$ und gewinnt durch Einsetzen in die zweite Beziehung $N(t)$, das heißt den Normaldruck als Funktion der Zeit. Durch Nullsetzen von N erhält man sodann eine allfällige **Absprungzeit** t_a, und die zugehörige **Absprungstelle** s_a folgt aus der Bewegungsgleichung.

Oft ist die Integration der Bewegungsdifferentialgleichung mühsam oder überhaupt nicht exakt durchführbar. Die Absprungstelle läßt sich in solchen Fällen dennoch ermitteln, falls die Last K eine eindeutige Funktion von s allein ist. Dann ist nämlich auch die Arbeit

$$A = \int\limits_0^s K_\tau(\sigma)\,d\sigma\;,$$

welche K von der Anfangs- bis zur allgemeinen Lage leistet, eine eindeutige Funktion von s und daher die Kraft K auf der Kurve C konservativ. Ihr Potential kann mit

$$V(s) = -\,A = -\int\limits_0^s K_\tau(\sigma)\,d\sigma \qquad\qquad (12.15)$$

---

*) Zum Beispiel bei Jahnke-Emde-Lösch, *Tafeln höherer Funktionen* (Teubner, Stuttgart 1960).

angesetzt werden, und hieraus folgt

$$K_\tau = - \frac{dV}{ds} \,.$$ (12.16)

Der Energiesatz lautet jetzt

$$\frac{m}{2}\,(\dot s^2 - \dot s_0^2) = - V(s)$$ (12.17)

und liefert $\dot s^2$ als Funktion von s. Setzt man dies in die zweite Beziehung (12.7) ein, so erhält man N als eindeutige Funktion von s und schließlich durch Nullsetzen die Absprungstelle s_a.

In Figur 12.9 gleitet ein Massenpunkt m, der sich ursprünglich im höchsten Punkt einer Kugel vom Radius r befand, infolge einer kleinen Störung seines labilen Gleichgewichts längs eines vertikalen Großkreises nach unten. Seine Bewegungsdifferentialgleichungen lauten, im Drehwinkel φ angeschrieben,

$$m\,r\,\ddot\varphi = m\,g\,\sin\varphi\,, \qquad m\,r\,\dot\varphi^2 = m\,g\,\cos\varphi - N\,,$$

und der Energiesatz liefert, wenn die kleine Anfangsenergie vernachlässigt wird,

$$\frac{m}{2}\,r^2\,\dot\varphi^2 = m\,g\,r\,(1 - \cos\varphi)\,.$$

Durch Elimination von $m\,r\,\dot\varphi^2$ ergibt sich der Normaldruck zu

$$N = m\,g\,(3\cos\varphi - 2)$$

und damit die Absprungstelle mit $\varphi_a = \arccos(2/3)$.

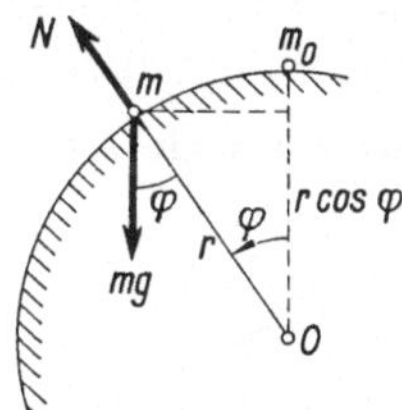

Figur 12.9

An Hand der geführten Bewegung nach Figur 12.7 ergibt sich jetzt auch die Möglichkeit, den in Band I, Abschnitt 16 eingeführten Begriff der **Stabilität** von einer neuen Seite zu beleuchten. Zu diesem Zweck sei die Führung zweiseitig angenommen; die Bewegung erfolgt dann auf jeden Fall längs der Führungskurve C. Ist die Last $\boldsymbol{K}$ konservativ, so kann man als Bewegungsdifferentialgleichung den Energiesatz in der Gestalt (12.17) benützen und in der Form

$$dT = d\left(\frac{m\,\dot s^2}{2}\right) = - dV(s)$$ (12.18)

schreiben.

Gibt es längs C eine Gleichgewichtslage, die man ohne Einschränkung der Allgemeinheit mit $s = 0$ ansetzen kann, so ist sie dadurch ausgezeichnet, daß sich der Massenpunkt unter den Anfangsbedingungen $s_0 = 0$, $\dot s_0 = 0$ nicht in

Bewegung setzt. Mit der linken Seite von (12.18) verschwindet dann auch die rechte, das heißt es gilt

$$\frac{dV}{ds}(0) = 0 \,. \tag{12.19}$$

Dieser Schluß läßt sich ohne weiteres umkehren; Gleichgewichtslagen sind also im konservativen Fall stets und nur **Orte stationären Potentials.** Nach (12.16) kann man diese Aussage auch dahin formulieren, daß in jeder Gleichgewichtslage und nur hier $K_\tau = 0$ ist, und von hier aus bietet die Verallgemeinerung auf den nichtkonservativen Fall keine Schwierigkeiten.

Am Massenpunkt m in Figur 12.10 möge als einzige Last das Gewicht angreifen. Das Potential ist dann nach (10.3) und Band I (13.32) $V = m\,g\,z$. Die Gleichgewichtslagen sind mit 1 bis 4 numeriert, und zwar stellt 1 ein Minimum und 2 ein Maximum des Potentials dar; in 3 hat die Führungskurve eine horizontale Wendetangente, und in 4 ist sie in einer endlichen Umgebung horizontal.

Man kann sich das Gleichgewicht dadurch gestört denken, daß der Massenpunkt etwas aus der Gleichgewichtslage verschoben wird ($s_0 = \varepsilon$) oder in ihr einen kleinen Stoß und damit eine Anfangsgeschwindigkeit ($\dot{s}_0 = \varepsilon'$) erhält. Im allgemeinsten Fall wirken beide Störungen zusammen. Ist die Bewegung, die als Folge einer solchen, hinreichend kleinen Störung entsteht, auf eine beliebig kleine Umgebung der Gleichgewichtslage beschränkt, so nennt man diese **stabil.** Trifft dies hingegen nicht für alle hinreichend kleinen Störungen zu, so heißt die Gleichgewichtslage **instabil.** In diesem Fall nennt man sie **indifferent,** falls alle Nachbarlagen der gegebenen selbst wieder Gleichgewichtslagen sind, andernfalls **labil.** Auf Grund des Newtonschen Gesetzes sind diese Definitionen mit denen von Band I, Abschnitt 16, äquivalent.

In Figur 12.10 ist die Gleichgewichtslage 1 stabil; 2 und 3 sind labil, und 4 ist indifferent.

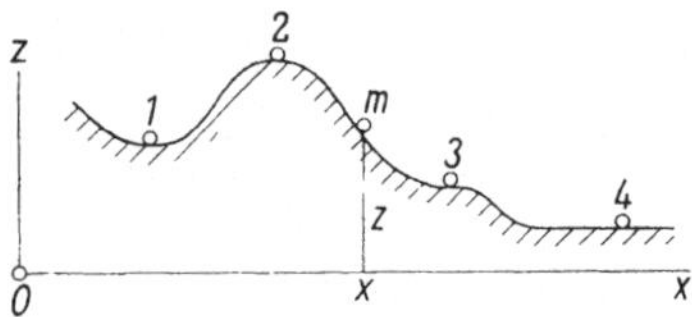

Figur 12.10

Normiert man im konservativen Fall das Potential so, daß es in der Gleichgewichtslage $s = 0$ verschwindet, mithin

$$V(0) = 0 \tag{12.20}$$

ist, so lautet der Energiesatz in endlicher Form

$$T + V = T_0 \,, \tag{12.21}$$

wobei T_0 die Bewegungsenergie in der Gleichgewichtslage bezeichnet. Ist V in der Gleichgewichtslage minimal, so nimmt es mit der Bewegung von hier aus zu und erreicht schon für kleines $|s|$ den Wert T_0. Da dann nach (12.21) T

verschwinden muß, also m zum Stillstand kommt und umkehrt, ist die Gleichgewichtslage stabil. Wenn dagegen V von $s = 0$ aus mindestens in einer Richtung nicht anwächst, dann nimmt T unter geeigneten Anfangsbedingungen nicht ab; die Gleichgewichtslage ist daher instabil. Somit entspricht jedem **Minimum der potentiellen Energie** eine stabile Gleichgewichtslage, während das Gleichgewicht in jeder anderen Lage, in der V stationär wird, instabil ist.

Läßt sich die potentielle Energie $V(s)$ in der Umgebung der Gleichgewichtslage in eine Potenzreihe entwickeln, so muß diese mit Rücksicht auf die Normierung (12.20) und die Gleichgewichtsbedingung (12.19) von der Gestalt

$$V(s) = \frac{d^2 V}{ds^2}(0)\,\frac{s^2}{2!} + \frac{d^3 V}{ds^3}(0)\,\frac{s^3}{3!} + \cdots \tag{12.22}$$

sein. Dabei ist nicht ausgeschlossen, daß gewisse Koeffizienten in dieser Reihe verschwinden. Nun nimmt $V(s)$ für $s = 0$ dann und nur dann ein Minimum an, wenn der erste nicht verschwindende Koeffizient eine Ableitung von gerader Ordnung verkörpert und positiv ist. In diesem und nur in diesem Fall ist die Gleichgewichtslage $s = 0$ stabil. Ferner ist $V(s)$ dann und nur dann in einer endlichen Umgebung von $s = 0$ konstant, wenn alle Koeffizienten null sind. In diesem und nur in diesem Fall ist das Gleichgewicht indifferent.

Im allgemeinen ist bereits der erste Beiwert

$$\frac{d^2 V}{ds^2}(0) = c$$

von Null verschieden. Man kann dann (12.22) durch die erste Näherung

$$V(s) = \frac{c}{2}\,s^2 \tag{12.23}$$

ersetzen und erhält damit den Energiesatz in der Form

$$\frac{m}{2}\,\dot{s}^2 + \frac{c}{2}\,s^2 = E$$

sowie durch Ableitung nach t die **linearisierte Bewegungsdifferentialgleichung**

$$m\,\ddot{s} + c\,s = 0\,. \tag{12.24}$$

Diese führt mit positivem c auf die harmonische Schwingung

$$s = s_0 \cos \varkappa t + \frac{\dot{s}_0}{\varkappa} \sin \varkappa t\,, \qquad \varkappa^2 = \frac{c}{m}\,,$$

mit negativem c dagegen auf die im allgemeinen unbeschränkte Lösung

$$s = s_0 \cosh \omega t + \frac{\dot{s}_0}{\omega} \sinh \omega t\,, \qquad \omega^2 = -\frac{c}{m}\,.$$

Damit bestätigt sich, daß die Gleichgewichtslage $s = 0$ dann und nur dann stabil ist, wenn V hier minimal wird.

Die letzten Überlegungen zeigen, daß die Stabilität einer Gleichgewichtslage von der Bewegungsdifferentialgleichung her diskutiert werden kann, ohne daß man auf das Potential oder die Last zurückgreift. Freilich ist dies meist nur unter Vereinfachung des Problems möglich. Man beschränkt sich auf vorläufig kleine Bewegungen in der Nähe der Gleichgewichtslage, linearisiert unter Berufung hierauf die Bewegungsdifferentialgleichung und diskutiert die Beschränktheit der allgemeinsten Lösung. Das Verfahren ist als **Methode der kleinen Bewegungen** bekannt und offensichtlich nicht auf den konservativen Fall beschränkt. Die Linearisierung der Differentialgleichung ist aber mathematisch anfechtbar, und in der Tat sind einige Fälle bekannt, wo das Verfahren zu unrichtigen Schlußfolgerungen führt.

Beim Massenpunkt auf der Kugel (Figur 12.9) lautet die eigentliche Bewegungsdifferentialgleichung

$$m\,r\,\ddot{\varphi} = m\,g\,\sin\varphi$$

oder, für kleine Werte von $|\varphi|$ linearisiert,

$$\ddot{\varphi} = \frac{g}{r}\,\varphi\,.$$

Diese Beziehung ist vom Typus (12.24), und zwar mit $c < 0$, so daß sich die Ausgangslage nach dem Verfahren der kleinen Bewegungen als labil bestätigt.

Die Resultate dieses Abschnittes lassen sich auf alle Fälle mit mehr als einem Freiheitsgrad übertragen. Einzig der Beweis dafür, daß in jeder stabilen Gleichgewichtslage die potentielle Energie minimal sein muß, ist nicht mehr so leicht zu erbringen und verlangt gewisse – praktisch stets realisierte – Zusatzannahmen.

Aufgaben

1. Ein Massenpunkt von der Masse $m = 3$ kg steigt mit der Anfangsschnelligkeit $v_0 = 2$ m/s an einer rauhen schiefen Ebene (Figur 12.11) vom Neigungswinkel $\alpha = 30°$ empor. Haft- und Gleitreibungszahl zwischen Massenpunkt und schiefer Ebene sind gleich, nämlich $\mu = 0,15$. Man ermittle die Bewegung bis zum Stillstand sowie Zeit und Ort desselben. Man gebe ferner an, was weiter geschieht.

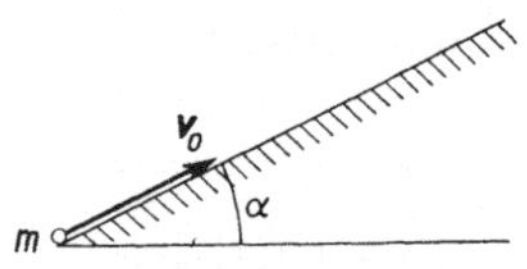

Figur 12.11

2. Ein Massenpunkt mit der Masse $m = 2$ kg (Figur 12.12) ist an eine rauhe Horizontalebene mit der Gleitreibungszahl $\mu_1 = 0,2$ gebunden und hier durch einen masselosen Faden der Länge $l = 1$ m an einem Punkt O fixiert. Zur Zeit $t = 0$ besitzt er eine zum ausgestreckten Faden normale Anfangsgeschwindigkeit vom Betrag $v_0 = 4$ m/s. Man ermittle seine Bewegung, die Fadenkraft S als Funktion der Zeit, die Laufzeit τ sowie den Ort, wo der Massenpunkt zum Stillstand kommt.

3. Ein Massenpunkt m vom Gewicht $G = 10$ kg* (Figur 12.13) ist an ein reibungsloses horizontales Rechteck mit den Seiten $a = 2$ m und $b = 1,5$ m gebunden und besitzt zur Zeit $t = 0$ in der Ecke O die Anfangsgeschwindigkeit v_0 in der Seite b. Auf ihn wirkt eine horizontale Kraft K mit dem konstanten Betrag $K = 4$ kg* und einer solchen Richtung, daß seine Schnelligkeit konstant ist. Man ermittle die Bahnkurve, die Anfangsschnelligkeit, die m haben muß, um das Rechteck in der Ecke A zu verlassen, sowie die Laufzeit τ von O bis A.

4. Der Massenpunkt m von Figur 12.14 gleitet unter dem Einfluß seines Gewichtes in einer reibungslosen vertikalen Kreisbahn, die als einseitige Führung aufzufassen ist. Man stelle seine Bewegungsdifferentialgleichung auf und ermittle den Normaldruck als Funktion der Lage. Man gebe ferner die Schnelligkeit v_0 an, mit der er in der Höhe des Kreismittelpunktes nach unten in Bewegung gesetzt werden muß, um den Kreis ohne Absprung, aber möglichst langsam zu durchlaufen.

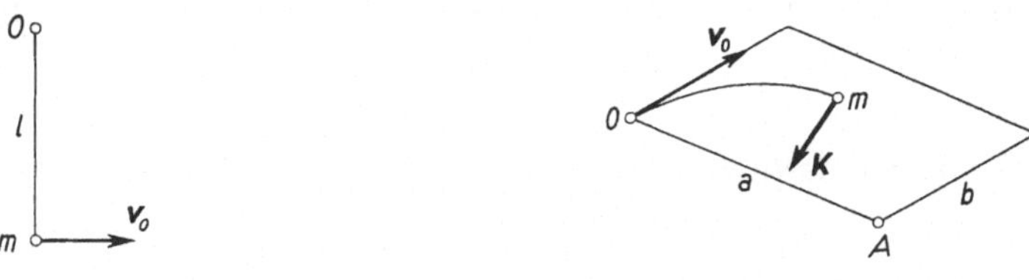

Figur 12.12   Figur 12.13

5. Ein Massenpunkt m (Figur 12.15) ist an einen Kreis vom Radius r in einer Vertikalebene gebunden und steht hier unter dem Einfluß seines Gewichtes sowie einer abstoßenden Kraft vom tiefsten Punkt her, die dem Abstand ϱ von diesem proportional ist. Man stelle die eigentliche Bewegungsdifferentialgleichung auf, ermittle die Gleichgewichtslagen und diskutiere ihre Stabilität.

Figur 12.14   Figur 12.15

13. Schwingungen

In Abschnitt 10 wurde als Beispiel eines Schwingers der elastisch gebundene Massenpunkt von Figur 10.2 betrachtet. Die Federkraft setzt sich mit dem Gewicht zur sogenannten **Rückstellkraft K** zusammen, welche stets in Richtung auf die Gleichgewichtslage wirkt und den Betrag $K = c\,x$ besitzt. Das Newtonsche Gesetz lautet daher (Figur 13.1)

$$m\,\ddot{x} = -\,c\,x \tag{13.1}$$

und führt auf die Differentialgleichung

$$\ddot{x} + \varkappa^2\,x = 0 \tag{13.2}$$

der harmonischen Schwingung mit der Kreisfrequenz

$$\varkappa = \sqrt{\frac{c}{m}}\,. \tag{13.3}$$

Es gibt viele andere Probleme, die auf die Differentialgleichung (13.2) führen. Bei genauerer Betrachtung stellt sich indessen heraus, daß stets auch eine **Dämpfungskraft** W vorhanden ist, die zum Beispiel vom Luftwiderstand herrühren kann. Im Sinne einer ersten Näherung kann man sie oft der Schnelligkeit proportional, nämlich in der Form $W = 2\,m\,\gamma\,\dot{x}$ ansetzen, wobei $2\,m$ ein belangloser Faktor, die sogenannte **Dämpfungskonstante** γ ein Maß für die Intensität der Dämpfungskraft und W nach Figur 13.2 ganz von selbst stets umgekehrt gerichtet ist wie die Geschwindigkeit. Das Newtonsche Gesetz lautet jetzt

$$m\,\ddot{x} = -\,c\,x - 2\,m\,\gamma\,\dot{x} \tag{13.4}$$

und geht mit der Abkürzung (13.3) in die Bewegungsdifferentialgleichung

$$\ddot{x} + 2\,\gamma\,\dot{x} + \varkappa^2\,x = 0 \tag{13.5}$$

über. Da diese linear, homogen und mit konstanten Koeffizienten versehen ist, macht man zur Integration den Exponentialansatz

$$x = \exp(\lambda\,t)\,, \tag{13.6}$$

erhält durch Einsetzen in (13.5) die charakteristischen Exponenten

$$\lambda_{1,2} = -\,\gamma \pm \sqrt{\gamma^2 - \varkappa^2} \tag{13.7}$$

und mit diesen und den Integrationskonstanten a, b die allgemeinste Lösung

$$x = a\,\exp(\lambda_1\,t) + b\,\exp(\lambda_2\,t)\,. \tag{13.8}$$

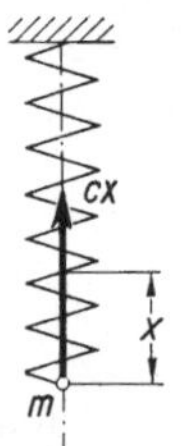

Figur 13.1

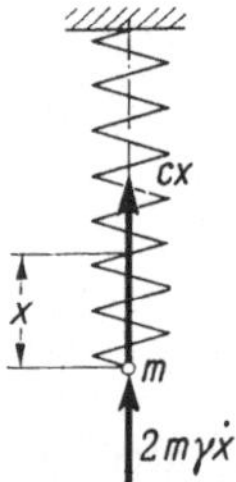

Figur 13.2

Ist $\gamma > \varkappa$, so spricht man von einem **stark gedämpften Schwinger**. Die Exponenten (13.7) sind dann beide reell, und zwar negativ. Die allgemeinste Lösung (13.8) setzt sich also aus zwei Exponentialfunktionen mit negativen Exponenten zusammen und besteht in einer Kriechbewegung, bei welcher der Schwinger mit einem der Fahrpläne nach Figur 13.3 gegen die Gleichgewichtslage strebt.

Im **Grenzfall** $\gamma = \varkappa$ fallen λ_1 und λ_2 zusammen und sind reell sowie negativ. Der Exponentialansatz (13.6) liefert jetzt nur eine Fundamentallösung, und eine zweite muß mit dem Ansatz

$$x = t\,\exp(\lambda\,t) \tag{13.9}$$

gefunden werden. Man kann zeigen, daß die allgemeinste Lösung qualitativ nicht von derjenigen des stark gedämpften Schwingers abweicht.

Ist $\gamma < \varkappa$, so liegt ein **schwach gedämpfter Schwinger** vor. Die Exponenten (13.7) sind jetzt konjugiert komplex und schreiben sich mit der Abkürzung

$$\mu = \sqrt{\varkappa^2 - \gamma^2} \tag{13.10}$$

und der imaginären Einheit i in der Form

$$\lambda_{1,2} = -\gamma \pm i\,\mu\,. \tag{13.11}$$

Die Fundamentallösungen lauten

$$\exp(-\gamma\,t)\exp(i\,\mu\,t) \quad \text{und} \quad \exp(-\gamma\,t)\exp(-i\,\mu\,t)\,.$$

Indem man sie addiert bzw. subtrahiert, erhält man wieder zwei Fundamentallösungen, und diese lassen sich mit

$$\exp(-\gamma\,t)\cos\mu t\,, \qquad \exp(-\gamma\,t)\sin\mu t$$

anschreiben, so daß die allgemeinste Lösung die Form

$$x = \exp(-\gamma\,t)\,(a\cos\mu\,t + b\sin\mu\,t) = A\,\exp(-\gamma\,t)\cos(\mu\,t - \varepsilon) \tag{13.12}$$

hat. Man kann sie als harmonische Schwingung auffassen, deren Amplitude nicht konstant, sondern von der Gestalt $A\,\exp(-\gamma t)$ ist und also nach Maßgabe des sogenannten **Dämpfungsfaktors** $\exp(-\gamma t)$ abnimmt.

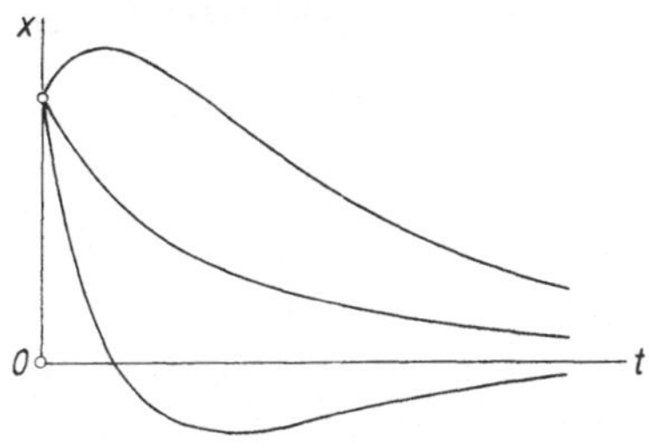

Figur 13.3

Die Bewegung (13.12) ist nicht periodisch. Trotzdem pflegt man die Größe (13.10) als Kreisfrequenz zu bezeichnen. Sie ist kleiner als die Kreisfrequenz der entsprechenden ungedämpften Schwingung. Figur 13.4 gibt einen typischen Fahrplan; dieser berührt abwechslungsweise die Kurven $x = \pm\,A\,\exp(-\gamma t)$. Nach (13.12) sind die Durchgänge durch die Gleichgewichtslage durch die Lösungen von $\cos(\mu t - \varepsilon) = 0$ gegeben. Zwei solche Durchgänge in derselben Richtung liegen zeitlich um

$$T = \frac{2\,\pi}{\mu} = \frac{2\,\pi}{\sqrt{\varkappa^2 - \gamma^2}} \tag{13.13}$$

auseinander, so daß man T noch immer als Schwingungsdauer bezeichnen kann. Für $\cos(\mu t - \varepsilon) = \pm 1$ berührt der Fahrplan eine der Grenzkurven; demnach gibt die Schwingungsdauer (13.13) auch das Zeitintervall zwischen zwei Berührungen mit der gleichen Grenzkurve an. Die Höchstausschläge treten etwas früher auf. Sie sind durch die Nullstellen der Ableitung

$$\dot{x} = - A \exp(- \gamma t) \left[\mu \sin(\mu t - \varepsilon) + \gamma \cos(\mu t - \varepsilon)\right] ,$$

das heißt als Lösungen von

$$\tan(\mu t - \varepsilon) = - \frac{\gamma}{\mu}$$

gegeben und liegen, soweit sie nach der gleichen Seite erfolgen, auch wieder um die Zeit (13.13) auseinander.

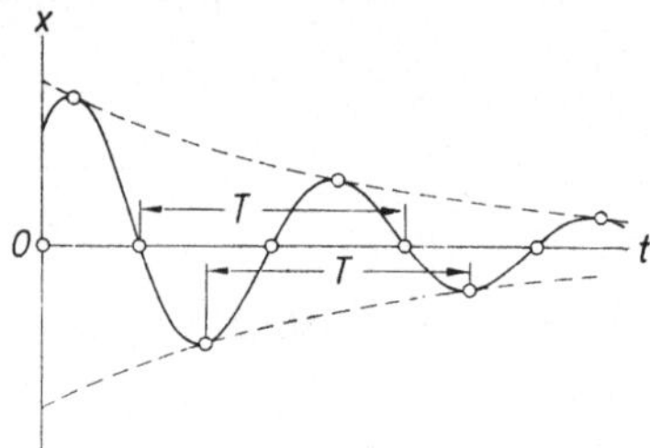

Figur 13.4

Ist τ die Zeit, zu der ein bestimmter Höchstausschlag erreicht wird, so ist dieser selbst

$$A_k = A \exp(- \gamma \tau) \cos(\mu \tau - \varepsilon) .$$

Der nächste Höchstausschlag nach der gleichen Seite findet zur Zeit $\tau + T$ statt und beträgt nach (13.13)

$$A_{k+1} = A \exp\left[-\gamma (\tau + 2\pi/\mu)\right] \cos(\mu \tau + 2\pi - \varepsilon) =$$

$$= \exp\left(- \frac{2\pi\gamma}{\mu}\right) A \exp(-\gamma \tau) \cos(\mu \tau - \varepsilon) .$$

Das Verhältnis der beiden Höchstausschläge ist

$$\frac{A_k}{A_{k+1}} = \exp \frac{2\pi\gamma}{\mu} ,$$

mithin konstant; die Höchstausschläge nehmen also nach einer geometrischen Reihe ab. Der Logarithmus dieses Verhältnissses, nämlich die Größe

$$\delta = \ln \frac{A_k}{A_{k+1}} = \frac{2\pi\gamma}{\mu} \tag{13.14}$$

wird als **logarithmisches Dekrement** der Schwingung bezeichnet. Mit seiner Hilfe kann die in der Praxis mitunter auftretende Aufgabe gelöst werden, die einer beobachteten Schwingung zugrunde liegenden Kräfte zu bestimmen. Mißt man nämlich die Schwingungsdauer sowie eine Reihe von Höchstausschlägen, so verfügt man nach (13.13) und (13.14) über μ und δ. Aus (13.14) wird dann weiterhin die Dämpfungskonstante γ und aus (13.10) oder (13.13) die Kreisfrequenz $\varkappa$ der ungedämpften Schwingung gewonnen; damit sind aber bei gegebener Masse auch die Rückstell- und die Dämpfungskraft bekannt.

Die Beziehung (13.12) stellt die Bewegung dar, die ein schwach gedämpfter Schwinger ohne Störung ausführt. Man nennt sie seine **Eigenschwingung** und μ die **Eigenkreisfrequenz.** Dagegen spricht man von einer **erzwungenen Schwingung,** wenn am Schwinger eine weitere, von der Zeit abhängige Kraft, die sogenannte **Störkraft S** angreift. Diese ist oft periodisch, insbesondere harmonisch (wie zum Beispiel dann, wenn sich der Schwinger von Figur 13.5 in einem magnetischen Wechselfeld befindet) und damit von der Gestalt $S = m\,p \cos \omega t$. Dabei ist m wieder ein belangloser Faktor, $p > 0$ ein Maß für die Intensität der Störung und ω deren Kreisfrequenz; eine Phasenkonstante kann weggelassen werden, da der Zeitnullpunkt beliebig wählbar ist.

Das Newtonsche Gesetz lautet jetzt

$$m\,\ddot{x} = -\,c\,x - 2\,m\,\gamma\,\dot{x} + m\,p \cos \omega t \qquad (13.15)$$

und geht in die Bewegungsdifferentialgleichung

$$\ddot{x} + 2\,\gamma\,\dot{x} + \varkappa^2\,x = p \cos \omega t \qquad (13.16)$$

über, wenn man mit (13.3) wieder die Kreisfrequenz $\varkappa$ der ungedämpften, ungestörten Schwingung einführt. Die Differentialgleichung (13.16) ist inhomogen und unterscheidet sich von (13.5) im Störungsglied $p \cos \omega t$. Das allgemeinste Integral setzt sich in diesem Fall bekanntlich additiv aus der allgemeinsten Lösung x_1 der homogenen Differentialgleichung (13.5) und einem partikulären Integral x_2 der inhomogenen Beziehung (13.16) zusammen.

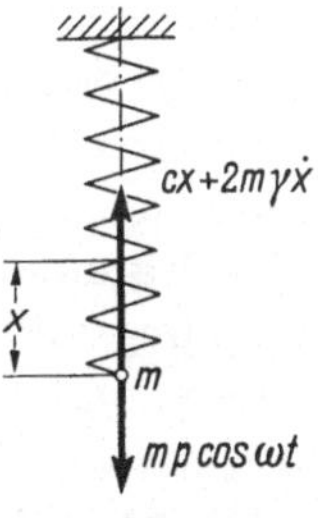

Figur 13.5

Im Falle *schwacher Dämpfung*, auf den wir uns beschränken wollen, ist das allgemeinste Integral x_1 der Differentialgleichung (13.5) die Eigenschwingung (13.12). Ein partikuläres Integral x_2 von (13.16) wird mit dem Ansatz

$$x_2 = C \cos(\omega\,t - \eta) = C\,(\cos\eta \cos \omega t + \sin\eta \sin \omega t) \qquad (13.17)$$

gewonnen, wobei man ohne Beschränkung der Allgemeinheit

$$C > 0\,, \qquad 0 \leqq \eta < 2\,\pi \qquad (13.18)$$

voraussetzen darf. Indem man (13.17) zweimal nach der Zeit ableitet und die gewonnenen Ausdrücke in (13.16) einsetzt, erhält man die Identität

$$C \cos \omega t \, (- \omega^2 \cos \eta + 2 \, \gamma \, \omega \sin \eta + \varkappa^2 \cos \eta) \, +$$

$$+ \, C \sin \omega t \, (- \omega^2 \sin \eta - 2 \, \gamma \, \omega \cos \eta + \varkappa^2 \sin \eta) = p \cos \omega t$$

in t, die in die beiden Relationen

$$\left. \begin{aligned} C \, [(\varkappa^2 - \omega^2) \cos \eta + 2 \, \gamma \, \omega \sin \eta] &= p \, , \\ C \, [- 2 \, \gamma \, \omega \cos \eta + (\varkappa^2 - \omega^2) \sin \eta] &= 0 \end{aligned} \right\} \qquad (13.19)$$

zerfällt. Diese verkörpern ein inhomogenes lineares Gleichungssystem für die Unbekannten $C \cos \eta$, $C \sin \eta$ und besitzen dann und nur dann eine eindeutige Lösung, wenn ihre Koeffizientendeterminante von null verschieden, mithin

$$\Delta = (\varkappa^2 - \omega^2)^2 + 4 \, \gamma^2 \, \omega^2 > 0 \qquad (13.20)$$

ist. Diese Bedingung ist unter der Voraussetzung $\gamma > 0$ für alle Werte von ω erfüllt. Die Lösung von (13.19) lautet dann

$$C \cos \eta = \frac{1}{\Delta} \, (\varkappa^2 - \omega^2) \, p \, , \qquad C \sin \eta = \frac{2}{\Delta} \, \gamma \, \omega \, p \, , \qquad (13.21)$$

und hieraus folgt unter Berücksichtigung von (13.20)

$$\tan \eta = \frac{2 \, \gamma \, \omega}{\varkappa^2 - \omega^2} \, , \qquad C = \frac{p}{\sqrt{(\varkappa^2 - \omega^2)^2 + 4 \, \gamma^2 \, \omega^2}} \, . \qquad (13.22)$$

Setzt man jetzt x_1 und x_2 zusammen, so kommt

$$x = A \exp \, (- \gamma \, t) \cos \, (\mu \, t - \varepsilon) + C \cos \, (\omega \, t - \eta) \, , \qquad (13.23)$$

wobei μ noch immer durch (13.10) gegeben ist, während C und η aus (13.22) folgen und A sowie ε die Integrationskonstanten sind, durch deren Wahl sich die Lösung beliebigen Anfangsbedingungen anpassen läßt. Man erhält also die Bewegung durch Überlagerung der **Eigenschwingung,** die mit der Eigenkreisfrequenz μ erfolgt, den Dämpfungsfaktor $\exp (- \gamma \, t)$ aufweist und im übrigen von den Anfangsbedingungen abhängt, mit der sogenannten **eigentlichen erzwungenen Schwingung,** welche die Kreisfrequenz der Störung besitzt und im übrigen von den Daten des Schwingers wie der Störung gleichzeitig abhängt. Die zusammengesetzte Bewegung ist im allgemeinen nicht mehr periodisch. Immerhin klingt die Eigenschwingung im Laufe der Zeit ab, so daß schließlich praktisch nur noch die eigentliche erzwungene Schwingung übrigbleibt.

Aus (13.21) folgt bei Berücksichtigung von (13.20) $\sin \eta > 0$ und ferner $\cos \eta \gtrless 0$, je nachdem $\omega \lessgtr \varkappa$ ist. Die eigentliche erzwungene Schwingung eilt also der Störung um einen **Phasenwinkel** η nach, der spitz oder stumpf ist, je nachdem die Störung langsamer oder rascher ist als die Eigenschwingung ohne Dämpfung. Im Grenzfall $\omega = \varkappa$ ist $\eta = \pi/2$. Figur 13.6 gibt den Verlauf von η als Funktion von $\omega/\varkappa$ für verschiedene Werte der Dämpfungskonstanten γ; im Grenzfall $\gamma = 0$ ist $\eta = 0$ für $\omega < \varkappa$ und $\eta = \pi$ für $\omega > \varkappa$, die eigentliche erzwungene Schwingung also mit der Störung **in Phase** oder **in Gegenphase**.

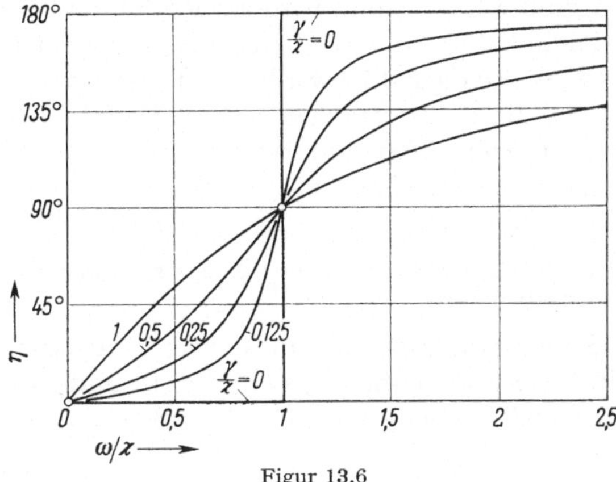

Figur 13.6

Auch die Amplitude C der eigentlichen erzwungenen Schwingung ist *ceteris paribus* eine Funktion von $\omega/\varkappa$; sie ist in Figur 13.7 auf die Größe $p/\varkappa^2$ bezogen und für verschiedene Werte von γ aufgetragen. Für $\omega \to 0$ geht $C \to p/\varkappa^2$, das heißt nach (13.3) gegen den statischen Ausschlag $m\,p/c$ unter dem Höchstwert

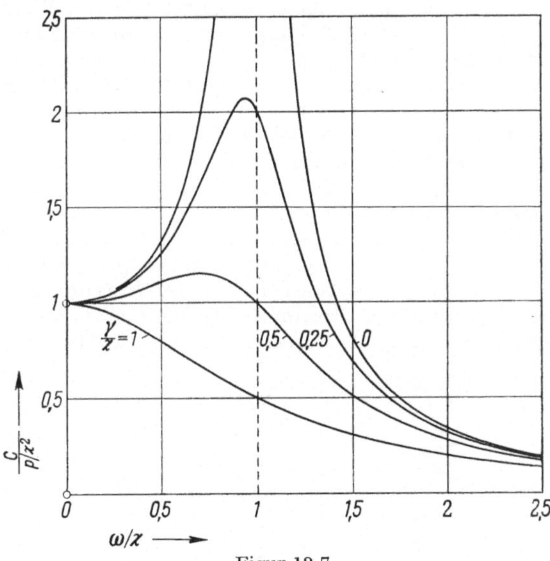

Figur 13.7

der Störung. Für $\omega \to \infty$ geht $C \to 0$; dazwischen gibt es im Fall kleiner Dämpfung stets ein Maximum, das um so ausgesprochener ist und um so näher an der Stelle $\omega = \varkappa$ liegt, je kleiner die Dämpfungskonstante γ ist. Im Grenzfall $\gamma = 0$

wird nach (13.22)

$$C = \frac{p}{|\varkappa^2 - \omega^2|} \; ;$$

die zugehörige Kurve in Figur 13.7 hat bei $\varkappa = \omega$ einen Pol. Die Tatsache, daß C für $\omega \cong \varkappa$ sehr groß werden kann, wird als **Resonanz** bezeichnet. Die Abszisse ω_k des Maximums läßt sich leicht berechnen und heißt **Resonanzkreisfrequenz**; die Kurven der Figur 13.7 werden als **Resonanzkurven** bezeichnet.

Manche Bau- und Maschinenteile haben die Eigenschaften von elastischen Schwingern. Sind sie Störkräften unterworfen, dann handelt es sich meist darum, die Resonanz zu vermeiden, da sie im allgemeinen mit gefährlichen Beanspruchungen verbunden ist.

Man denke etwa an Glockentürme oder an elastisch gelagerte Maschinen, zum Beispiel bei Schienenfahrzeugen.

Nach Figur 13.7 wird die Resonanz am sichersten dadurch vermieden, daß man $\omega \gg \omega_k$ hält. Ist ω vorgeschrieben, so muß man zu diesem Zweck ω_k, das heißt $\varkappa$ klein halten, und das heißt nach (13.3), daß man c klein, die Lagerung also weich hält.

Nach einer Bemerkung, die in Band I im Anschluß an (30.8) gemacht wurde, eignen sich vor allem Federn mit großer Windungszahl zur resonanzfreien Lagerung von Maschinen.

Aufgaben

1. Man stelle die allgemeinste Lösung der Differentialgleichung (13.5) im Grenzfall $\gamma = \varkappa$ auf und diskutiere die möglichen Lösungsformen.

2. Man ermittle die exakte Lage der Resonanzstellen von Figur 13.7.

3. Eine Punktmasse (Figur 13.8) hängt an zwei masselosen Federn mit den Federkonstanten c_1 und c_2. Sie ist längs der vertikalen Achse der Federn geführt. Man ermittle die statische Verlängerung δ der ganzen Feder, ihre Federkonstante c sowie die Periode T der Eigenschwingung. Welche Länge hat das mathematische Pendel, das bei kleinem Ausschlag die gleiche Periode besitzt?

4. Ein Massenpunkt m (Figur 13.9) hängt an zwei vertikalen masselosen Federn mit den Federkonstanten c_1 und c_2. Von der Zeit $t = 0$ an wird sein Gleichgewicht dadurch gestört, daß der untere Endpunkt der unteren Feder eine Sinusschwingung $\xi = a \sin \omega t$ auszuführen beginnt. Man ermittle die statische Verschiebung δ von m, die Federkonstante c des ganzen Systems, die Eigenfrequenz $\varkappa$ sowie die Bewegung ab $t = 0$. Ferner stelle man das Verhältnis C/a der Amplituden der eigentlichen erzwungenen Schwingung und der Störung sowie die Phasenkonstante η der eigentlichen erzwungenen Schwingung als Funktionen von $\omega/\varkappa$ dar.

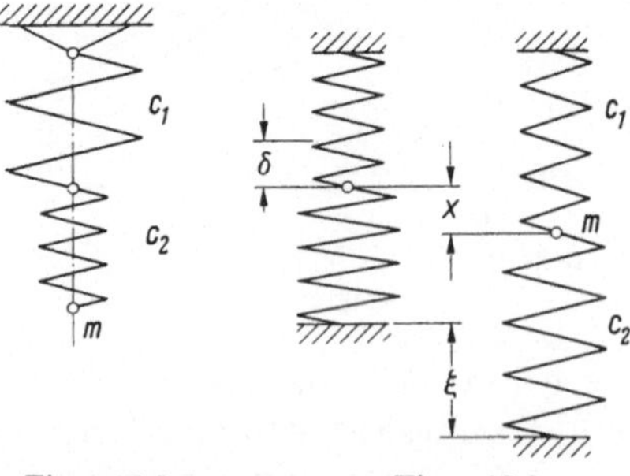

Figur 13.8   Figur 13.9

14. Impuls- und Drallsatz

Aus dem Newtonschen Gesetz lassen sich außer dem Energiesatz zwei weitere Sätze gewinnen, die oft gewisse Vorteile bieten und vor allem für die Erweiterung der Kinetik auf starre Körper und Systeme von Bedeutung sind.

In Figur 14.1 bewegt sich ein Massenpunkt im Raum. Das Produkt seiner Masse m und der Geschwindigkeit $\boldsymbol{v}$ ist ein mit $\boldsymbol{v}$ gleichgerichteter Vektor

$$\boldsymbol{B} = m\,\boldsymbol{v}\,, \tag{14.1}$$

der als **Impuls** des Massenpunktes oder auch als seine **Bewegungsgröße** bezeichnet wird. Seine Komponenten sind $B_x = m\,\dot{x},\dots$.

Der Impuls hat die Dimension $[m\,l\,t^{-1}] = [K\,t]$ und wird im MKS-System in Ns, im technischen Maßsystem in kg*s gemessen.

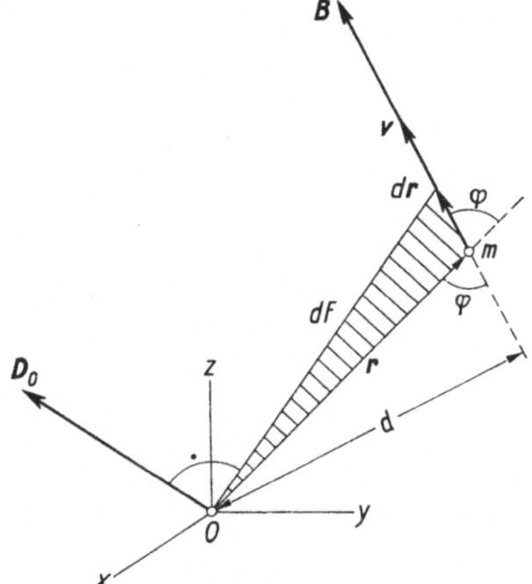

Figur 14.1

Unter dem **Drall** des Massenpunktes m bezüglich eines beliebigen Punktes O versteht man das Moment

$$\boldsymbol{D}_O = \boldsymbol{r} \times \boldsymbol{B} = m\,\boldsymbol{r} \times \boldsymbol{v} \tag{14.2}$$

seines Impulses bezüglich O. Es handelt sich also auch um einen Vektor, der auf der durch $\boldsymbol{r}$ und $\boldsymbol{B}$ aufgespannten Ebene normal steht, dessen Richtung aus $\boldsymbol{r}$ und $\boldsymbol{B}$ in dieser Reihenfolge nach der Rechtsschraubenregel folgt und dessen Betrag

$$D_O = r\,B\sin\varphi = d \cdot B\,,$$

also gleich dem Produkt aus dem Betrag des Impulses und dem Abstand seiner Wirkungslinie von O ist. Er ist also abhängig vom Bezugspunkt O, wird übrigens auch als **Drehimpuls** oder **Impulsmoment** bezeichnet und hat die Komponenten $D_x = y\,B_z - z\,B_y = m\,(y\,\dot{z} - z\,\dot{y}),\dots$.

Die Dimension des Dralls ist $[K\,l\,t]$; als Einheiten hat man daher 1 Js oder 1 mkg*s.

Der Fahrstrahl r des Massenpunktes m überstreicht (Figur 14.1) im Zeitelement dt das Flächenelement

$$dF = \frac{1}{2}\,|r \times dr| = \frac{1}{2}\,|r \times v|\,dt = \frac{1}{2\,m}\,|r \times B|\,dt = \frac{D_o}{2\,m}\,dt\,. \qquad (14.3)$$

Der Drall D_O ist normal dazu, bildet mit dem Drehsinn des Fahrstrahls r eine Rechtsschraube und hat nach (14.3) den Betrag

$$D_O = 2\,m\,\dot{F}\,. \qquad (14.4)$$

Dieser ist proportional zur sogenannten **Flächengeschwindigkeit** $\dot{F}$, das heißt der in der Zeiteinheit vom Fahrstrahl überstrichenen Fläche.

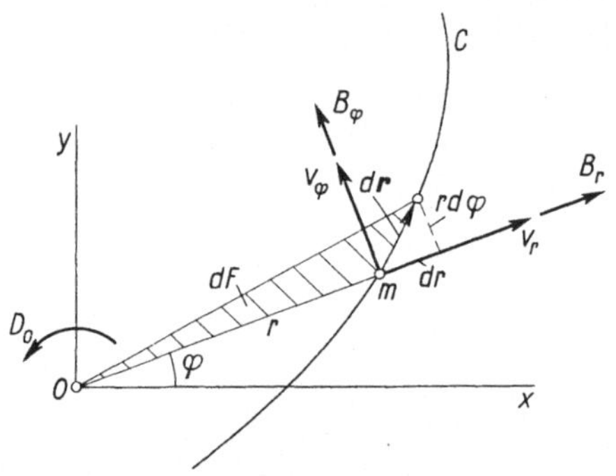

Figur 14.2

In Figur 14.2 ist die **ebene Bewegung** eines Massenpunktes in **Polarkoordinaten** dargestellt. Das vektorielle Linienelement dr der Bahnkurve hat in radialer und azimutaler Richtung die Komponenten $dr,\ r\,d\varphi$. Die entsprechenden Geschwindigkeitskomponenten sind in Übereinstimmung mit (8.18) und (8.19)

$$v_r = r\,, \qquad v_\varphi = r\,\dot{\varphi}\,, \qquad (14.5)$$

und die Impulskomponenten folgen hieraus zu

$$B_r = m\,\dot{r}\,, \qquad B_\varphi = m\,r\,\dot{\varphi}\,. \qquad (14.6)$$

Der Drall bezüglich des Ursprungs O ist normal zur Bewegungsebene, kann daher mit seiner z-Komponente identifiziert und durch einen Drehpfeil dargestellt werden. Er berechnet sich als resultierendes statisches Moment der Impulskomponenten (14.6) für die z-Achse zu

$$D_O = m\,r^2\,\dot{\varphi}\,. \qquad (14.7)$$

Ferner ist nach Figur 14.2 $dF = r^2\,d\varphi/2$. Die Flächengeschwindigkeit ist mithin

$$\dot{F} = \frac{1}{2}\,r^2\,\dot{\varphi} \qquad (14.8)$$

in Übereinstimmung mit dem aus (14.4) und (14.7) folgenden Wert.

Im Fall der *gleichförmigen Kreisbewegung* (Figur 14.3) hat man insbesondere einen Impulsvektor, der nur die konstante Azimutalkomponente $B_\varphi = m\,r\,\omega$ besitzt, und in bezug auf den Kreismittelpunkt O einen konstanten, zur Kreisebene E normalen Drall vom Betrag $D_O = m\,r^2\,\omega$.

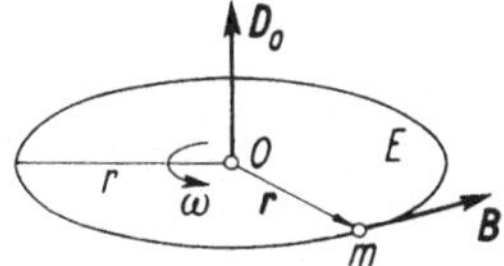

Figur 14.3

Das Newtonsche Gesetz (10.2) kann mit

$$m\,\boldsymbol{a} = m\,\dot{\boldsymbol{v}} = (m\,\boldsymbol{v})^{\cdot} = \boldsymbol{R} \tag{14.9}$$

umgeformt werden und geht mit (14.1) in den **Impulssatz**

$$\dot{\boldsymbol{B}} = \boldsymbol{R} \tag{14.10}$$

über, wonach die zeitliche Ableitung des Impulses in jedem Augenblick mit der am Massenpunkt angreifenden Resultierenden übereinstimmt.

Eigentlich müßte der Impulssatz als Newtonsches Gesetz bezeichnet werden, da NEWTON sein zweites Prinzip in einer mit (14.10) gleichwertigen Form ausgesprochen hat. Beiläufig ist in der Relativitätsmechanik, wo die Masse als Funktion der Geschwindigkeit angenommen wird, die Umformung (14.9) nicht zulässig; es wird dort statt des Newtonschen Gesetzes der Impulssatz beibehalten.

Leitet man den Drall des Massenpunktes m bezüglich O nach der Zeit ab, so kommt nach (14.2)

$$\dot{\boldsymbol{D}}_O = \boldsymbol{r} \times \boldsymbol{B} + \dot{\boldsymbol{r}} \times \boldsymbol{B} \tag{14.11}$$

oder mit Rücksicht auf den Impulssatz (14.10) sowie darauf, daß im letzten Produkt von (14.11) die beiden Faktoren gleichgerichtet sind,

$$\dot{\boldsymbol{D}}_O = \boldsymbol{r} \times \boldsymbol{R} = \boldsymbol{M}_O\,, \tag{14.12}$$

wobei $\boldsymbol{M}_O$ das statische Moment der Resultierenden $\boldsymbol{R}$ bezüglich des Punktes O bezeichnet. Damit ist auch der **Drallsatz** hergeleitet; ihm zufolge stimmt die zeitliche Ableitung des Dralls bezüglich O in jedem Augenblick mit dem statischen Moment der am Massenpunkt angreifenden Resultierenden bezüglich O überein. Die Lage des Bezugspunktes O ist dabei beliebig; immerhin müssen der Drall und das statische Moment der Resultierenden auf den gleichen Punkt bezogen werden.

Der Impulssatz bietet für den Massenpunkt noch keine wesentlichen Vorteile. Dagegen empfiehlt sich die Verwendung des Drallsatzes vor allem bei **Zentralbewegungen.** Darunter versteht man Bewegungen unter **Zentralkräften,** deren Wirkungslinien nach der Definition in Band I, Abschnitt 13, stets durch einen festen Punkt O gehen. In Figur 14.4 ist das Zentrum O zum

Koordinatenursprung gemacht. Der Drallsatz, bezüglich O formuliert, sagt aus, daß $\boldsymbol{D}_O$ konstant ist. Nach (14.2) ist die Bewegung eben, und zwar verläuft sie in der Normalebene zu $\boldsymbol{D}_O$ durch O. Zufolge (14.4) ist die auf O bezogene Flächengeschwindigkeit konstant, nach (14.8) also

$$r^2\,\dot\varphi = \varkappa\,, \tag{14.13}$$

wobei die Konstante $\varkappa$ die doppelte Flächengeschwindigkeit bezeichnet. Es gilt somit der sogenannte **Flächensatz**, wonach jede Zentralbewegung in einer das Zentrum O enthaltenden Ebene verläuft, und zwar derart, daß der von O aus nach dem Massenpunkt gezogene Fahrstrahl in gleichen Zeiten gleiche Flächen überstreicht.

Umgekehrt ist jede ebene Bewegung, deren Flächengeschwindigkeit bezüglich eines Punktes O in der Bewegungsebene konstant ist, eine Zentralbewegung mit O als Zentrum. Nach (14.2) und (14.4) ist nämlich der Drall bezüglich O konstant, zufolge des Drallsatzes mithin $\boldsymbol{M}_O = 0$.

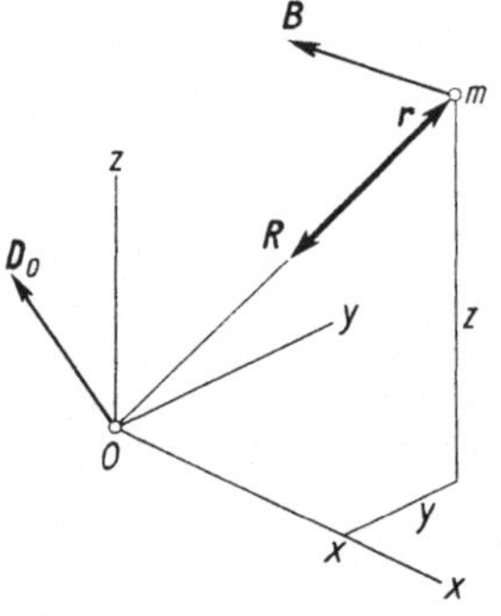

Figur 14.4

Als Sonderfall ist die gradlinig-gleichförmige Bewegung mit $\boldsymbol{R} = 0$ anzumerken.

Ist die Zentralkraft eine Anziehungskraft mit nur vom Abstand r vom Zentrum abhängigem Betrag $A(r)$, so ist sie konservativ und hat nach Band I (13.15) das Potential

$$V(r) = \int A(r)\,dr\,, \tag{14.14}$$

wobei das dort vorhandene negative Vorzeichen wegfällt, da der Kraftbetrag jetzt gegen O hin positiv gerechnet wird. Der Satz von der Erhaltung der Energie lautet

$$\int A(r)\,dr + \frac{m}{2}\,v^2 = E\,, \tag{14.15}$$

und für das Quadrat der Schnelligkeit kann man nach (14.5) und (14.13)

$$v^2 = \dot r^2 + r^2\,\dot\varphi^2 = \dot r^2 + \frac{\varkappa^2}{r^2} \tag{14.16}$$

schreiben, wobei die Konstante $\varkappa$ die doppelte Flächengeschwindigkeit bezeichnet. Setzt man (14.16) in (14.15) ein, so kommt

$$\int A(r)\, dr + \frac{m}{2}\left(\dot r^2 + \frac{\varkappa^2}{r^2}\right) = E$$

oder, nach r abgeleitet,

$$A(r) + m\left(\dot r\,\frac{d\dot r}{dr} - \frac{\varkappa^2}{r^3}\right) = 0$$

bzw.

$$A(r) = m\left(\frac{\varkappa^2}{r^3} - \ddot r\right). \tag{14.17}$$

Ferner gilt nach (14.13)

$$\dot r = \frac{dr}{dt} = \frac{dr}{d\varphi}\,\dot\varphi = \frac{\varkappa}{r^2}\,\frac{dr}{d\varphi} = -\varkappa\,\frac{d}{d\varphi}\left(\frac{1}{r}\right),$$

und damit geht (14.16) in

$$v^2 = \varkappa^2\left\{\left(\frac{1}{r}\right)^2 + \left[\frac{d}{d\varphi}\left(\frac{1}{r}\right)\right]^2\right\} \tag{14.18}$$

über. Wir werden im nächsten Abschnitt auf die Beziehungen (14.17) und (14.18) zurückgreifen.

Aufgaben

1. Ein Massenpunkt m ist in einer Vertikalebene an die Zykloide von Figur 14.5 mit der Gleichung $s = 4\,r\sin\varphi$ gebunden und wird zur Zeit $t = 0$ von der Spitze m_0 aus der Ruhe heraus losgelassen. Man nehme an, daß die Bahn ideal glatt sei, und ermittle die Bewegung, den Normaldruck, die Schwingungsdauer sowie Ort und Betrag der größten Schnelligkeit.

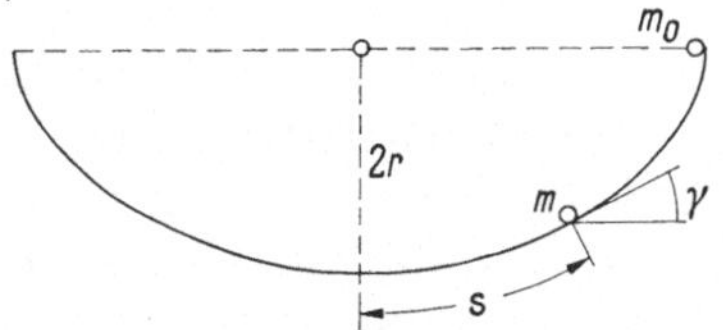

Figur 14.5

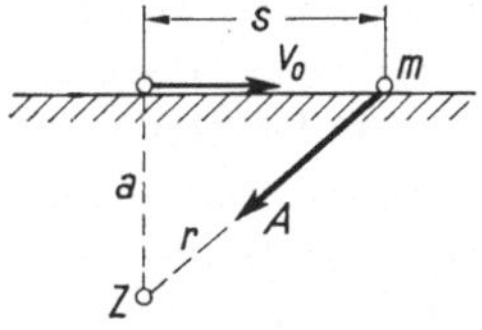

Figur 14.6

2. Ein Massenpunkt der Masse $m = 1$ kg (Figur 14.6) ist an eine ideal glatte Gerade gebunden und wird von Punkt Z, der im Abstand $a = 2$ m darunter liegt, mit einer dem Abstand proportionalen Kraft $A = \lambda\,r$, $(\lambda = 2$ N/m$)$ angezogen. Zur Zeit $t = 0$ befindet er sich im Fußpunkt des Lotes von Z auf die Führungsgerade und hat die nach rechts gerichtete Anfangsgeschwindigkeit $\boldsymbol{v_0}$ vom Betrag $v_0 = 3$ m/s. Man ermittle unter Berücksichtigung des Gewichtes die Bewegung, den Normaldruck, die Periode der entstehenden Schwingung sowie ihre Amplitude.

3. Man löse die letzte Aufgabe nochmals unter der Annahme, daß die Führungsgerade rauh und $\mu = 0{,}25$ der zugehörige Haft- und Gleitreibungskoeffizient sei. Ferner nehme man jetzt an, daß der Massenpunkt zur Zeit $t = 0$ bei $s = s_0 = 15$ m aus der Ruhe heraus losgelassen werde.

Man betrachte die einzelnen Vor- und Rückläufe gesondert und bestimme insbesondere die Umkehrzeiten $t_1, t_2, \ldots$, die Umkehrstellen $s_1, s_2, \ldots$ sowie Ort und Zeit des endgültigen Stillstandes. Man skizziere den Fahrplan der Bewegung.

Ziegler

4. Ein Massenpunkt m (Figur 14.7) liegt auf einer vollkommen glatten Ebene und ist hier am Ende eines masselosen Fadens der Länge $3\,r$ befestigt, welcher längs einer Schablone von der Form eines Kreises vom Radius r aufrollt. Zur Zeit $t = 0$ ist der Faden in der Tangente des Befestigungspunktes ausgestreckt, und der Massenpunkt hat die Anfangsgeschwindigkeit v_0 normal zum Faden. Man benütze die algebraische Bogenlänge s als Lagekoordinate und ermittle die Bewegung, die Fadenkraft S als Funktion von s, den Impuls und den Drall des Massenpunktes bezüglich O.

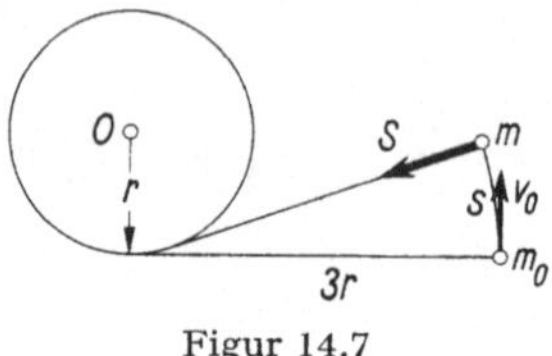

Figur 14.7

15. Gravitation

Auf Grund astronomischer Beobachtungen, die BRAHE (1546–1601) an den Sonnenplaneten, insbesondere am Planeten Mars angestellt hatte, sind von KEPLER (1571–1630) folgende **Gesetze der Planetenbewegung** formuliert worden:

1. Die Planeten der Sonne laufen auf elliptischen Bahnen, in deren einem Brennpunkt die Sonne steht.

2. Der Fahrstrahl von der Sonne nach dem einzelnen Planeten überstreicht in gleichen Zeiten gleiche Flächen.

3. Die Quadrate der Umlaufszeiten zweier Planeten verhalten sich wie die Kuben der großen Bahnhalbachsen.

Aus diesen Gesetzen, an denen freilich seither gewisse Korrekturen angebracht werden mußten, hat NEWTON 1684 das Gesetz der Kraftwirkung zwischen Sonne und Planet abgeleitet und auf beliebige Massen verallgemeinert. Es wird als **Gravitationsgesetz** bezeichnet und sagt aus, daß sich zwei beliebige Massenpunkte mit einer Kraft anziehen, die dem Quadrat ihres Abstandes umgekehrt und ihren Massen direkt proportional ist.

Um den Newtonschen Beweisgang darzustellen, seien zwei Massenpunkte betrachtet, von denen der eine (der Zentralkörper mit der Masse M) festgehalten und der andere (der Planet mit der Masse m) frei ist. Nach den ersten beiden Keplerschen Gesetzen führt der Planet eine ebene Bewegung mit konstanter Flächengeschwindigkeit bezüglich des Zentralkörpers aus, und nach der Umkehrung des Flächensatzes (Abschnitt 14) ist das eine Zentralbewegung mit dem Zentrum M. Nach dem ersten und dritten Keplerschen Gesetz ist die Bewegung periodisch. Hieraus folgt, daß die am Planeten angreifende Anziehung konservativ, nach Band I, Abschnitt 13 also von der Form $A(r)$ ist, womit die Beziehungen (14.13), (14.17) und (14.18) gelten.

In der Geometrie wird gezeigt, daß sich alle Kegelschnitte (Figur 15.1) mittels eines Brennpunktes F und einer Leitlinie l definieren lassen, und zwar durch die Forderung, daß die Abstände r und s der Kurvenpunkte P von F und l gemäß

$$\frac{r}{s} = \varepsilon \tag{15.1}$$

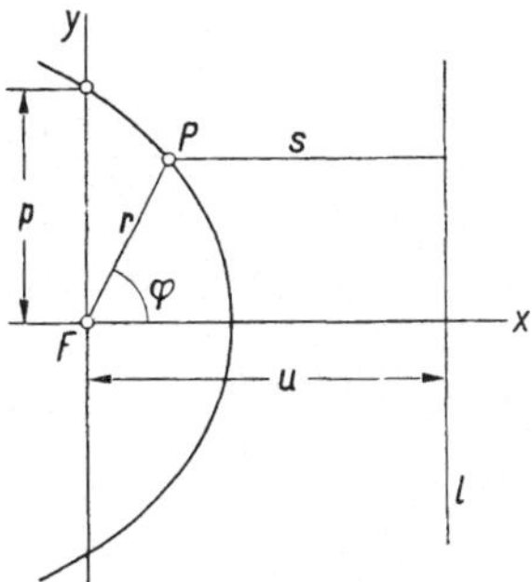

Figur 15.1

in einem festen Verhältnis stehen. Man nennt ε die numerische Exzentrizität und erhält aus (15.1) eine Ellipse, Parabel oder Hyperbel, je nachdem $\varepsilon \lesseqgtr 1$ ist. Bezieht man den Kegelschnitt auf die in Figur 15.1 eingeführten Polarkoordinaten r, φ, so hat man unter Benützung von (15.1)

$$s = u - r\cos\varphi = \frac{r}{\varepsilon}, \tag{15.2}$$

und hieraus folgt mit $\varphi = \pi/2$ insbesondere die Beziehung

$$u = \frac{p}{\varepsilon},$$

mit der man u durch den sogenannten Parameter p des Kegelschnittes ausdrücken kann. Aus (15.2) folgt so die sogenannte Polargleichung

$$\frac{1}{r} = \frac{1}{p} + \frac{\varepsilon}{p}\cos\varphi \tag{15.3}$$

des Kegelschnittes. Setzt man hier $\varepsilon < 1$, und legt man den Punkt F mit dem Zentralkörper M zusammen, so sind nunmehr die ersten beiden Keplerschen Gesetze vollständig ausgeschöpft. Beiläufig kann man die Bahnellipse auch gemäß Figur 15.2 durch ihre Halbachsen a, b darstellen. Die numerische Exzentrizität und der Parameter sind dann

$$\varepsilon = \sqrt{1 - (b/a)^2}, \qquad p = \frac{b^2}{a}. \tag{15.4}$$

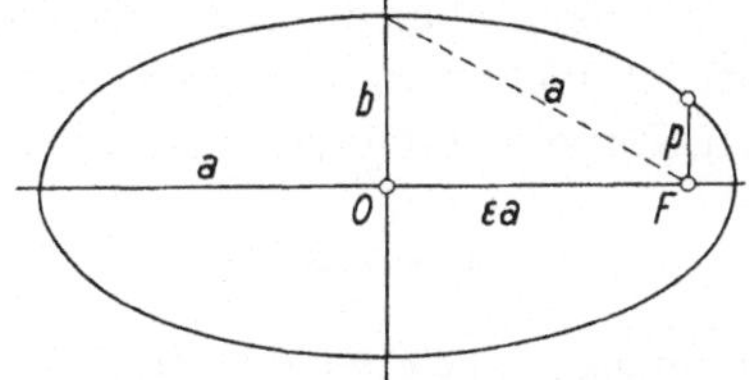

Figur 15.2

Leitet man (15.3) unter Verwendung des Flächensatzes (14.13) zweimal nach der Zeit ab, so kommt

$$-\frac{\dot r}{r^2} = -\frac{\varepsilon}{p}\sin\varphi\,\dot\varphi\,, \qquad \text{mithin} \qquad \dot r = \frac{\varepsilon}{p}\,r^2\sin\varphi\,\dot\varphi = \frac{\varepsilon\,\varkappa}{p}\sin\varphi$$

und

$$\ddot r = \frac{\varepsilon\,\varkappa}{p}\cos\varphi\,\dot\varphi = \frac{\varepsilon\,\varkappa^2}{p}\,\frac{\cos\varphi}{r^2}\,.$$

Setzt man dies in (14.17) ein, so erhält man die Anziehungskraft

$$A(r) = m\,\frac{\varkappa^2}{r^2}\left(\frac{1}{r} - \frac{\varepsilon}{p}\cos\varphi\right)$$

bzw. nach (15.3)

$$A(r) = \frac{\varkappa^2}{p}\,\frac{m}{r^2}\,. \tag{15.5}$$

Die Umlaufzeit T wird als Quotient der Ellipsenfläche $\pi a b$ und der Flächengeschwindigkeit $\varkappa/2$ zu

$$T = \frac{2\pi a b}{\varkappa} \tag{15.6}$$

gewonnen. Nach dem dritten Keplerschen Gesetz hat T^2/a^3 für verschiedene Planeten des gleichen Zentralkörpers denselben Wert. Zufolge (15.6) und (15.4) ist daher

$$\frac{T^2}{a^3} = \frac{4\pi^2}{\varkappa^2}\,\frac{b^2}{a} = 4\pi^2\,\frac{p}{\varkappa^2} \tag{15.7}$$

vom Planeten unabhängig. Setzt man zur Abkürzung

$$\frac{\varkappa^2}{p} = \lambda\,, \tag{15.8}$$

so geht (15.5) in

$$A = \lambda\,\frac{m}{r^2} \tag{15.9}$$

über; die Anziehungskraft ist also wirklich der Planetenmasse direkt und dem Quadrat des Abstandes vom Zentralkörper umgekehrt proportional.

In Wirklichkeit ruht der Zentralkörper nicht, sondern scheint nur zufolge seiner großen Masse M an der Bewegung nicht teilzunehmen. Seine Eigenbewegung wird in Abschnitt 26 untersucht werden, und es wird sich dort herausstellen, daß mit Rücksicht auf sie am dritten Keplerschen Gesetz eine kleine Korrektur anzubringen ist. Wenn aber der Zentralkörper frei ist, dann unterscheidet er sich grundsätzlich nicht vom Planeten, und das Gravitationsgesetz muß bezüglich der beiden Körper symmetrisch gebaut sein. Es folgt, daß λ von der Form

$$\lambda = \gamma' M \tag{15.10}$$

ist, wobei γ' eine auch vom Zentralkörper unabhängige und damit universelle Konstante ist, die als **Gravitationskonstante** bezeichnet wird. Aus (15.9) und

(15.10) ergibt sich das Newtonsche **Gravitationsgesetz** in der zu Beginn dieses Abschnittes ausgesprochenen und auf beliebige Punktmassen übertragenen Form

$$A = \gamma' \, \frac{M \, m}{r^2} \, . \qquad (15.11)$$

Die Gravitationskonstante ist experimentell zu $\gamma' = 6{,}68 \cdot 10^{-11} \, \mathrm{kg^{-1} m^3 s^{-2}}$ bestimmt worden. Demnach ziehen sich zwei Punktmassen von je 1 kg im Abstand 1 m mit der geringen Kraft $A = 6{,}68 \cdot 10^{-11} \, \mathrm{N} \cong 6{,}8 \cdot 10^{-12} \, \mathrm{kg}^*$ an, und es ist nicht verwunderlich, daß sich die Gravitation auf der Erde im wesentlichen nur im Gewicht der Körper äußert.

Es ist, nicht zuletzt im Hinblick auf die Probleme der *Astronautik*, reizvoll, den Newtonschen Beweisgang umzukehren und nach der allgemeinsten Bewegung zu fragen, die ein Massenpunkt m im Gravitationsfeld (15.9) eines Zentralkörpers ausführt. Seine potentielle Energie beträgt

$$V = - \lambda \, \frac{m}{r} \, , \qquad (15.12)$$

und der Energiesatz lautet

$$\frac{m}{2} \, v^2 - \lambda \, \frac{m}{r} = \frac{m}{2} \, v_0^2 - \lambda \, \frac{m}{r_0} \, , \qquad (15.13)$$

wobei sich die rechte Seite auf die Anfangslage (Figur 15.3) bezieht. Er geht mit der Abkürzung

$$h = v_0^2 - \frac{2 \, \lambda}{r_0} \quad \text{in} \quad v^2 = \frac{2 \, \lambda}{r} + h \qquad (15.14)$$

über. Nach dem Flächensatz ist die Bewegung eben und kann in der durch M und $\boldsymbol{v_0}$ bestimmten Ebene in den Polarkoordinaten r, φ von Figur 15.3 beschrieben werden; zudem gilt (14.13), und schließlich auch die Beziehung (14.18), die mit (15.14) in

$$\frac{2 \, \lambda}{r} + h = \varkappa^2 \left\{ \left(\frac{1}{r} \right)^2 + \left[\frac{d}{d\varphi} \left(\frac{1}{r} \right) \right]^2 \right\} \qquad (15.15)$$

übergeht. Mit der Substitution

$$z = \frac{1}{r} \qquad (15.16)$$

läßt sich (15.15) in der Form

$$\frac{dz}{d\varphi} = \left(\mp \right) \sqrt{ \frac{h}{\varkappa^2} + \frac{2 \, \lambda}{\varkappa^2} \, z - z^2 } = \left(\mp \right) \sqrt{ \frac{h}{\varkappa^2} + \frac{\lambda^2}{\varkappa^4} - \left(z - \frac{\lambda}{\varkappa^2} \right)^2 } \qquad (15.17)$$

schreiben, wobei das negative Vorzeichen solange gilt, als der Abstand vom Zentralkörper gemäß Figur 15.3 zunimmt. Mit der weiteren Substitution

$$w = z - \frac{\lambda}{\varkappa^2} \qquad (15.18)$$

und der Abkürzung

$$c^2 = \frac{h}{\varkappa^2} + \frac{\lambda^2}{\varkappa^4} \qquad (15.19)$$

geht (15.17) in

$$\frac{dw}{d\varphi} = -\sqrt{c^2 - w^2} \quad \text{oder} \quad d\varphi = -\frac{d(w/c)}{\sqrt{1 - (w/c)^2}}$$

über, und hieraus folgt durch Integration

$$\varphi = \text{arc cos}\,\frac{w}{c} + \varphi' , \tag{15.20}$$

wobei φ' die Integrationskanstante ist. Führt man mit $\psi = \varphi - \varphi'$ einen neuen, nicht mehr von der Anfangslage aus gemessenen Drehwinkel ein, und macht man gleichzeitig die Substitutionen (15.18), (15.16) rückgängig, so folgt aus (15.20) unter Berücksichtigung von (15.19)

$$\frac{1}{r} = z = w + \frac{\lambda}{\varkappa^2} = \frac{\lambda}{\varkappa^2} + c\cos\psi = \frac{\lambda}{\varkappa^2} + \cos\psi\sqrt{\frac{h}{\varkappa^2} + \frac{\lambda^2}{\varkappa^4}} , \tag{15.21}$$

das heißt die Polargleichung eines Kegelschnittes. An diesem Ergebnis ändert sich nichts, wenn man die Rechnung von (15.17) aus mit dem positiven Wurzelvorzeichen wiederholt; der Massenpunkt m bewegt sich also in jedem Fall auf einem Kegelschnitt mit M als Brennpunkt.

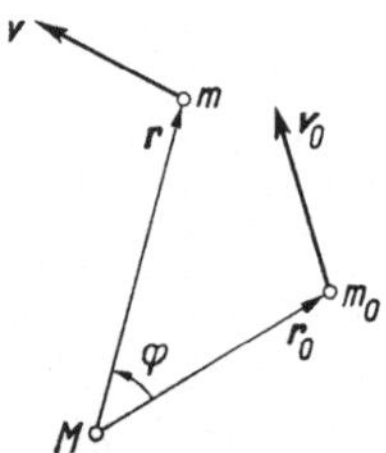

Figur 15,3

Der Vergleich von (15.21) mit (15.3) ergibt für den Parameter p und die numerische Exzentrizität ε die Beziehungen

$$\frac{1}{p} = \frac{\lambda}{\varkappa^2} , \qquad \frac{\varepsilon}{p} = \sqrt{\frac{h}{\varkappa^2} + \frac{\lambda^2}{\varkappa^4}} ,$$

mithin

$$p = \frac{\varkappa^2}{\lambda} , \qquad \varepsilon = \sqrt{1 + \frac{\varkappa^2}{\lambda^2}\,h} . \tag{15.22}$$

Nach (15.14) kann h je nach den Anfangsbedingungen sowohl positiv wie negativ sein; als Bahnkurven kommen also alle drei Gattungen der Kegelschnitte in Frage. Ist $v_0^2 < 2\,\lambda/r_0$, also bei gegebener Anfangslage die Anfangsschnelligkeit genügend klein, so ist nach (15.14) $h < 0$ und nach (15.22) $\varepsilon < 1$, die Bahnkurve also eine Ellipse. Entsprechend wird mit $v_0^2 \geq 2\,\lambda/r_0$ eine Hyperbel bzw. eine Parabel erhalten. Die Richtung der Anfangsgeschwindigkeit hat auf die Art des Kegelschnittes keinen Einfluß. Die Anfangsschnelligkeit, die auf eine parabolische Bahnkurve führt, ist nach (15.14) und (15.10)

$$v_p = \sqrt{\frac{2\,\lambda}{r_0}} = \sqrt{\frac{2\,\gamma'\,M}{r_0}}\,.$$ (15.23)

Sie wird als **parabolische Schnelligkeit** bezeichnet und stellt die kleinste Anfangsschnelligkeit dar, unter der sich der Massenpunkt beliebig weit vom Zentralkörper entfernen kann.

Die Planeten der Sonne bewegen sich auf Ellipsen verschiedener Exzentrizität, die Erde annähernd auf einem Kreis. Die Bahnkurven der Kometen sind Parabeln oder Hyperbeln.

Im Fall $h < 0$ läuft der Massenpunkt m mit konstanter Flächengeschwindigkeit auf einer Ellipsenbahn um den im einen Brennpunkt liegenden Zentralkörper; er genügt also den ersten beiden Keplerschen Gesetzen. Um auch das dritte zu verifizieren, entnimmt man dem Vergleich von (15.4) mit (15.22)

$$\frac{b^2}{a} = \frac{\varkappa^2}{\lambda}\,, \qquad \frac{b^2}{a^2} = \frac{\varkappa^2}{\lambda^2}\,(-h)\,.$$

Hieraus folgt

$$a = \frac{\lambda}{-h}\,, \qquad b = \varkappa\,\sqrt{\frac{a}{\lambda}}\,.$$ (15.24)

Während die doppelte Flächengeschwindigkeit $\varkappa$ von der Richtung der Anfangsgeschwindigkeit abhängt, trifft dies weder für die Konstante λ noch für die Größe h zu, die, mit $m/2$ multipliziert, die Gesamtenergie des Massenpunktes ergeben würde. Somit ist von den beiden Halbachsen a, b der Bahnellipse nur die zweite von der Richtung der Anfangsgeschwindigkeit abhängig. Für die Umlaufzeit ergibt sich aus (15.6) und (15.24)

$$T = \frac{2\,\pi\,a\,b}{\varkappa} = 2\,\pi\,\sqrt{\frac{a^3}{\lambda}}\,.$$ (15.25)

Das dritte Keplersche Gesetz ist daher ebenfalls erfüllt, und überdies stellt sich heraus, daß auch die Umlaufszeit von der Richtung der Anfangsgeschwindigkeit unabhängig ist.

Würde ein Planet in der Weise explodieren, daß die Bruchstücke mit gleicher (aber unterparabolischer) Anfangsschnelligkeit nach den verschiedensten Richtungen geschleudert würden, so würden sie also auf Ellipsen mit gleichgroßen Halbachsen laufen und nach der Zeit T am Ort der Explosion wieder zusammentreffen.

Statt eines punktförmigen sei jetzt ein räumlich ausgedehnter Zentralkörper betrachtet. Ist Δm die Masse eines Raumelements Δv, das einen festen Punkt P dieses Körpers enthält, so definiert der Grenzwert

$$\varrho = \lim_{\Delta v \to 0} \frac{\Delta m}{\Delta v} = \frac{dm}{dv}$$ (15.26)

die Masse je Raumeinheit an der Stelle P. Man nennt diesen Grenzwert, der nur im **Kontinuum,** das heißt im kontinuierlich mit Masse erfüllten Körper existiert, die **spezifische Masse** oder **Dichte** an der Stelle P.

Sie hat die Dimension $[\varrho] = [m\,l^{-3}] = [K\,l^{-4}\,t^2]$ und wird in g/cm³ oder in kg*s²/m⁴ gemessen.

Nach (10.3) ist das Gewicht des Massenelementes dm durch $dG = g\,dm$ gegeben, und da nach Band I (10.1) das spezifische Gewicht $\gamma = dG/dv$ ist, folgt aus (15.26)

$$\gamma = \varrho\,g\,. \tag{15.27}$$

Man kann jetzt einen Körper **homogen** bzw. **inhomogen** nennen, je nachdem in seinem Inneren ϱ konstant oder veränderlich ist. Falls er räumlich so beschränkt ist, daß g als Konstante gelten kann, fällt diese Unterscheidung nach (15.27) mit derjenigen von Band I, Abschnitt 10, zusammen. In Fällen, wo die Veränderlichkeit von g zu berücksichtigen ist, empfiehlt es sich aber, die neue Definition der Homogenität zu verwenden und eine Veränderlichkeit von γ im homogenen Körper zuzulassen.

In Band I (10.4) wurde der **Schwerpunkt** S eines Körpers durch die Beziehung

$$G\,\boldsymbol{r}_S = \int\limits_K \boldsymbol{r}\,dG = \int\limits_K \gamma\,\boldsymbol{r}\,dv \tag{15.28}$$

definiert. Analog kann man jetzt mit

$$m\,\boldsymbol{r}_C = \int\limits_K \boldsymbol{r}\,dm = \int\limits_K \varrho\,\boldsymbol{r}\,dv \tag{15.29}$$

seinen **Massenmittelpunkt** C definieren. Solange g konstant ist, liefern (15.28) und (15.29) den gleichen Punkt; sobald aber die Veränderlichkeit von g innerhalb des Körpers merklich wird, fallen der Schwerpunkt und der Massenmittelpunkt nicht mehr zusammen. Die Ergebnisse, die in Band I, Abschnitt 10 für den Schwerpunkt gewonnen worden sind, lassen sich aber sämtlich auf den Massenmittelpunkt übertragen, sofern man nur die Homogenität im neuen Sinn interpretiert.

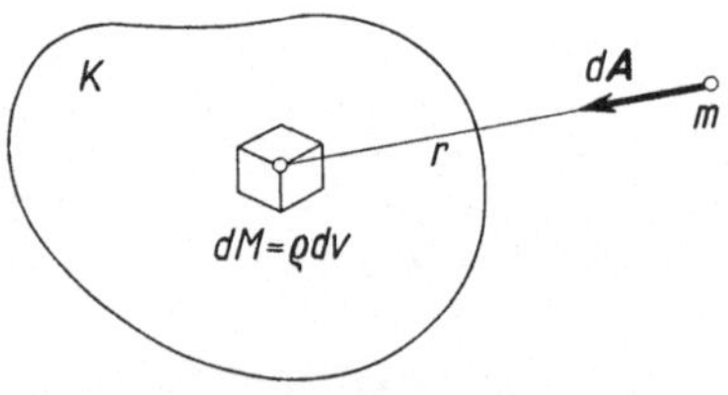

Figur 15.4

Um das Gravitationsfeld eines räumlich ausgedehnten Zentralkörpers K (Figur 15.4) zu bestimmen, löst man K in seine Massenelemente $dM = \varrho\,dv$ auf. Die vom Element dM am Massenpunkt m ausgeübte Anziehungskraft $d\boldsymbol{A}$ hat dann, wenn r der Abstand zwischen dM und m ist, den Betrag

$$dA = \gamma'\,\frac{dM\,m}{r^2} = \gamma'\,m\,\frac{\varrho\,dv}{r^2} \tag{15.30}$$

und damit das Potential

$$dV = - \gamma' \, \frac{dM \, m}{r} = - \gamma' \, m \, \frac{\varrho \, dv}{r} \, . \tag{15.31}$$

Die resultierende Anziehungskraft A kann dadurch gewonnen werden, daß man die Komponenten von dA addiert, das heißt über den ganzen Körper integriert. Man kann aber nach Band I, Abschnitt 13, auch durch Integration von (15.31) das Potential V von A bestimmen und daraus auf die resultierende Anziehung A zurückschließen.

Figur 15.5 zeigt eine homogen mit Masse belegte *Kugeloberfläche* mit dem Mittelpunkt O und dem Radius R sowie einen Massenpunkt m mit dem Abstand r von O. Ist M die Masse der Kugelfläche, so entfällt auf das Flächenelement df der Anteil

$$dM = \frac{M}{4 \, \pi \, R^2} \, df \, . \tag{15.32}$$

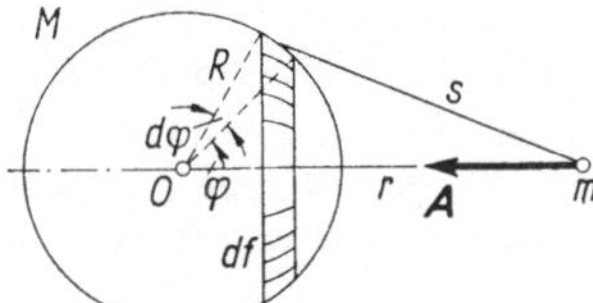

Figur 15.5

Wird als Flächenelement die schmale Kalotte von Figur 15.5 gewählt, so haben alle Teile dieses Elements von m den Abstand s, und da seine Oberfläche

$$df = 2 \, \pi \, R^2 \sin \varphi \, d\varphi$$

ist, hat man statt (15.32) auch

$$dM = \frac{M}{2} \sin \varphi \, d\varphi \, . \tag{15.33}$$

Die zugehörige Anziehungskraft $d\,A$ fällt aus Symmetriegründen in die Verbindungsgerade von m nach O und hat nach (15.33) sowie nach der Beziehung (15.31), in der jetzt r durch s zu ersetzen ist, das Potential

$$dV = - \gamma' \, \frac{M \, m}{2} \, \frac{\sin \varphi \, d\varphi}{s} \, . \tag{15.34}$$

Der Kosinussatz, auf das Dreieck mit den Seiten s, R und r in Figur 15.5 angewandt, liefert

$$s^2 = R^2 + r^2 - 2 \, R \, r \cos \varphi,$$

und hieraus folgt

$$s \, ds = R \, r \sin \varphi \, d\varphi \, ,$$

so daß (15.34) auch in der Form

$$dV = - \gamma' \, \frac{M \, m}{2 \, R \, r} \, ds$$

geschrieben werden kann. Das Potential V der resultierenden Anziehung A ist daher

$$V = - \gamma' \, \frac{M \, m}{2 \, R \, r} \int_{s_1}^{s_2} ds = - \gamma' \, \frac{M \, m}{2 \, R \, r} \, (s_2 - s_1) \, , \tag{15.35}$$

wobei s_2 das Maximum und s_1 das Minimum von s bezeichnet.

Liegt der Massenpunkt außerhalb der Kugel, dann ist $s_2 = r + R$ und $s_1 = r - R$, also $s_2 - s_1 = 2R$ und nach (15.35)

$$V = - \gamma' \frac{M\,m}{r}\,. \qquad (r \geqq R)$$

Die Anziehung hat dann den Betrag

$$A = \gamma' \frac{M\,m}{r^2} \qquad (r \geqq R) \tag{15.36}$$

und stimmt mit derjenigen überein, die m erfahren würde, wenn die Masse M im Mittelpunkt der Kugel konzentriert wäre. Liegt dagegen der Massenpunkt innerhalb der Kugelfläche, dann ist $s_2 = R + r$ und $s_1 = R - r$, mithin $s_2 - s_1 = 2r$, und da jetzt das Potential

$$V = - \gamma' \frac{M\,m}{R} \qquad (r \leqq R)$$

konstant ist, verschwindet die resultierende Anziehung.

Die *homogen geschichtete Kugel*, das heißt die Kugel (Figur 15.6), deren Dichte nur vom Abstand vom Zentrum abhängt, kann in homogene Elemente in der Form dünner Kugelschalen aufgelöst werden. Außerhalb der Kugel ist daher die Anziehungskraft noch immer durch (15.36) gegeben, sofern jetzt M als Gesamtmasse interpretiert wird. Im Inneren tragen dagegen nur die Kugelschalen zur Anziehung bei, die den Massenpunkt nicht enthalten. Bezeichnet man ihre totale Masse mit M', so wird analog zu (15.36)

$$A = \gamma' \frac{M'\,m}{r^2}\,, \qquad (r \leqq R) \tag{15.37}$$

wobei aber M' erst aus der Art der Schichtung zu berechnen ist.

Im Fall der *homogenen Kugel* gilt

$$\frac{M'}{M} = \frac{r^3}{R^3}\,,$$

mithin nach (15.37)

$$A = \gamma' \frac{M\,m}{R^3}\,r\,. \qquad (r \leqq R) \tag{15.38}$$

Die Anziehung ist also im Inneren dem Abstand vom Zentrum proportional.

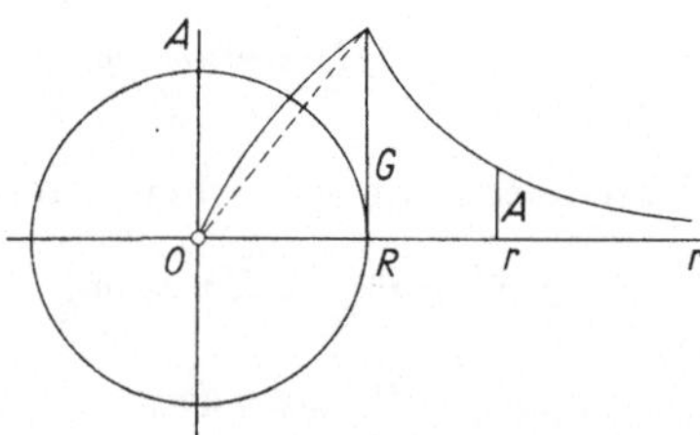

Figur 15.6

Um das **Gravitationsfeld der Erde** zu berechnen, kann man sie in erster Näherung als eine homogen geschichtete Kugel auffassen. Es gilt dann über der Erdoberfläche (15.36), und dafür kann man, wenn man den Betrag der Anziehung unmittelbar an der Erdoberfläche wie bisher mit G bezeichnet, wegen

$$\gamma' \frac{M\,m}{R^2} = G = m\,g \tag{15.39}$$

auch

$$A = G \frac{R^2}{r^2} \qquad (r \geqq R) \tag{15.40}$$

setzen.

Für einen *Satelliten*, der im Abstand $r = 2\,R$ vom Mittelpunkt um die Erde kreist, beträgt die Anziehung demnach noch $A = G/4$.

Aus (15.39) folgt die Masse der Erde zu

$$M = \frac{R^2\,g}{\gamma'}\,. \tag{15.41}$$

Hieraus kann ihre mittlere Dichte ϱ_m berechnet werden. Verwendet man dazu außer den auf Seite 61 und 101 gegebenen Daten für g und γ' den numerischen Wert $R = 6367$ km für den mittleren Erdradius, so erhält man $\varrho_m = 5{,}5$ g/cm³. Man weiß aber aus geologischen Untersuchungen, daß in der Erdrinde die Dichte im Mittel nur rund $\varrho_a = 2{,}7$ g/cm³ beträgt. Hieraus schließt man auf eine sehr große Dichte in der Nähe des Erdmittelpunktes und damit auf einen Verlauf der Anziehungskraft im Erdinneren, der qualitativ eher der in Figur 15.6 ausgezogenen Kurve folgt als der gestrichelten Geraden.

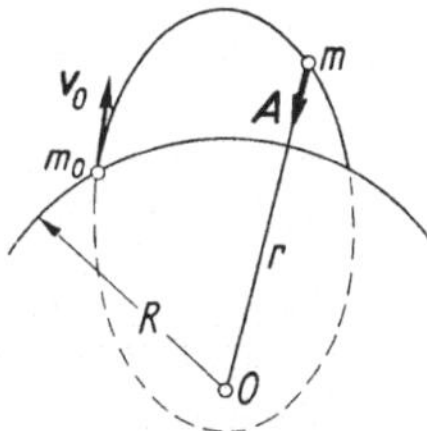

Figur 15.7

In Abschnitt 10 wurde der **schiefe Wurf** unter der Annahme einer nach Betrag und Richtung konstanten Erdanziehung behandelt. Erfolgt er über größere Distanzen, so ist die örtliche Veränderlichkeit des Gravitationsfeldes zu berücksichtigen, und man hat dann, wenn der Luftwiderstand noch immer vernachlässigt werden darf, eine Bewegung (Figur 15.7), die unter der gegen den Erdmittelpunkt O gerichteten Kraft A vom Betrag (15.40) auf einer Ellipse mit Brennpunkt in O erfolgt. Die *parabolische Schnelligkeit* ergibt sich aus (15.23) und (15.39) an der Erdoberfläche zu

$$v_p = \sqrt{\frac{2\,\gamma'\,M}{R}} = \sqrt{2\,g\,R} \tag{15.42}$$

und beträgt zahlenmässig rund 11,2 km/s. Mit Rücksicht auf den mit der Schnelligkeit stark ansteigenden Luftwiderstand müßte die Anfangsschnelligkeit eines Geschosses, das nicht mehr auf die Erde zurückkehren soll, noch wesentlich höher sein. Aus diesem Grunde verwendet man in der Astronautik *Raketen*, welche die Atmosphäre relativ langsam durchlaufen.

Aufgaben

1. Ein künstlicher Erdsatellit kann nach Abfallen der letzten Trägerrakete als Massenpunkt m gelten, der im Abstand r' vom Erdmittelpunkt die horizontale Anfangsgeschwindigkeit v_0 besitzt. Der Erdradius ist R, die Erdbeschleunigung an ihrer Oberfläche g. Man ermittle mit dem Energiesatz die Schnelligkeit v des Satelliten als Funktion seines Abstandes r vom Erdmittelpunkt sowie mit dem Drallsatz die Abstände r_1, r_2 der Endpunkte der großen Bahnachse vom Erdmittelpunkt und die Lage dieser beiden Punkte. Ferner bestimme man die Anfangsschnelligkeit v_z, die auf eine Kreisbahn führt, sowie die parabolische Anfangsschnelligkeit v_p.

2. Die Umlaufszeit der Erde um die Sonne beträgt $365\,^1/_4$ Tage, der mittlere Abstand der beiden Himmelskörper $r = 149{,}5 \cdot 10^6$ km. Man benütze die auf den Seiten 101 und 107 gegebenen Zahlenwerte für die Gravitationskonstante γ', den mittleren Erdradius R und die mittlere Dichte ϱ_m der Erde und berechne unter der Annahme, daß die Erdbahn kreisförmig sei, die Masse M der Sonne und ihr Verhältnis $\lambda = M/m$ zur Erdmasse m, ferner die Umlaufzeit T' der Erde für den Fall, daß die Masse der Sonne *ceteris paribus* $2\,M$ wäre.

16. Kinetik der Relativbewegung

In Abschnitt 8 wurde gezeigt, daß die Bewegung eines Massenpunktes für Beobachter in zwei verschiedenen, gegeneinander bewegten Koordinatensystemen im allgemeinen verschieden aussieht, und daß insbesondere die Beschleunigung für die beiden Beobachter nicht dieselbe zu sein braucht. Das Newtonsche Bewegungsgesetz kann daher nicht in beliebigen Bezugssystemen gelten.

So kann sich ein Massenpunkt in einem ersten Bezugsystem gradlinig-gleichförmig, in einem anderen dagegen weniger einfach bewegen. Ein Beobachter im ersten System würde auf Grund des Newtonschen Gesetzes im Gegensatz zu einem Beobachter im zweiten System auf eine kräftefreie Bewegung schließen.

Die klassische Mechanik geht ursprünglich von der Annahme aus, daß es ein ruhendes Koordinatensystem gebe, und daß das Newtonsche Gesetz für die auf dieses System bezogene **absolute Bewegung** gelte. Dann ist es in der Form

$$m\,\boldsymbol{a}_a = \boldsymbol{R} \tag{16.1}$$

gültig, wobei $\boldsymbol{a}_a$ die absolute Beschleunigung des Massenpunktes bezeichnet. Ein Beobachter auf einem Fahrzeug F (Figur 16.1) nimmt indessen nicht die absolute, sondern die Relativbeschleunigung $\boldsymbol{a}_r$ wahr. Da sich $\boldsymbol{a}_a$ nach (8.17) durch Addition aus $\boldsymbol{a}_r$, der Führungsbeschleunigung $\boldsymbol{a}_f$ und der Coriolisbeschleunigung $\boldsymbol{a}_c$ ergibt, folgt aus (16.1)

$$m\,\boldsymbol{a}_r = \boldsymbol{R} - m\,\boldsymbol{a}_f - m\,\boldsymbol{a}_c\,, \tag{16.2}$$

und diese Beziehung läßt sich dahin deuten, daß den am Massenpunkt wirklich angreifenden Kräften die fiktiven Kräfte $- m\,\boldsymbol{a}_f$ und $- m\,\boldsymbol{a}_c$ beigefügt werden müssen, wenn das Newtonsche Gesetz auch für die **Relativbewegung** gelten soll.

Man nennt die beiden letzten Terme in (16.2) die **Zusatzkräfte der Relativbewegung,** und zwar den ersten

$$\boldsymbol{Z} = - m\,\boldsymbol{a}_f \tag{16.3}$$

die **Zentrifugalkraft** und den zweiten, der sich nach (8.16) zu

$$\boldsymbol{C} = - m\,\boldsymbol{a}_c = - 2\,m\,\boldsymbol{\omega} \times \boldsymbol{v}_r$$

oder einfacher zu

$$C = 2\,m\,v_r \times \boldsymbol{\omega} \qquad (16.4)$$

ergibt, die **Corioliskraft.** Mit diesen Zusatzkräften nimmt das Newtonsche Gesetz auf dem Fahrzeug die Form

$$m\,a_r = R + Z + C \qquad (16.5)$$

an. Dabei ist zu beachten, daß die beiden Zusatzkräfte fiktiv sind und lediglich die Aufgabe haben, die Fehler zu kompensieren, die man beim Ersatz von a_a durch a_r im Newtonschen Gesetz begehen würde. Die Zentrifugalkraft berechnet sich aus der Führungsbeschleunigung a_f des Massenpunktes. Diese tritt nicht nur in rotierenden, sondern im allgemeinen auch in translatorisch bewegten Bezugssystemen auf; die Bezeichnung als Zentrifugalkraft ist daher denkbar unglücklich. Die Corioliskraft berechnet sich aus der Relativgeschwindigkeit v_r des Massenpunktes und der Winkelgeschwindigkeit ω des Fahrzeugs.

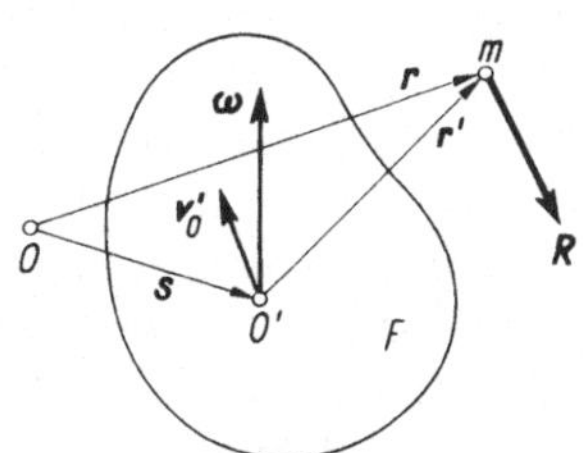

Figur 16.1

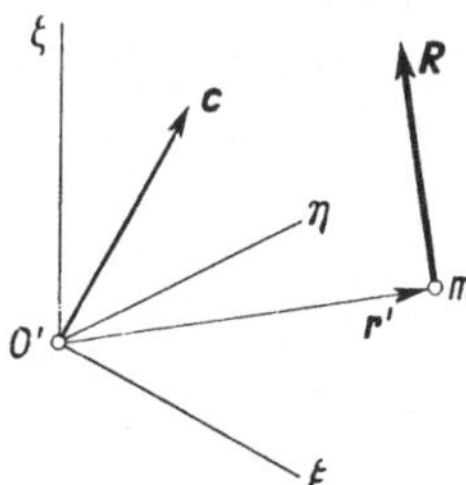

Figur 16.2

Bewegt sich das Bezugssystem ξ, η, ζ (Figur 16.2), das die Rolle des Fahrzeugs spielt, *gradlinig-gleichförmig translatorisch*, das heißt mit der örtlich und zeitlich konstanten Geschwindigkeit c, so besteht die Kinemate in O', welche den Bewegungszustand beschreibt, im zeitlich konstanten Geschwindigkeitsvektor c allein. Da mit der Führungsbeschleunigung a_f die Zentrifugalkraft Z und mit der Winkelgeschwindigkeit ω des Fahrzeugs die Corioliskraft C dauernd null ist, gilt das Newtonsche Gesetz auf dem Fahrzeug in der Form $m\,a_r = R$, das heißt wie im ruhenden System.

Ein Beobachter in einem derart bewegten verschlossenen Kasten ist nicht in der Lage, auf Grund mechanischer Versuche, die er im Innern des Kastens ausführt, auf dessen Bewegung zu schließen. Im offenen Kasten kann er zwar feststellen, daß er sich relativ zu anderen Körpern bewegt; über seine absolute Bewegung kann er indessen nichts aussagen. In einer ähnlichen Lage befindet sich der Beobachter auf der Erde. Die Drehung derselben vermag er zwar mit mechanischen Versuchen, die noch zu besprechen sein werden, nachzuweisen, ihre Translation jedoch nur bis auf einen unbestimmten gradlinig-gleichförmigen Anteil.

In Abschnitt 8 wurde betont, daß es auf kinematischem Wege ausgeschlossen ist, ein ruhendes Koordinatensystem zu definieren. Vom kinetischen Standpunkt aus scheint sich zunächst ein neuer Weg zu öffnen, indem man dasjenige Bezugssystem, in dem das Newtonsche Gesetz in der einfachsten Form (16.1), nämlich ohne Zusatzkräfte gültig ist, als ruhend erklären könnte. Wenn aber (16.1) auch in jedem relativ dazu gradlinig-gleichförmig translatorisch bewegten System ohne Modifikation gültig bleibt, so fällt diese Möglichkeit dahin. Es gibt vielmehr unendlich viele ausgezeichnete Bezugssysteme, die sich alle gradlinig-gleichförmig translatorisch bewegen und als **Inertialsysteme** bezeichnet werden.

Die Tatsache, daß es auf mechanischem Weg unmöglich ist, aus der Gesamtheit der Inertialsysteme ein ruhendes auszusondern, wird als **klassisches Relativitätsprinzip** bezeichnet. Man hat lange Zeit geglaubt, daß der Nachweis eines ruhenden Bezugssystems auf anderem Wege, nämlich mit Hilfe elektromagnetischer Wellen möglich sei. Versuche in dieser Richtung haben indessen zu Widersprüchen geführt, die erst durch die **Relativitätstheorie** (1905) behoben werden konnten. Den Ausgangspunkt derselben bildet das **Einsteinsche Relativitätsprinzip,** welches für die elektromagnetischen wie die mechanischen Grundgesetze Invarianz gegenüber denselben Transformationen postuliert. Nur nebenbei sei angemerkt, daß nach diesem modernen Relativitätsprinzip der Begriff der absoluten Ruhe wie derjenige der absoluten Bewegung jeden Sinn verliert, und daß sich von hier aus die Notwendigkeit ergibt, die früher als aprioristisch gegebenen Begriffe der Zeit, des Raumes und der Kraft gründlich zu revidieren. Was die Anwendungen betrifft, so werden die Unterschiede zwischen der klassischen und der relativistischen Mechanik erst bei Geschwindigkeiten merklich, die von der Größenordnung der Lichtgeschwindigkeit (299 790 km/s) sind. Wir bleiben hier auf klassischem Boden und tragen dem Relativitätsprinzip dadurch Rechnung, daß wir im folgenden nur noch im übertragenen Sinn von einer absoluten Bewegung sprechen und darunter die Bewegung relativ zu einem beliebigen Inertialsystem verstehen werden.

Ist die *Translation* des Bezugssystems *beschleunigt* (Figur 16.3), so besteht die Kinemate in O' aus einem zeitlich veränderlichen Geschwindigkeitsvektor $\boldsymbol{v}_{O'}$. Die Zentrifugalkraft ist jetzt mit $\boldsymbol{Z} = -\,m\,\boldsymbol{a}_{O'}$ von null verschieden, die Corioliskraft dagegen noch immer null. Das Newtonsche Gesetz gilt in der Form $m\,\boldsymbol{a}_r = \boldsymbol{R} + \boldsymbol{Z}$.

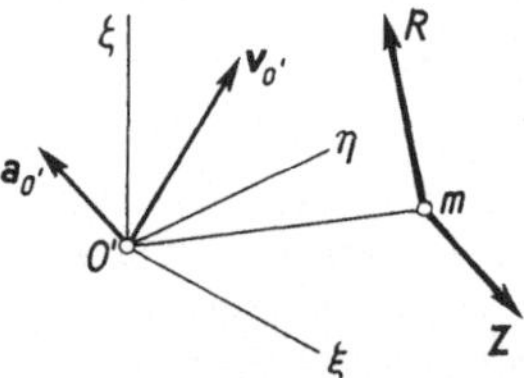

Figur 16.3

Ein Beobachter in einem derart bewegten verschlossenen Kasten kann auf Grund mechanischer Versuche auf die Zentrifugalkraft und damit auf die Beschleunigung $\boldsymbol{a}_{O'}$ des Kastens schließen, sofern er über die wirklichen Kräfte genau orientiert ist. Trifft dies nicht zu, so wird er aber die Zentrifugalkraft nicht als Zusatzkraft erkennen und sie subjektiv wie eine wirkliche Kraft empfinden. Im Gravitationsfeld der Erde wird er sie insbesondere dann, wenn sie konstant ist, als Bestandteil der Schwerkraft auffassen.

Führt das Bezugssystem (Figur 16.4) eine *gleichförmige Rotation* mit der Winkelgeschwindigkeit $\boldsymbol{\omega}$ etwa um die ζ-Achse aus, so besteht die Kinemate in O' im konstanten Winkelgeschwindigkeitsvektor $\boldsymbol{\omega}$, und mit $\boldsymbol{a}_f$ und $\boldsymbol{a}_c$ sind im allgemeinen $\boldsymbol{Z}$ und $\boldsymbol{C}$ von Null verschieden, so daß also das Newtonsche Gesetz in der Form (16.5) gilt. Die Führungsbeschleunigung ist gegen die Drehachse gerichtet und vom Betrag $a_f = \varrho\,\omega^2$, wenn ϱ den Abstand des Massenpunktes m von der Achse bezeichnet. Die Zentrifugalkraft ist also radial nach außen gerichtet und hat den Betrag

$$Z = m\,\varrho\,\omega^2. \tag{16.6}$$

Sie hat von diesem Sonderfall her ihren Namen. Zerlegt man die Relativgeschwindigkeit in die Komponenten $\boldsymbol{v}_h$ und $\boldsymbol{v}_v$ normal bzw. parallel zur Drehachse, so ist die Corioliskraft, da das Vektorprodukt $\boldsymbol{v}_v \times \boldsymbol{\omega}$ verschwindet,

$$C = 2\,m\,\boldsymbol{v}_h \times \boldsymbol{\omega}\;. \tag{16.7}$$

Ein Beobachter in einem derart bewegten verschlossenen Kasten hat die Möglichkeit, die Winkelgeschwindigkeit des Kastens durch mechanische Versuche nachzuweisen und zu ermitteln. Subjektiv wird er freilich die Zentrifugalkraft als Teil des Gewichtes empfinden und den Eindruck haben, in einem schief stehenden Kasten zu sitzen. Es wird aber jede horizontale Bewegung, die er ausführt, nach rechts abgelenkt, sofern $\boldsymbol{\omega}$ wie in Figur 16.4 nach oben gerichtet ist.

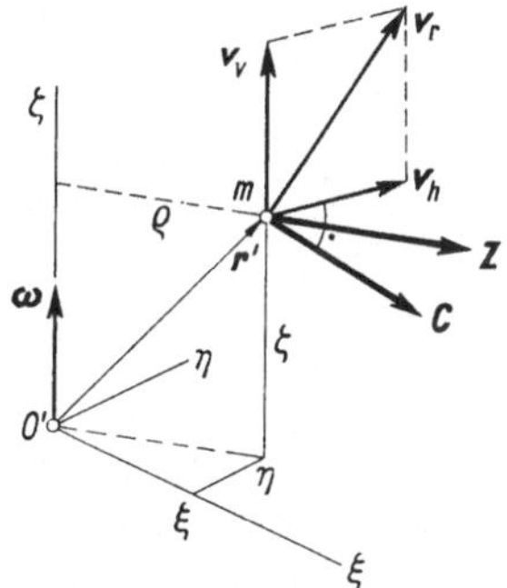

Figur 16.4

Sieht man vom translatorischen Bewegungsanteil ab, so kann man die **Erde** in erster Näherung als gleichförmig rotierende Kugel auffassen. Beide Zusatzkräfte müssen sich auf ihr bemerkbar machen, und es muß insbesondere mit ihrer Hilfe gelingen, die Erddrehung nachzuweisen. Die Winkelgeschwindigkeit ω fällt in die Erdachse und weist nach Norden. Da die Erde im Jahr rund $366\,^1/_4$ volle Drehungen ausführt, ist ihre Drehzahl

$$n = \frac{366^1/_4}{365^1/_4 \cdot 24 \cdot 60} = 7 \cdot 10^{-4}\,\text{min}^{-1},$$

mithin die Winkelgeschwindigkeit nach (2.12)

$$\omega = \frac{\pi\,n}{30} = 7{,}3 \cdot 10^{-5}\,\text{s}^{-1}.$$

Mit ihr sind im allgemeinen beide Zusatzkräfte klein, und damit rechtfertigt sich nachträglich unsere bisherige Praxis, irdische Bewegungen wie absolute zu behandeln.

Ist R der Erdradius (Figur 16.5), so hat ein Massenpunkt mit der geographischen Breite Θ auf der Erdoberfläche den Abstand $\varrho = R \cos \Theta$ von der Achse. Die *Zentrifugalkraft* (16.6) hat daher den Betrag

$$Z = m\, R\, \omega^2 \cos \Theta.$$

Sie verschwindet an den Polen und wächst mit abnehmender geographischer Breite bis zum Höchstwert

$$Z_{max} = m\, R\, \omega^2$$

am Äquator an. Der Vergleich mit dem Gewicht liefert

$$\frac{Z_{max}}{G} = \frac{R\, \omega^2}{g} = 3{,}5 \cdot 10^{-3}.$$

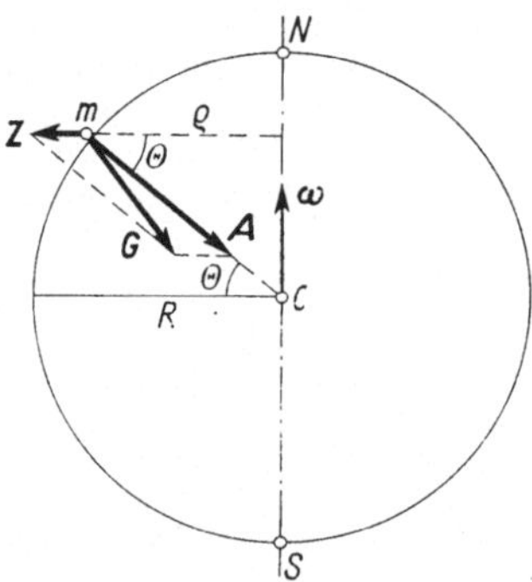

Figur 16.5

Wird der Massenpunkt als Lot verwendet, so gibt er nicht die Richtung der resultierenden Erdanziehung A, sondern diejenige der Resultierenden aus A und Z an. Er weist daher (abgesehen davon, daß die Erde nicht genau kugelförmig und homogen geschichtet ist und daß auch die übrigen Himmelskörper zur Gravitation beitragen) nicht nach dem Erdmittelpunkt, sondern nach einem in der anderen Hemisphäre liegenden Punkt auf der Erdachse. Es empfiehlt sich aus praktischen Gründen, das **Gewicht G** nunmehr neu, und zwar als Resultierende aus der Gravitations- und der Zentrifugalkraft zu definieren. Es weicht dann um höchstens $3{,}5\,^0/_{00}$ von der resultierenden Anziehung ab, und damit tritt zu den in Abschnitt 10 erwähnten Ursachen für die Variabilität der Erdbeschleunigung eine weitere hinzu.

An einem Massenpunkt, der sich auf der Erde in Bewegung befindet (Figur 16.6), ist als weitere Zusatzkraft die *Corioliskraft* anzubringen. Zerlegt man zu diesem Zweck die Relativgeschwindigkeit v_r in eine Horizontalkomponente v_h und eine Vertikale v_v, und geht man mit der Winkelgeschwindigkeit ω der Erde analog vor, so gilt

$$\omega_h = \omega \cos \Theta\,, \qquad \omega_v = \omega \sin \Theta\,; \tag{16.8}$$

die Horizontalkomponente ω_h ist dabei tangential zum Meridian nach Norden gerichtet, die Vertikalkomponente ω_v auf der nördlichen Hemisphäre nach oben und auf der südlichen nach unten. Die Corioliskraft (16.4) ist jetzt

$$C = 2\,m\,(v_h + v_v) \times (\omega_h + \omega_v) \tag{16.9}$$

und lenkt jede nicht parallel zur Erdachse verlaufende Bewegung seitlich ab.

Für eine *vertikale Bewegung* reduziert sich (16.9), da neben v_h auch das Produkt $v_v \times \omega_v$ null ist, auf

$$C = 2\,m\,v_v \times \omega_h , \tag{16.10}$$

und hieraus folgt insbesondere, daß beim freien Fall eine Ostablenkung zu erwarten ist.

Diese Ablenkung ist sehr gering, konnte aber bereits 1833 durch REICH nachgewiesen werden.

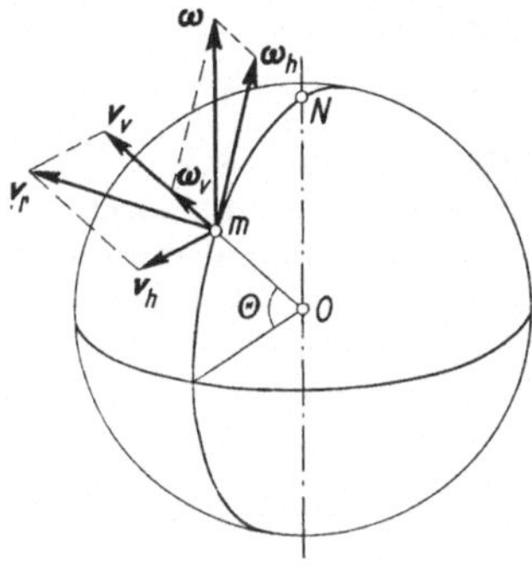

Figur 16.6

Für eine *horizontale Bewegung* reduziert sich (16.9) auf

$$C = 2\,m\,v_h \times \omega_h + 2\,m\,v_h \times \omega_v . \tag{16.11}$$

Die Corioliskraft hat also hier eine vertikale und eine horizontale Komponente. Die zweite ist

$$C_h = 2\,m\,v_h \times \omega_v; \tag{16.12}$$

sie bewirkt auf der nördlichen Hemisphäre stets eine Ablenkung nach rechts, auf der südlichen nach links.

Auch die Komponente (16.12) der Corioliskraft ist klein, kann sich aber über größere Distanzen merklich auswirken. Sie erklärt beispielsweise die Ablenkung der Meeresströmungen (Golfstrom, Südäquatorialstrom) und der Passatwinde, ferner die Gegenzeigerströmung, die sich auf den Wetterkarten der nördlichen Hemisphäre um jedes Tief ausbildet.

Die Komponente (16.12) der Corioliskraft ist durch FOUCAULT 1851 mit einem Pendelversuch nachgewiesen worden. Figur 16.7 zeigt ein mathematisches Pendel mit großer Schlagdauer und so kleinem Ausschlag, daß seine Bewegung praktisch horizontal ist; die Darstellung entspricht derjenigen, die bei Landkarten üblich ist.

8 Ziegler

Die Corioliskraft (16.12) wirkt, in der Bewegungsrichtung gesehen, stets nach rechts und hat nach (16.8) den Betrag

$$C_h = 2\,m\,\omega\,v\,\sin\Theta\,, \tag{16.13}$$

wenn v die Schnelligkeit des Pendels bezeichnet. Mit Rücksicht auf diese Kraft schwingt das Pendel nicht mehr genau in einer Vertikalebene. Da C_h aber sehr klein ist, kann man die seitliche Bewegung bei der Ermittlung von (16.13) vernachlässigen, mithin algebraisch

$$C_h = 2\,m\,\omega\,\dot{r}\,\sin\Theta \tag{16.14}$$

setzen und hieraus die Winkelgeschwindigkeit berechnen, mit der sich die Pendelebene um die Vertikale dreht. Dabei empfiehlt sich die Verwendung des Newtonschen Gesetzes in ebenen Polarkoordinaten. Die erste Beziehung (10.19) liefert in der hier beobachteten Näherung die Pendelbewegung; die zweite nimmt mit (16.14) die Form

$$\frac{m}{r}\,(r^2\,\dot{\varphi})^{\cdot} = -\,2\,m\,\omega\,\dot{r}\,\sin\Theta$$

oder

$$(r^2\,\dot{\varphi})^{\cdot} = -\,\omega(r^2)^{\cdot}\,\sin\Theta$$

an. Hieraus folgt durch Integration

$$r^2\,\dot{\varphi} = -\,\omega r^2\,\sin\Theta + c\,,$$

und da die Integrationskonstante c mit Rücksicht auf die Tatsache verschwinden muß, daß das Pendel in unserer Näherung durch den Ursprung geht, hat man $\dot{\varphi} = -\,\omega\,\sin\Theta$. Die Pendelebene dreht sich also im umgekehrten Sinn wie die Erde, und zwar mit einer Winkelgeschwindigkeit, welche dem Sinus der geographischen Breite proportional ist.

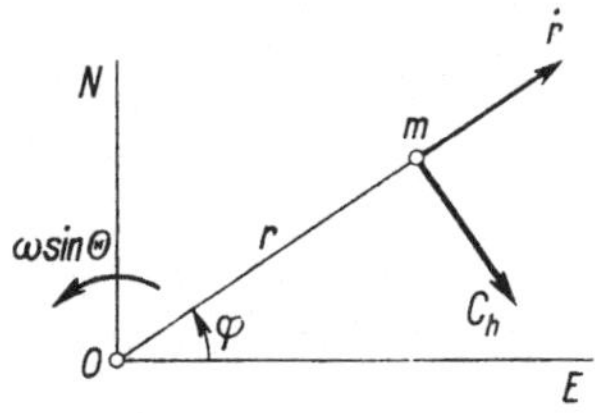

Figur 16.7

Als letztes Beispiel einer Relativbewegung sei der Massenpunkt von Figur 16.8 betrachtet, der längs einer vollkommen glatten, unter dem Winkel α gegen die Vertikale μ geneigten und mit der konstanten Winkelgeschwindigkeit ω um diese rotierenden Führungsgeraden F gleitet. Dabei soll die Erde wieder wie ein Inertialsystem behandelt werden.

Die Bewegung von m relativ zum Fahrzeug F ist gradlinig. Als Lagekoordinate kann der Abstand r von O eingeführt werden; die Relativgeschwindigkeit $\dot{r}$ fällt dann in die Gerade F und ist nach außen positiv. Wirkliche Kräfte sind das Gewicht mg und der Normaldruck, der in der Normalebene zu F liegt und hier in die horizontale, zum Bahnkreis C_f der Führungsbewegung tangentiale Komponente N_1 und die Komponente N_2 in der durch F und μ aufgespannten Vertikalebene zerlegt werden kann. Als Zusatzkräfte treten die radial nach außen gerichtete Zentrifugalkraft

$$Z = m\,r\,\omega^2\,\sin\alpha$$

und die azimutale Corioliskraft

$$C = 2\,m\,\dot{r}\,\omega\,\sin\alpha$$

auf.

Das Newtonsche Gesetz, in die durch r, N_1 und N_2 definierten Richtungen zerlegt, zerfällt in die Beziehungen

$$m\ddot{r} = -\,m\,g\,\cos\alpha + m\,r\,\omega^2\,\sin^2\alpha\,,$$

$$0 = N_1 - 2\,m\,\dot{r}\,\omega\,\sin\alpha\,,$$

$$0 = N_2 - m\,g\,\sin\alpha - m\,r\,\omega^2\,\sin\alpha\,\cos\alpha\,,$$

von denen die erste die eigentliche Bewegungsdifferentialgleichung verkörpert, während die beiden anderen den Normaldruck liefern. Die eigentliche Bewegungsdifferentialgleichung nimmt mit der Abkürzung

$$\varkappa = \omega\,\sin\alpha \qquad\qquad (16.15)$$

die Form

$$\ddot{r} - \varkappa^2\,r = -\,g\,\cos\alpha$$

an. Sie ist inhomogen und besitzt das allgemeinste Integral

$$r = a\,\cosh\varkappa t + b\,\sinh\varkappa t + \frac{g}{\varkappa^2}\,\cos\alpha\,.$$

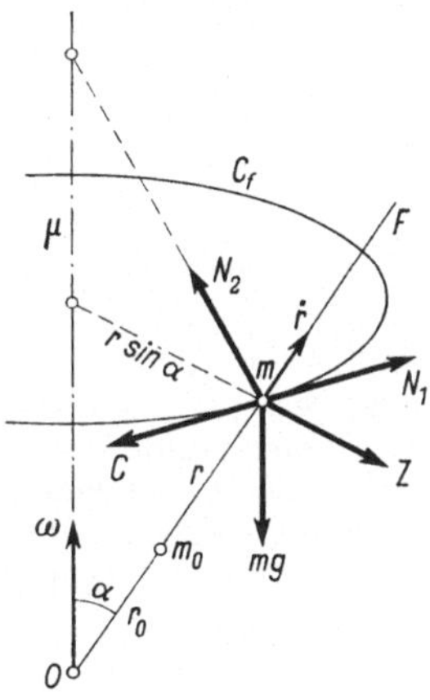

Figur 16.8

Für den zur Zeit $t = 0$ an der Stelle r_0 aus der Ruhe heraus sich selbst überlassenen Massenpunkt bestimmen sich die Integrationskonstanten aus den Anfangsbedingungen $r(t = 0) = r_0$, $\dot{r}(t = 0) = 0$ zu

$$a = r_0 - \frac{g}{\varkappa^2}\,\cos\alpha\,, \qquad b = 0\,,$$

so daß die Bewegung unter Berücksichtigung von (16.15) endgültig durch

$$r = \left(r_0 - \frac{g\,\cos\alpha}{\omega^2\,\sin^2\alpha}\right)\cosh\varkappa t + \frac{g\,\cos\alpha}{\omega^2\,\sin^2\alpha}$$

gegeben ist. Je nachdem, ob r_0 größer oder kleiner als

$$r_0{}^* = \frac{g\,\cos\alpha}{\omega^2\,\sin^2\alpha}$$

gewählt wird, gleitet der Massenpunkt mit zunehmender Schnelligkeit nach oben oder unten, und da er sich für $r_0 = r_0{}^*$ überhaupt nicht in Bewegung setzt, stellt dieser Wert offensichtlich die einzige, und zwar labile Gleichgewichtslage dar.

In Abschnitt 10 ist eine Regel für die Lösung von Bewegungsaufgaben formuliert worden. Sie muß für Relativbewegungen nur unwesentlich modifiziert werden. Wie man den letzten Beispielen entnimmt, gilt nämlich folgende allgemeine **Regel für die Lösung von Aufgaben der Relativbewegung:** Man geht von allgemeinen Lagen des Fahrzeugs und des Massenpunktes auf dem Fahrzeug aus, führt die relativen, nämlich auf das Fahrzeug bezogenen Lagekoordinaten des Massenpunktes ein, sodann die wirklichen Kräfte und schließlich die Zusatzkräfte der Relativbewegung. Das Newtonsche Gesetz führt dann in der bekannten Weise auf die Relativbewegung und die Reaktionen.

Aufgaben

1. Ein Massenpunkt (Figur 16.9) liegt auf einer Horizontalebene, welche eine vertikale harmonische Translationsschwingung $s = A \cos \varkappa t$ ausführt. Man stelle den Normaldruck N am Massenpunkt als Funktion der Lage s dar und bestimme Ort und Betrag des größten Normaldruckes, ferner die größte Amplitude, bei welcher der Massenpunkt nicht abspringt und schließlich die Absprungstelle für eine beliebige Amplitude.

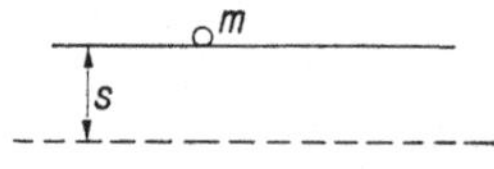

Figur 16.9

2. Eine glatte (allseitig unendlich ausgedehnte) Ebene (Figur 16.10) rotiert mit der konstanten Winkelgeschwindigkeit ω um eine in ihr enthaltene horizontale Achse. Zur Zeit $t = 0$, in der die Ebene gerade vertikal ist, wird auf der Drehachse ein Massenpunkt m mit der horizontalen Geschwindigkeit v_0 sich selbst überlassen. Man ermittle unter Berücksichtigung des Gewichtes die Bewegung des Massenpunktes relativ zur Ebene, seine relative Bahnkurve, den Normaldruck sowie Ort und Zeit eines allfälligen Absprungs.

Figur 16.10   Figur 16.11

3. Ein Massenpunkt m (Figur 16.11) ist an eine glatte horizontale Gerade gebunden, die sich mit der konstanten Winkelgeschwindigkeit ω um eine vertikale Achse dreht. Man ermittle unter Berücksichtigung des Gewichtes die Relativbewegung sowie die Reaktionen, diskutiere die Gleichgewichtslagen und ihre Stabilität mit der Methode der kleinen Bewegungen.

III. Kinetik des starren Körpers

17. Das Prinzip von d'Alembert

Man kann das Newtonsche Gesetz (10.2), das die Bewegung des Massenpunktes m beherrscht, in der Form

$$\boldsymbol{R} - m\,\boldsymbol{a} = 0 \tag{17.1}$$

anschreiben und den Term $-m\,\boldsymbol{a}$ als fiktive Kraft auffassen, die den wirklich vorhandenen Kräften hinzugefügt werden muß, damit die Gesamtheit aller an m angreifenden Kräfte im Gleichgewicht ist. In diesem Sinn kann man die Kraft

$$\boldsymbol{T} = -\,m\,\boldsymbol{a} \tag{17.2}$$

nach D'ALEMBERT (1743) als **Trägheitskraft** und die aus (17.1) und (17.2) folgende, an die Stelle des Bewegungsgesetzes tretende Gleichgewichtsbedingung

$$\boldsymbol{R} + \boldsymbol{T} = 0 \tag{17.3}$$

als **d'Alembertsches Prinzip für den Massenpunkt** bezeichnen.

Obschon die Trägheitskraft (17.2) ähnlich definiert ist wie die Zentrifugalkraft (16.3), empfiehlt es sich, die Gesetze der Relativbewegung und das d'Alembertsche Prinzip streng auseinanderzuhalten. Die *Zusatzkräfte der Relativbewegung* dienen dem Übergang von der absoluten zur relativen Bewegung; die *Trägheitskraft* dagegen wird eingeführt, um aus der Bewegungsaufgabe ein Problem der Statik zu machen.

Betrachtet man ein Automobil (Figur 17.1) das sich mit veränderlicher Schnelligkeit längs der Kurve C auf einer Horizontalebene bewegt, als Massenpunkt, so hat man an wirklichen Kräften das Gewicht mg, den Normaldruck N und die Komponenten F_τ, F_ν der Reibungskraft. Den beiden Komponenten (3.9) der Beschleunigung entsprechen nach (17.2) zwei umgekehrt gerichtete Trägheitskräfte

$$T_\tau = m\,\dot{v}\,, \qquad T_\nu = m\,\frac{v^2}{\varrho}\,. \tag{17.4}$$

Die Gleichgewichtsbedingungen im Sinne des d'Alembertschen Prinzips lauten

$$F_\tau - m\,\dot{v} = 0\,, \qquad F_\nu - m\,\frac{v^2}{\varrho} = 0\,, \qquad N - m\,g = 0$$

und sind durch die Haftbedingung

$$\sqrt{F_\tau^2 + F_\nu^2} \leq \mu_0\,N$$

zu ergänzen, da ja auch beim fahrenden Automobil die Reifen auf der Unterlage abrollen und damit haften sollen. Um Gleiten zu vermeiden, darf also die Schnelligkeit nicht zu rasch verändert und in engen Kurven nicht zu rasch gefahren werden.

Figur 17.1   Figur 17.2

Es ist klar, daß der Ersatz des Newtonschen Gesetzes durch das d'Alembertsche Prinzip die Lösung von Aufgaben der Punktdynamik nicht vereinfacht. Das Prinzip erleichtert indessen den Übergang vom Massenpunkt zum räumlich ausgedehnten Körper bzw. zum System. Löst man nämlich einen Körper K (Figur 17.2) in seine Massenelemente dm auf, so liegt die Vermutung nahe, daß sich diese unter den direkt an ihnen angreifenden Kräften wie Massenpunkte verhalten. Wenn das zutrifft, dann sind am einzelnen Massenelement in jedem Augenblick die Resultierende dA aller Kräfte, die für K äußere Kräfte sind, die Resultierende dI aller für K inneren Kräfte und die Trägheitskräfte $dT = -\boldsymbol{a}\, dm$ im Gleichgewicht, das heißt es gilt

$$dA, dI, dT \sim 0 .\qquad(17.5)$$

Hieraus folgt aber sofort auch das Gleichgewicht

$$(dA), (dI), (dT) \sim 0 \qquad(17.6)$$

aller am Körper angreifenden äußeren, inneren und Trägheitskräfte, und da die inneren Kräfte dem Reaktionsprinzip genügen und daher unter sich im Gleichgewicht sind, gilt $(dI) \sim 0$ und daher nach (17.6)

$$(dA), (dT) \sim 0 .\qquad(17.7)$$

Diese Beziehung stellt das **d'Alembertsche Prinzip für ein beliebiges System** dar. Ihm zufolge sind in jedem Augenblick die äußeren und die Trägheitskräfte im Gleichgewicht. Es gilt natürlich insbesondere für den **starren Körper**; die inneren Kräfte sind in diesem Fall die *Bedingungskräfte der Starrheit*.

Der Schluß vom Massenpunkt auf das Element dm des räumlich ausgedehnten Systems ist nicht ganz einwandfrei. Es empfiehlt sich deshalb, das d'Alembertsche Prinzip in der Form (17.7) als Axiom zu betrachten; aus ihm folgen dann umgekehrt das d'Alembertsche Prinzip (17.3) für den Massenpunkt und damit das Newtonsche Gesetz (10.2), ferner das in Band I, Abschnitt 1, eingeführte Gleichgewichtsprinzip, wonach im Fall der Ruhe die äußeren Kräfte im Gleichgewicht sein müssen. Es wird jetzt auch klar, warum sich das Gleichgewichtsprinzip nicht umkehren läßt, ist es doch denkbar, daß an einem bewegten Körper die Trägheitskräfte für sich und daher nach (17.7) auch die äußeren Kräfte unter sich im Gleichgewicht sind.

Für die Anwendung des d'Alembertschen Prinzips ist es wesentlich, daß an *jedem* Massenelement des betrachteten Systems eine Trägheitskraft angebracht wird. Beim kontinuierlich mit Masse erfüllten Körper geschieht dies in der an Hand von Figur 17.2 beschriebenen Weise; bei einem System, das aus lauter Punktmassen m_i besteht, hat man dagegen eine diskrete Verteilung $T_i = - m_i \, a_i$ von Trägheitskräften.

Im Fall eines im Raum freien **starren Körpers** ist der Freiheitsgrad nach Abschnitt 4 gleich 6. Ist das Problem skleronom, so lassen sich nach Abschnitt 9 die Fahrstrahlen r der einzelnen Massenelemente dm gemäß

$$r = r \, (q_1, \ldots, q_6) = r(q_k) \qquad (k = 1, 2, \ldots, 6) \tag{17.8}$$

als Funktionen der sechs Lagekoordinaten ausdrücken. Die Geschwindigkeiten v werden durch Ableitung nach der Zeit erhalten und hängen zufolge

$$v = \dot{r} = \sum_1^6 \frac{\partial r}{\partial q_k} \, \dot{q}_k = v(q_k, \dot{q}_k) \tag{17.9}$$

von den Lagekoordinaten und den verallgemeinerten Geschwindigkeiten ab. In den Beschleunigungen

$$a = \ddot{r} = a \, (q_k, \dot{q}_k, \ddot{q}_k) \tag{17.10}$$

treten als weitere Argumente die $\ddot{q}_k$ auf, und die Trägheitskräfte sind schließlich von der Gestalt

$$dT = - a \, (q_k, \dot{q}_k, \ddot{q}_k) \, dm \,. \tag{17.11}$$

Formuliert man jetzt die sechs Gleichgewichtsbedingungen im Sinne des d'Alembertschen Prinzips, so erhält man sechs Differentialgleichungen je zweiter Ordnung für die q_k. Damit ist die Hauptaufgabe auch hier auf ein Integrationsproblem zurückgeführt. Die zwölf Integrationskonstanten folgen aus den zwölf Anfangsbedingungen $q_k \, (t = 0) = q_{k0}$, $\dot{q}_k \, (t = 0) = \dot{q}_{k0}$, $(k = 1, 2, \ldots, 6)$.

Ist der Körper geführt, so hat er weniger Freiheitsgrade. Die Integration der d'Alembertschen Gleichgewichtsbedingungen liefert dann neben der Bewegung auch die Reaktionen als Funktionen der Zeit. Umgekehrt läßt sich das eben beschriebene Verfahren auch auf Systeme mit möglicherweise höherem Freiheitsgrad übertragen.

In Figur 17.3 ist ein ebenes **Mehrmassenpendel** mit dem Drehpunkt O wiedergegeben. Es besteht aus n Massenpunkten m_i, die mit den Abständen r_i von O auf einem masselosen, um O reibungsfrei drehbaren Stab angeordnet sind. Sein Freiheitsgrad ist 1; als Lagekoordinate wird zweckmäßig der Drehwinkel φ verwendet. Die wirklichen Kräfte sind die Gewichte $m_i \, g$ und die beiden Komponenten A, B der Gelenkkraft. Trägheitskräfte sind an allen Punktmassen einzuführen. Sie haben die algebraischen Beträge $m_i \, r_i \, \ddot{\varphi}$ sowie $m_i \, r_i \, \dot{\varphi}^2$, und zwar sind sie umgekehrt wie die zugehörigen Beschleunigungen, nämlich im Sinne abnehmenden Drehwinkels bzw. radial nach außen positiv zu rechnen. Da das Problem eben ist, lassen sich drei Gleichgewichtsbedingungen formulieren, nämlich zwei Komponentenbedingungen

$$A - \Sigma\, m_i\, g\, \sin\varphi - \Sigma\, m_i\, r_i\, \ddot\varphi = 0\,,$$

$$B - \Sigma\, m_i\, g\, \cos\varphi - \Sigma\, m_i\, r_i\, \dot\varphi^2 = 0$$

und eine Momentenbedingung

$$\Sigma\, m_i\, g\, r_i\, \sin\varphi + \Sigma\, m_i\, r_i^2\, \ddot\varphi = 0$$

bezüglich O; die Summen sind dabei über alle n Massenpunkte zu erstrecken. Die letzte Beziehung, die auch in der Form

$$\ddot\varphi = -\,\frac{\Sigma\, m_i\, r_i}{\Sigma\, m_i\, r_i^2}\, g\, \sin\varphi \tag{17.12}$$

geschrieben werden kann, ist die eigentliche Bewegungsdifferentialgleichung; die Komponentenbedingungen liefern die Reaktionen A und B, sobald die Bewegung bekannt ist. Führt man mit

$$l_0 = \frac{\Sigma\, m_i\, r_i^2}{\Sigma\, m_i\, r_i} \tag{17.13}$$

die sogenannte **reduzierte Pendellänge** ein, so geht (17.12) in die Differentialgleichung

$$\ddot\varphi = -\,\frac{g}{l_0}\, \sin\varphi \tag{17.14}$$

des mathematischen Pendels (12.10) mit der Länge l_0 über; das Mehrmassenpendel bewegt sich also wie ein mathematisches, dessen Länge mit seiner reduzierten Pendellänge übereinstimmt.

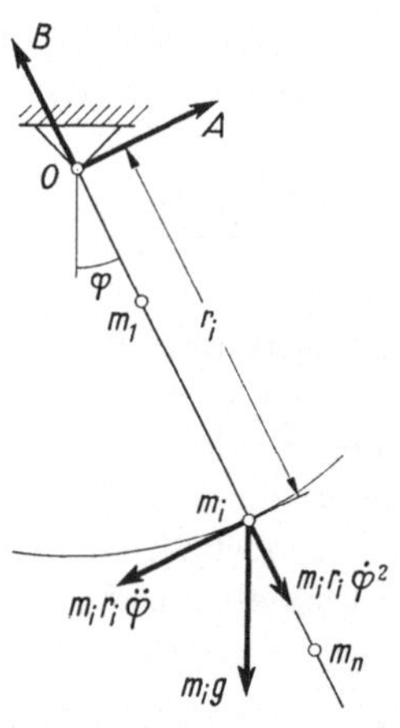

Figur 17.3

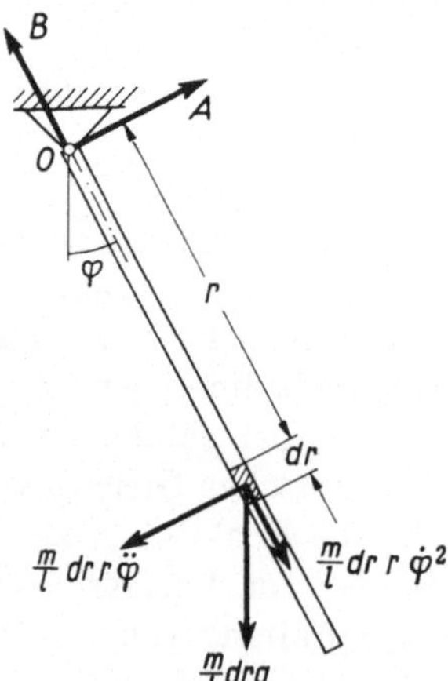

Figur 17.4

Das **Stangenpendel** von Figur 17.4, das aus einem homogenen prismatischen, um das Ende O reibungsfrei drehbaren Stab mit der Länge l und der Masse m besteht, wird analog behandelt. Seine Längenelemente dr haben die Masse $dm = (m/l)\, dr$; die zugehörigen Elementargewichte sind $(m/l)\, g\, dr$, und die Trägheitskräfte haben die algebraischen Beträge $(m/l)\, \ddot\varphi\, r\, dr$ sowie $(m/l)\, \dot\varphi^2\, r\, dr$. Die Komponenten- und Momentsummen werden hier zu Integralen, und die Bewegung ergibt sich aus der Momentenbedingung

$$\frac{m}{l}\, g \sin\varphi \int\limits_0^l r\, dr + \frac{m}{l}\, \ddot\varphi \int r^2\, dr = 0\,, \qquad (17.15)$$

die mit der reduzierten Pendellänge

$$l_0 = \frac{\int\limits_0^l r^2\, dr}{\int\limits_0^l r\, dr} = \frac{2}{3}\, l \qquad (17.16)$$

wieder die Form (17.14) annimmt.

Nach (17.16) würde sich die Bewegung des Stangenpendels nicht ändern, wenn man seine Masse im Abstand $(2/3)\, l$ vom Drehpunkt konzentrieren würde. Dagegen würde man im Fall einer Massenkonzentration im Massenmittelpunkt eine andere Bewegung erhalten. Man schließt hieraus, daß es im allgemeinen nicht erlaubt ist, die Trägheitskräfte statt in den Elementen direkt im Massenmittelpunkt einzuführen.

Beim geführten Körper können die äußeren Kräfte A_i, die jetzt als diskrete Kräftegruppe angenommen werden sollen, in die Lasten P_i und die Reaktionen R_i unterteilt werden. Schreibt man dann das d'Alembertsche Prinzip

$$(P_i),\ (R_i),\ (dT) \sim 0$$

in der Form

$$(-R_i) \sim (P_i),\ (dT)\,, \qquad (17.17)$$

so sagt es aus, daß die Rückwirkung des Körpers auf seine Führungen jederzeit den an ihm angreifenden Lasten und den Trägheitskräften äquivalent ist.

So besteht zum Beispiel die Belastung eines starren Trägers (Figur 17.5), der am einen Ende eingespannt ist und am anderen eine am masselosen Arm r mit der Winkelgeschwindigkeit ω gleichförmig rotierende Punktmasse m trägt, im Gewicht $m\,g$ derselben und der radial nach außen gerichteten Massenkraft $m\,r\,\omega^2$. Der Träger ist somit in zeitlich veränderlicher Weise auf exzentrischen Zug beansprucht.

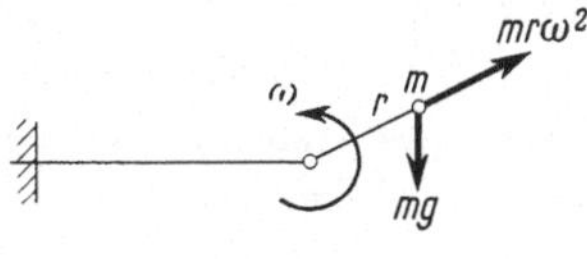

Figur 17.5

Die eben behandelten Beispiele waren in zweierlei Hinsicht besonders einfach. Beim Mehrmassenpendel besteht der starre Körper in einer endlichen Zahl von Punktmassen, während beim Stangenpendel die Masse zwar kontinuierlich, aber nur eindimensional verteilt ist; überdies bilden die äußeren und die Trägheitskräfte in allen Fällen eine ebene Kräftegruppe. Im allgemeinen Fall liegt aber eine dreidimensionale Massenverteilung vor, bei der die über sämtliche äußeren und Trägheitskräfte erstreckten Komponenten- bzw. Momentensummen durch Raumintegrale dargestellt werden. Im Hinblick auf solche

Probleme empfiehlt es sich, die Folgerungen aus dem d'Alembertschen Prinzip so weit wie möglich in allgemeiner Form zu ziehen. Dies soll im nächsten Abschnitt durch Herleitung von Sätzen geschehen, die dem Prinzip zusammen gleichwertig, im allgemeinen aber übersichtlicher und vor allem bequemer zu handhaben sind.

Aufgaben

1. Ein homogener prismatischer Stab (Figur 17.6) mit der Masse $m = 8$ kg und der Länge $l = 1$ m liegt auf einer glatten Horizontalebene und dreht sich zur Zeit $t = 0$ mit der Winkelgeschwindigkeit $\omega_0 = 5$ s^{-1} um sein reibungsfrei gelenkig gelagertes Ende O. Von der Zeit $t = 0$ an wird die Bewegung durch eine am freien Ende A angreifende, stets zur Stabachse normale Kraft K mit konstantem Betrag verzögert. Man ermittle die Bewegung sowie die Reaktionen in O. Wie groß muß K sein, damit die Bewegung nach genau einer halben Umdrehung zum Stillstand kommt?

Figur 17.6　　　　　　　　　　　　　　Figur 17.7

2. Ein homogener prismatischer Stab (Figur 17.7) mit der Masse m und der Länge l liegt gleichmäßig auf einer rauhen Horizontalebene auf und ist an seinem Ende O in einem Lager vom Radius r_l drehbar. Die Gleitreibungszahl zwischen Stab und Unterlage sowie im Lager ist μ_1. Im Massenmittelpunkt C greift normal zur Stabachse eine Kraft von konstantem Betrag K an, welche die Drehung des Stabes gleichförmig erhält. Man ermittle den Betrag von $\boldsymbol{K}$ sowie alle Reaktionen in O.

18. Impuls- und Drallsatz

In Figur 18.1 ist ein Körper K, der auch jetzt noch nicht als starr vorausgesetzt zu werden braucht, auf ein Inertialsystem x, y, z bezogen. Seine Lage wird in jedem Augenblick durch die Fahrstrahlen $\boldsymbol{r}$ seiner Massenelemente dm, sein Bewegungszustand durch deren Geschwindigkeiten $\boldsymbol{v} = \dot{\boldsymbol{r}}$ beschrieben.

Nach (14.1) ist der Impuls des einzelnen Massenelementes

$$d\boldsymbol{B} = \boldsymbol{v}\, dm\,, \tag{18.1}$$

nach (14.2) sein Drall bezüglich O

$$d\boldsymbol{D}_O = \boldsymbol{r} \times \boldsymbol{v}\, dm\,. \tag{18.2}$$

Definiert man jetzt den **Impuls** des ganzen Körpers als Summe seiner Elementarimpulse, so ist er nach (18.1) durch das über den ganzen Körper erstreckte Integral

$$\boldsymbol{B} = \int_K \boldsymbol{v}\, dm = \int_K \dot{\boldsymbol{r}}\, dm \tag{18.3}$$

gegeben und hat die Komponenten

$$B_x = \int_{\dot{K}} \dot{x}\, dm , \ldots .$$

Definiert man analog den **Drall** des ganzen Körpers bezüglich O als Summe seiner Elementardralle, so hat man

$$D_O = \int_K \boldsymbol{r} \times \boldsymbol{v}\, dm = \int_K \boldsymbol{r} \times \dot{\boldsymbol{r}}\, dm \tag{18.4}$$

mit den Komponenten

$$D_x = \int_K (y\,\dot{z} - z\,\dot{y})\, dm ,\ldots ,$$

die auch als Momentensummen der Elementarimpulse bezüglich der Koordinatenachsen gedeutet werden können.

Ist C der Massenmittelpunkt des Körpers, x', y', z' das begleitende Koordinatensystem, das sich translatorisch mit C bewegt, und $\boldsymbol{r}'$ der Fahrstrahl von C aus, so gilt gemäß Figur 18.1

$$\boldsymbol{r} = \boldsymbol{r}_C + \boldsymbol{r}' \qquad \text{sowie} \qquad \boldsymbol{v} = \boldsymbol{v}_C + \dot{\boldsymbol{r}}'. \tag{18.5}$$

Die Bewegung erscheint damit in zwei Teilbewegungen zerlegt, nämlich in die Translation mit dem begleitenden Koordinatensystem und die Bewegung relativ zu diesem.

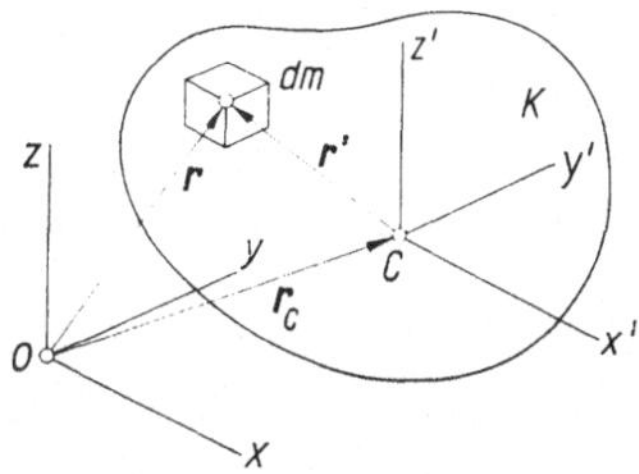

Figur 18.1

Ist K ein *starrer Körper* und $\boldsymbol{v}_C$, $\boldsymbol{\omega}$ die Kinemate in C, die seinen Bewegungszustand darstellt, dann ist die Bewegung relativ zum begleitenden System eine Kreiselung mit der momentanen Winkelgeschwindigkeit $\boldsymbol{\omega}$, und es gilt

$$\dot{\boldsymbol{r}}' = \boldsymbol{\omega} \times \boldsymbol{r}'. \tag{18.6}$$

Schreibt man die Beziehung (15.29) für die Lage des Massenmittelpunktes im begleitenden Koordinatensystem an, so kommt

$$\int_{\dot{K}} \boldsymbol{r}'\, dm = m\, \boldsymbol{r}'_C = 0, \tag{18.7}$$

und hieraus folgt durch Ableitung nach der Zeit

$$\int_K \dot{r}'\, dm = 0.$$

(18.8)

Der Impuls (18.3) des beliebigen, nicht notwendigerweise starren Körpers läßt sich mit Hilfe von (18.5) in der Form

$$B = v_C \int_K dm + \int_K \dot{r}'\, dm$$

(18.9)

anschreiben und damit in die Beiträge der Translation mit dem begleitenden Koordinatensystem sowie der Bewegung relativ zu diesem aufspalten. Zufolge (18.8) ist der zweite Beitrag null, und (18.9) reduziert sich auf

$$B = m\, v_C.$$

(18.10)

Der Gesamtimpuls des Körpers kann also so berechnet werden, als ob seine Masse im Massenmittelpunkt konzentriert wäre.

Der Drall (18.4) von K bezüglich O nimmt mit (18.5) die Form

$$D_O = \int_K (r_C + r') \times (v_C + \dot{r}')\, dm$$

oder

$$D_O = r_C \times v_C \int_K dm + r_C \times \int_K \dot{r}'\, dm + \int_K r'\, dm \times v_C + \int_K r' \times \dot{r}'\, dm$$

an, und da hier mit Rücksicht auf (18.7) und (18.8) die mittleren beiden Integrale verschwinden, hat man

$$D_O = r_C \times m\, v_C + \int r' \times \dot{r}'\, dm.$$

(18.11)

Damit ist auch der Drall in zwei Beiträge aufgespalten, von denen der erste von der Translation mit dem begleitenden System und der zweite von der Relativbewegung diesem gegenüber herrührt. Zufolge (18.10) stellt übrigens der zweite Faktor im ersten Vektorprodukt den Gesamtimpuls des Körpers dar, und das Integral kann, wie der Vergleich mit (18.4) zeigt, als Drall

$$D_C = \int_K r' \times \dot{r}'\, dm$$

(18.12)

im begleitenden System bezüglich des Massenmittelpunktes C gedeutet werden. Somit ist schließlich

$$D_O = D_C + r_C \times B;$$

(18.13)

das heißt der Drall bezüglich O als Ursprung des Inertialsystems setzt sich aus dem Drall im begleitenden System bezüglich C und demjenigen der in C konzentrierten Masse bezüglich O zusammen.

Im Fall der *ebenen Bewegung eines starren Körpers* (Figur 18.2) werden als Lagekoordinaten zweckmäßig die Koordinaten x_C, y_C des Massenmittelpunktes in der Bewegungsebene sowie der Drehwinkel φ benützt. Die Translation mit C ist dann durch die Geschwindigkeitskomponenten $v_{Cx} = \dot{x}_C$, $v_{Cy} = \dot{y}_C$ gegeben; die Bewegung relativ zum begleitenden System ist eine Rotation um C mit der Winkelgeschwindigkeit $\omega = \dot{\varphi}$. Der Impuls berechnet sich aus (18.10), liegt in der Bewegungsebene und hat die Komponenten

$$B_x = m\,\dot{x}_C\,, \qquad B_y = m\,\dot{y}_C\,. \tag{18.14}$$

Im Ausdruck (18.13) für den Drall $\boldsymbol{D}_O$ hat der erste Beitrag eine von der Massenverteilung abhängige Richtung; der zweite ist zur Bewegungsebene normal.

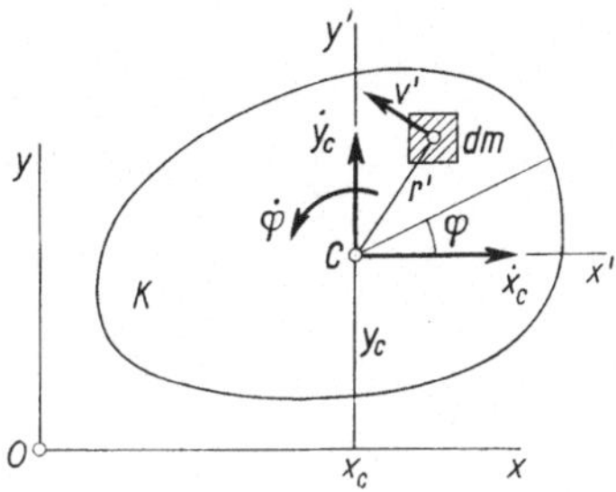

Figur 18.2

Ist der Körper eine *dünne Scheibe* in der Bewegungsebene, so liegt auch der auf das begleitende Koordinatensystem bezogene Elementarimpuls $v'\,dm = r'\,\dot{\varphi}\,dm$ in ihr; der zugehörige Elementardrall hat daher nur bezüglich der z'-Achse eine Komponente

$$dD_{z'} = r'\,v'\,dm = \dot{\varphi}\,r'^2\,dm\,.$$

Durch Integration über die ganze Scheibe erhält man hieraus die einzige Komponente von $\boldsymbol{D}_C$, nämlich

$$D_{z'} = I\,\dot{\varphi}\,, \qquad \text{wobei} \qquad I = \int\limits_K r'^2\,dm \tag{18.15}$$

als **Massenträgheitsmoment** der Scheibe bezüglich der Achse z' bezeichnet wird. Der Drall $\boldsymbol{D}_O$ ist durch 18.13 gegeben. Er hat, da jetzt beide Summanden rechterhand zur Bewegungsebene normal sind, nur eine z-Komponente, und diese ist nach (18.14) und (18.15)

$$D_z = I\,\dot{\varphi} + m\,(x_C\,\dot{y}_C - y_C\,\dot{x}_C)\,. \tag{18.16}$$

Figur 18.3 zeigt einen beliebigen Körper im Inertialsystem x, y, z. Er steht unter dem Einfluß der äußeren Kräfte $\boldsymbol{A}_1$, $\boldsymbol{A}_2$, ... , $\boldsymbol{A}_n$, die sich auf die Dyname

$$\boldsymbol{R} = \sum_1^n \boldsymbol{A}_i\,, \qquad \boldsymbol{M}_O = \sum_1^n \boldsymbol{r}_i \times \boldsymbol{A}_i \tag{18.17}$$

in O reduzieren lassen. Leitet man seinen Impuls (18.3) nach der Zeit ab, so kommt

$$\dot{\boldsymbol{B}} = \frac{d}{dt}\int\limits_K \dot{\boldsymbol{r}}\,dm = \int\limits_K \ddot{\boldsymbol{r}}\,dm\,. \tag{18.18}$$

Analog erhält man durch Ableitung des Dralls (18.4)

$$\dot{\boldsymbol{D}}_O = \frac{d}{dt} \int_K \boldsymbol{r} \times \dot{\boldsymbol{r}}\, dm = \int_K \boldsymbol{r} \times \ddot{\boldsymbol{r}}\, dm\,, \tag{18.19}$$

da das Vektorprodukt $\dot{\boldsymbol{r}} \times \dot{\boldsymbol{r}}$ verschwindet.

Nach dem d'Alembertschen Prinzip sind die äußeren Kräfte $\boldsymbol{A}_i$ mit den in den Massenelementen dm anzubringenden Trägheitskräften $d\boldsymbol{T} = -\,\boldsymbol{a}\,dm = -\,\ddot{\boldsymbol{r}}\,dm$ im Gleichgewicht. Es gelten daher die Beziehungen

$$\sum_1^n \boldsymbol{A}_i + \int_K d\boldsymbol{T} = \sum_1^n \boldsymbol{A}_i - \int_K \ddot{\boldsymbol{r}}\,dm = 0 \tag{18.20}$$

und

$$\sum_1^n \boldsymbol{r}_i \times \boldsymbol{A}_i + \int_K \boldsymbol{r} \times d\boldsymbol{T} = \sum_1^n \boldsymbol{r}_i \times \boldsymbol{A}_i - \int_K \boldsymbol{r} \times \ddot{\boldsymbol{r}}\,dm = 0\,. \tag{18.21}$$

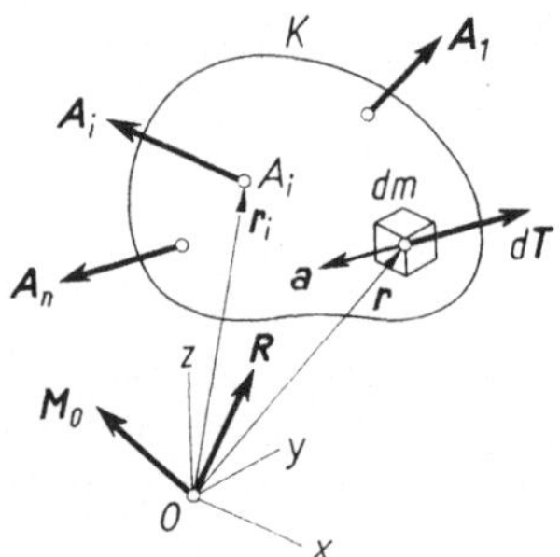

Figur 18.3

Mit Rücksicht auf (18.18) und (18.17) kann (18.20) in der Form

$$\dot{\boldsymbol{B}} = \sum_1^n \boldsymbol{A}_i = \boldsymbol{R} \tag{18.22}$$

geschrieben werden. Das ist der **Impulssatz für einen beliebigen Körper**, demzufolge die zeitliche Ableitung des Gesamtimpulses gleich der Summe der äußeren Kräfte bzw. gleich der Einzelkraft der durch Reduktion der äußeren Kräfte auf O erhaltenen Dyname ist. Analog geht (18.21) mit (18.19) und (18.17) in

$$\dot{\boldsymbol{D}}_O = \sum_1^n \boldsymbol{r}_i \times \boldsymbol{A}_i = \boldsymbol{M}_O \tag{18.23}$$

über. Das ist der **Drallsatz für einen beliebigen Körper**; ihm zufolge ist die zeitliche Ableitung des auf O bezogenen Gesamtdralls gleich der Summe der statischen Momente der äußeren Kräfte bezüglich O und damit gleich dem Momentvektor der bei der Reduktion dieser Kräfte auf O erhaltenen Dyname.

In beiden Sätzen enthalten die rechten Seiten nur die *äußeren Kräfte*. Der Punkt O ist als Ursprung des Inertialsystems beliebig; der Drall und die statischen Momente müssen aber auf den gleichen festen Punkt bezogen werden. Die Herleitung zeigt, daß der Impuls -und der Drallsatz zusammen dem d'Alembertschen Prinzip gleichwertig sind. Beide Sätze lassen sich übrigens noch umformen.

Da nach (18.10) $\dot{B} = m\,\dot{v}_C = m\,a_C$ ist, kann man den Impulssatz (18.22) auch in der Form

$$m\,a_C = \sum_1^n A_i = R \tag{18.24}$$

anschreiben. Er wird in dieser Gestalt auch als **Massenmittelpunktssatz** bezeichnet und sagt, wie ein Vergleich mit (10.2) zeigt, daß sich der Massenmittelpunkt eines beliebigen Körpers wie ein Massenpunkt bewegt, der die ganze Masse des Körpers trägt und unter dem Einfluß aller – in ihn verschobenen – äußeren Kräfte steht.

Reduziert man (Figur 18.4) die äußeren Kräfte auf eine Dyname R, M_C im Massenmittelpunkt C, so ist nach Band I (6.12)

$$M_O = M_C + r_C \times R \,. \tag{18.25}$$

Ferner gilt nach (18.13), da $\dot{r}_C \times B = 0$ ist,

$$\dot{D}_O = \dot{D}_C + r_C \times \dot{B} = \dot{D}_C + r_C \times R \,, \tag{18.26}$$

wobei für die letzte Umformung auch der Impulssatz (18.22) herangezogen ist. Setzt man (18.25) und (18.26) in (18.23) ein, so kommt

$$\dot{D}_C = M_C \,. \tag{18.27}$$

Der **Drallsatz** gilt also nicht nur in bezug auf feste Punkte, sondern auch **bezüglich des Massenmittelpunktes** als Ursprung des begleitenden Koordinatensystems. Dagegen kann man zeigen, daß er für andere körperfeste Bezugspunkte im allgemeinen nicht gültig ist.

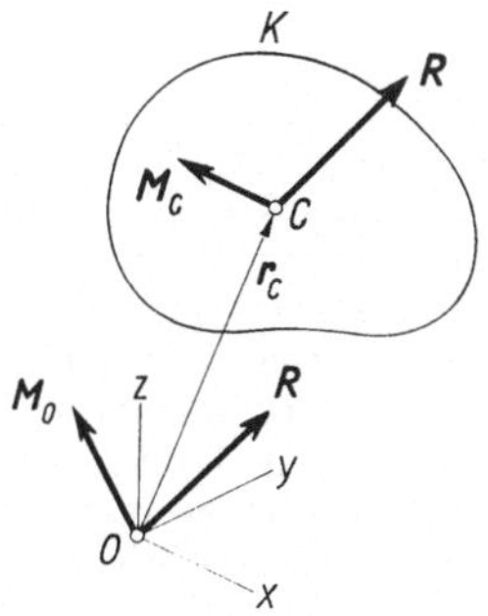

Figur 18.4

Es wurde bereits bemerkt, daß der Impuls- und der Drallsatz dem d'Alembertschen Prinzip äquivalent sind. Demnach reichen diese beiden Sätze, der zweite etwa in der letzten Form (18.27), zur Behandlung des im Raum freien *starren Körpers* aus. Verwendet man als Lagekoordinaten (vergleiche Abschnitt 4) die kartesischen Koordinaten x_C, y_C, z_C des Massenmittelpunktes sowie die Eulerschen Winkel ψ, ϑ, φ der Kreiselung um diesen, so läßt sich der Impuls (18.10) durch die ersten drei Lagekoordinaten, der Drall (18.12) durch die drei anderen ausdrücken. Hängt $\boldsymbol{R}$ von der Kreiselung um C, das heißt von den Eulerschen Winkeln und ihren zeitlichen Ableitungen nicht ab, und ist analog $\boldsymbol{M}_C$ von der Translation mit C, das heißt von den kartesischen Koordinaten von C und ihren zeitlichen Ableitungen unabhängig, dann liefert der Massenmittelpunktssatz (18.24) drei Differentialgleichungen für x_C, y_C, z_C und der Drallsatz (18.27) drei solche für ψ, ϑ, φ. Die beiden Sätze lassen sich dann einzeln integrieren, und zwar ergibt der Impulssatz die Translation mit dem Massenmittelpunkt und der Drallsatz die Kreiselung um diesen. Im allgemeinen besteht indessen diese Unabhängigkeit nicht; die beiden Sätze ergeben dann sechs simultane Differentialgleichungen für die sechs Lagekoordinaten, die nicht getrennt integriert werden können.

Beim kräftefreien starren Körper lassen sich der Impuls- und der Drallsatz getrennt integrieren. Aus dem ersten folgt, daß $\boldsymbol{B}$ konstant, die Translation mit dem Massenmittelpunkt nach (18.10) also gradlinig-gleichförmig ist. Aus dem zweiten folgt die Konstanz von $\boldsymbol{D}_C$; die zugehörige Bewegung wird nach POINSOT (1834) benannt und ist die Bewegung des sogenannten **kräftefreien Kreisels.** Wird nämlich ein nur durch sein Eigengewicht belasteter Kreisel (Figur 18.5) im Massenmittelpunkt reibungsfrei gelagert, so folgt aus dem Impulssatz, da $\boldsymbol{v}_C$ dauernd null ist, die Lagerkraft zu $\boldsymbol{L} = -\boldsymbol{G}$. Der Kreisel kann daher in der Tat als kräftefrei bezeichnet werden.

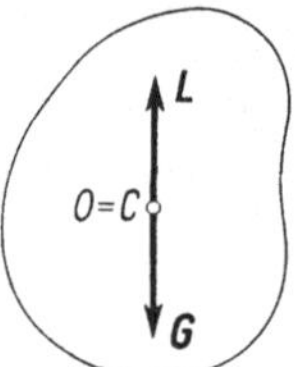 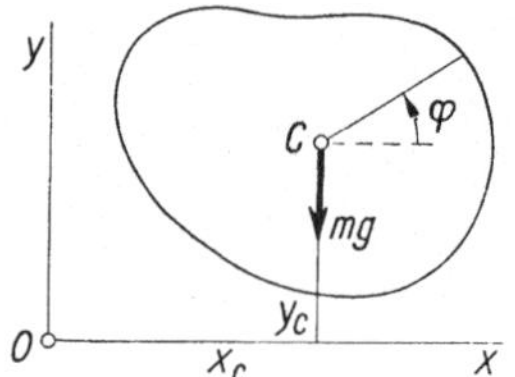

Figur 18.5   Figur 18.6

Auch bei einem *im Schwerefeld freien starren Körper* lassen sich die beiden Sätze einzeln integrieren. Der erste ergibt, da $\boldsymbol{R} = \boldsymbol{G}$ ist, daß sich der Massenmittelpunkt nach den Gesetzen des schiefen Wurfes (Abschnitt 10) bewegt. Der zweite führt wegen $\boldsymbol{M}_C = 0$ wieder auf eine Poinsotbewegung.

Ist der Körper insbesondere eine *dünne Scheibe* (Figur 18.6), die an eine Vertikalebene gebunden und nur der Schwerkraft unterworfen ist, dann hat der Impuls $\boldsymbol{B}$ die Komponenten (18.14) und der auf C als Ursprung des begleitenden Koordinatensystems bezogene Drall $\boldsymbol{D}_C$ nur eine einzige von Null verschiedene Komponente (18.15). Auf Grund des Impuls- oder Massenmittelpunktssatzes ist

$$m\,\ddot{x}_C = 0\,, \qquad m\,\ddot{y}_C = -m\,g\,,$$

die Bewegung des Massenmittelpunktes also tatsächlich diejenige des schiefen Wurfes. Der Drallsatz für C ergibt

$$(I\,\dot{\varphi})^{\cdot} = I\,\ddot{\varphi} = 0\,,$$

mithin eine gleichförmige Rotation der Scheibe um den Punkt C.

Zu Beginn von Abschnitt 1 wurden zwei Bedingungen dafür aufgestellt, daß ein starrer Körper unter dem Bild des Massenpunktes behandelt werden darf. Kinematisch ist das nur sinnvoll, wenn der Schwerpunkt – oder jetzt besser der Massenmittelpunkt – in den für die Untersuchung in Frage kommenden Zeitintervallen im Vergleich zu den Körperabmessungen große Strecken zurücklegt. Kinetisch ist aber darüber hinaus zu fordern, daß die für die Bewegung des Massenmittelpunktes maßgebenden Kräfte von der Drehung des Körpers um diesen unabhängig sind, das heißt daß $\boldsymbol{R}$ nicht von den Winkeln ψ, ϑ, φ und ihren zeitlichen Ableitungen abhängt. Dann und nur dann kann nämlich der Massenmittelpunktssatz für sich integriert und damit als Newtonsches Gesetz für die in C konzentrierte Masse interpretiert werden.

Aufgaben

1. Man ermittle das Massenträgheitsmoment eines homogenen und prismatischen Stabes mit der Masse m, der Länge l und im Vergleich dazu vernachlässigbar kleinen Querabmessungen, und zwar für eine Normale zur Achse durch ein Stabende. Sodann löse man Aufgabe 17.1 nochmals, und zwar mit dem Massenmittelpunkts- und dem Drallsatz.

2. Man löse Aufgabe 17.2 mit dem Impuls- und dem Drallsatz.

19. Massenträgheitsmomente

Unter dem **Massenträgheitsmoment** eines Körpers K (Figur 19.1) bezüglich einer Geraden g versteht man das mit dem Abstand s von g gebildete und über den ganzen Körper erstreckte Integral

$$I = \int_K s^2 \, dm \,. \tag{19.1}$$

Demnach sind die Massenträgheitsmomente des Körpers (Figur 19.2) bezüglich der Achsen eines kartesischen Koordinatensystems durch

$$I_x = \int_K (y^2 + z^2)\, dm\,, \qquad I_y = \int_K (z^2 + x^2)\, dm\,, \qquad I_z = \int_K (x^2 + y^2)\, dm \tag{19.2}$$

gegeben. Sie können durch die sogenannten **Deviations-** oder **Zentrifugalmomente**

$$C_{yz} = C_{zy} = \int_K y\, z\, dm\,, \qquad C_{zx} = C_{xz} = \int_K z\, x\, dm\,,$$

$$C_{xy} = C_{yx} = \int_K x\, y\, dm \tag{19.3}$$

ergänzt werden.

Alle diese Größen haben die Dimension $[m\, l^2] = [K\, l\, t^2]$ und werden etwa n kgm² oder kg*ms² gemessen. Die Massenträgheitsmomente sind nichtnegativ; die Deviationsmomente können je nach der Lage des Koordinatensystems positiv, negativ oder null sein.

Schreibt man das Massenelement in der Form $dm = \varrho\, dv$, so gehen die Größen (19.2) und (19.3) in Raumintegrale über. Ist der Körper (im Sinn von Abschnitt 15) *homogen*, so kann ϱ als Konstante vor die Integrale gezogen werden, und man hat

$$I_x = \varrho \int_v (y^2 + z^2)\, dv\, , \dots\, , \qquad C_{yz} = \varrho \int_v y\, z\, dv\, , \dots\, . \tag{19.4}$$

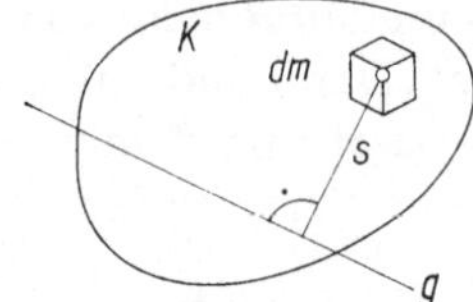

Figur 19.1

Besitzt ein homogener Körper eine Symmetrieebene, wie etwa der Körper von Figur 19.3 in der Ebene y, z, so heben sich die Beiträge symmetrisch liegender Raumelemente zu zwei Deviationsmomenten, im vorliegenden Fall zu C_{zx} und C_{xy} auf; es ist daher

$$C_{zx} = C_{xy} = 0\, . \tag{19.5}$$

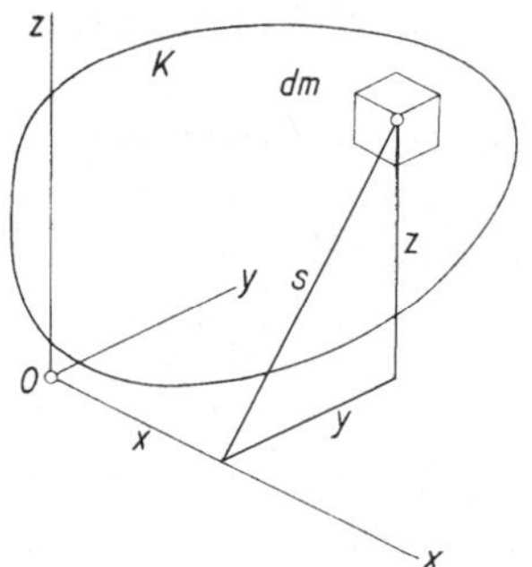

Figur 19.2

Bezieht man die *homogene Kugel* von Figur 19.4 auf ein Achsenkreuz mit dem Mittelpunkt C als Ursprung, so folgt daraus, daß jede Koordinatenebene Symmetrieebene ist, $C_{yz} = C_{zx} = C_{xy} = 0$. Ferner schließt man aus der Symmetrie darauf, daß die Trägheitsmomente bezüglich der drei Koordinatenachsen übereinstimmen und das Trägheitsmoment für einen beliebigen Durchmesser durch $I = I_x = I_y = I$ gegeben ist. Da somit

$$3\, I = \varrho \int_v (y^2 + z^2)\, dv + \varrho \int_v (z^2 + x^2)\, dv + \varrho \int_v (x^2 + y^2)\, dv$$

ist, hat man

$$I = \frac{2}{3}\, \varrho \int_v (x^2 + y^2 + z^2)\, dv\, ,$$

und dieses Raumintegral läßt sich auf ein einfaches zurückführen, wenn man als Raumelement eine Kugelschale vom Radius r, der Dicke dr und dem Inhalt

$dv = 4\,\pi\,r^2\,dr$ benützt. Man hat dann nämlich

$$I = \frac{2}{3}\,\varrho \cdot 4\,\pi \int\limits_{0}^{R} r^4\,dr = \frac{8}{15}\,\pi\,\varrho\,R^5,$$

wobei R den Radius der Kugel bezeichnet. Da die Kugel die Masse $m = (4\,\pi/3)\,\varrho\,R^3$ hat, kann das Resultat auch in der Form

$$I = \frac{2}{5}\,m\,R^2 \qquad\qquad (19.6)$$

angeschrieben werden.

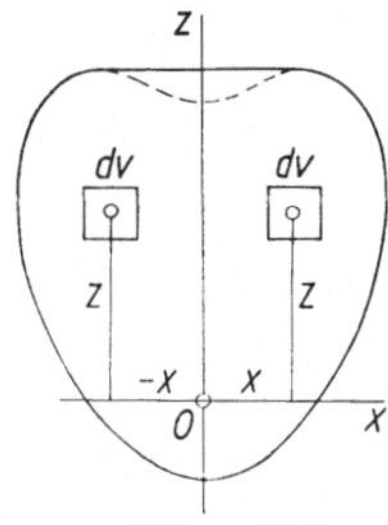

Figur 19.3

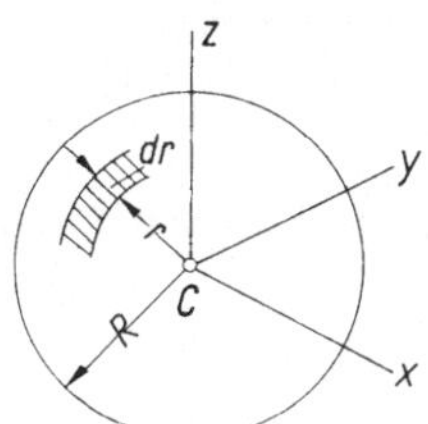

Figur 19.4

Um bei einem *homogenen geraden Zylinder* mit den in Figur 19.5 gegebenen Abmessungen das Trägheitsmoment bezüglich einer Parallelen g zu den Mantellinien zu berechnen, benützt man als Raumelement zweckmäßig ein Prisma $dv = h\,df$ und hat damit

$$I = \varrho \int\limits_{v} s^2\,dv = \varrho\,h \int\limits_{f} s^2\,df = \varrho\,h\,J_0, \qquad\qquad (19.7)$$

wobei J_0 nach Band I, (15.3) das polare Trägheitsmoment der Querschnittsfläche bezüglich des Durchstoßpunktes O der Bezugsgeraden g bezeichnet.

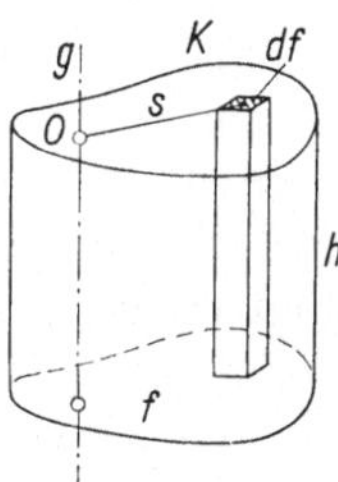

Figur 19.5

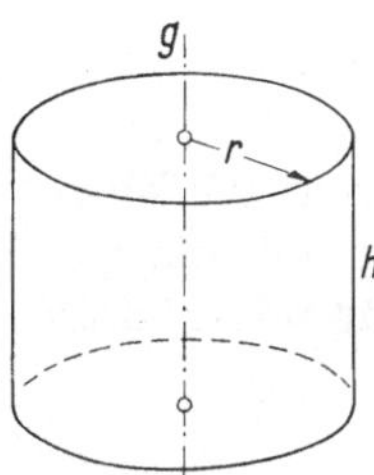

Figur 19.6

So ergibt sich insbesondere das Trägheitsmoment des *homogenen geraden Kreiszylinders* (Figur 19.6) bezüglich seiner Achse g mit dem aus Band I, (15.8) folgenden polaren Trägheitsmoment $J_0 = (\pi/2)\,r^4$ der Kreisfläche zu

$$I = \frac{\pi}{2}\,\varrho\,r^4\,h$$

oder mit der Masse $m = \pi\,r^2\,\varrho\,h$ zu

$$I = \frac{1}{2}\,m\,r^2. \qquad\qquad (19.8)$$

Beim *homogenen Quader* von Figur 19.7 ist wieder $C_{yz} = C_{zx} = C_{xy} = 0$. Das polare Trägheitsmoment der vorderen Seitenfläche bezüglich ihres Mittelpunktes A ist nach Band I (15.6)

$$J_A = \frac{b\,c}{12}\,(b^2 + c^2)\,,$$

das Massenträgheitsmoment des Quaders für die x-Achse zufolge (19.7) also

$$I_x = \frac{1}{12}\,\varrho\,a\,b\,c\,(b^2 + c^2)\,.$$

Führt man neben der Masse $m = \varrho\,a\,b\,c$ die Diagonale

$$d_x = \sqrt{b^2 + c^2}$$

der vorderen Seite ein, so hat man

$$I_x = \frac{1}{12}\,m\,d_x^{\,2} \tag{19.9}$$

und für die Trägheitsmomente bezüglich der anderen Achsen entsprechende Ausdrücke.

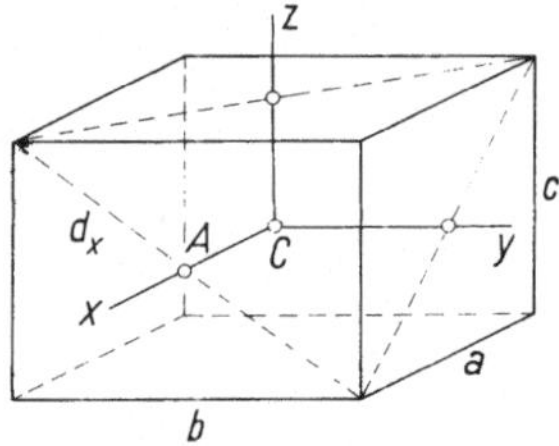

Figur 19.7

Man bemerkt, daß in allen diesen Beispielen die Trägheitsmomente in der Form

$$I = m\,i^2\,, \tag{19.10}$$

das heißt als Produkte der Masse mit dem Quadrat einer Länge angeschrieben werden können. Diese stellt offenbar den Abstand von der Bezugsgeraden g dar, in dem man die Masse des gegebenen Körpers zu konzentrieren hätte, um einen Massenpunkt mit gleichem Trägheitsmoment bezüglich g zu erhalten. Sie wird als **Trägheitsradius** für die Gerade g bezeichnet und folgt nach (19.10) aus

$$i = \sqrt{\frac{I}{m}}\,. \tag{19.11}$$

So ist der Trägheitsradius der *homogenen Kugel* (Figur 19.4) für einen beliebigen Durchmesser nach (19.6)

$$i = \sqrt{\frac{2}{5}}\,R\,, \tag{19.12}$$

und entsprechend lassen sich aus (19.8) und (19.9) die wichtigsten Trägheitsradien der in den Figuren 19.6 bzw. 19.7 wiedergegebenen Körper ablesen.

Ist x, y, z ein Koordinatensystem mit Ursprung im Massenmittelpunkt C eines beliebigen Körpers und ξ, η, ζ ein System mit dazu parallelen Achsen und beliebigem Ursprung O, dann lauten die Koordinatentransformationen mit den

Bezeichnungen von Figur 19.8

$$\xi = x + a\,, \qquad \eta = y + b\,, \qquad \zeta = z + c\,.$$

Es ist also beispielsweise

$$I_\xi = \int\limits_K (\eta^2 + \zeta^2)\, dm = \int\limits_K [(y + b)^2 + (z + c)^2]\, dm$$

$$= \int\limits_K (y^2 + z^2)\, dm + 2\,b \int\limits_K y\, dm + 2\,c \int\limits_K z\, dm + (b^2 + c^2) \int\limits_K dm$$

und

$$C_{\eta\zeta} = \int\limits_K \eta\,\zeta\, dm = \int\limits_K (y + b)\,(z + c)\, dm$$

$$= \int\limits_K y\,z\, dm + c \int\limits_K y\, dm + b \int\limits_K z\, dm + b\,c \int\limits_K dm$$

oder, da mit Rücksicht auf (15.29) und die spezielle Lage des Massenmittelpunktes die mittleren Integrale verschwinden,

$$\left.\begin{aligned}
I_\xi &= I_x + m\,(b^2 + c^2) = I_x + m\,d^2_x\,, \dots, \\[4pt]
C_{\eta\zeta} &= C_{yz} + m\,b\,c\,, \dots,
\end{aligned}\right\} \qquad (19.13)$$

wobei die Punkte zyklische Vertauschungen andeuten.

Aus diesen Beziehungen, die nach Huygens (1673) benannt werden, folgt insbesondere $I_\xi \geq I_x$. Man erhält also beim Vergleich paralleler Achsen das kleinste Trägheitsmoment für diejenige durch den Massenmittelpunkt. Ferner sind die Trägheitsmomente für alle Erzeugenden eines beliebigen geraden Kreiszylinders mit durch C gehender Achse gleich.

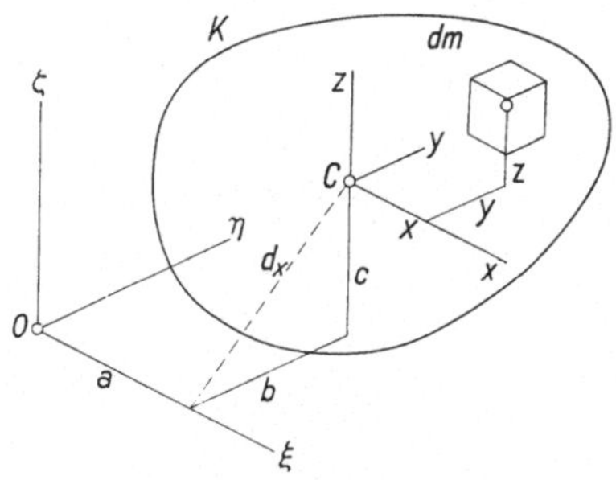

Figur 19.8

Ist x, y, z (Figur 19.9) ein beliebiges Koordinatensystem und g eine beliebige Gerade durch den Ursprung O, gegeben durch die Richtungskosinus a, b, c bzw. den Einheitsvektor

$$\boldsymbol{e} = (a, b, c) \qquad \text{mit} \qquad a^2 + b^2 + c^2 = 1\,, \qquad (19.14)$$

so ist das Trägheitsmoment I eines Körpers bezüglich g durch (19.1) gegeben. Der Fahrstrahl $\boldsymbol{r} = (x, y, z)$ des Massenelementes dm hat einen Betrag, dessen Quadrat wegen (19.14) durch

$$r^2 = x^2 + y^2 + z^2 = (a^2 + b^2 + c^2)\,(x^2 + y^2 + z^2) \qquad (19.15)$$

dargestellt wird. Da seine Projektion p auf g

$$p = \boldsymbol{e}\,\boldsymbol{r} = a\,x + b\,y + c\,z$$

ist, gilt

$$p^2 = a^2\,x^2 + b^2\,y^2 + c^2\,z^2 + 2\,b\,c\,y\,z + 2\,c\,a\,z\,x + 2\,a\,b\,x\,y \qquad (19.16)$$

und nach (19.15) sowie (19.16)

$$s^2 = r^2 - p^2 = a^2\,(y^2 + z^2) + b^2\,(z^2 + x^2) + c^2\,(x^2 + y^2)$$

$$- 2\,b\,c\,y\,z - 2\,c\,a\,z\,x - 2\,a\,b\,x\,y\,.$$

Damit ergibt sich aus (19.1)

$$I = I_x\,a^2 + I_y\,b^2 + I_z\,c^2 - 2\,C_{yz}\,b\,c - 2\,C_{zx}\,c\,a - 2\,C_{xy}\,a\,b\,. \qquad (19.17)$$

Dieser Beziehung könnten, wenn g durch zwei weitere Geraden zu einem rechtwinkligen Achsenkreuz ergänzt würde, entsprechende Formeln für die beiden anderen Trägheits- sowie für die drei Deviationsmomente zur Seite gestellt werden.

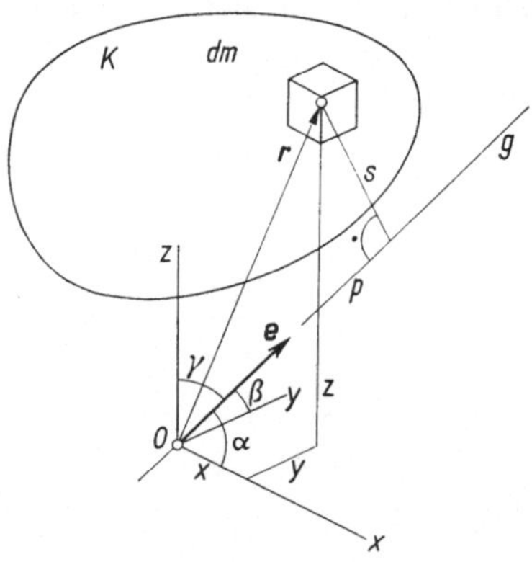

Figur 19.9

Trägt man (Figur 19.10) auf g von O aus in einem beliebigen Maßstab die mit einer freien positiven Konstanten k gebildete, dem **reziproken Trägheitsradius** proportionale Größe

$$\varrho = \frac{k}{\sqrt{I}} \qquad (19.18)$$

ab, so erhält man einen Punkt Q (samt seinem Spiegelbild bezüglich O) mit den

Koordinaten

$$\xi = \varrho \, a \,, \qquad \eta = \varrho \, b \,, \qquad \zeta = \varrho \, c \,. \tag{19.19}$$

Zwischen diesen besteht nach (19.17) und (19.18) die Beziehung

$$I_x \, \xi^2 + I_y \, \eta^2 + I_z \, \zeta^2 - 2\,C_{yz}\, \eta\, \zeta - 2\,C_{zx}\, \zeta\, \xi - 2\,C_{xy}\, \xi\, \eta = k^2. \tag{19.20}$$

Die zu verschiedenen Geraden g durch O gehörenden Punkte Q liegen also (da ϱ beschränkt ist) auf einem Ellipsoid mit der Gleichung (19.20), dem sogenannten **Trägheitsellipsoid** des Körpers für den Punkt O.

Die drei Achsen 1, 2, 3 des Trägheitsellipsoids definieren in jedem Punkt O drei ausgezeichnete, zueinander normale Geraden (Figur 19.11), die **Hauptachsen** des Punktes O. Mit den zugehörigen Werten ϱ_1, ϱ_2, ϱ_3 von (19.18) sind auch die sogenannten **Hauptträgheitsmomente** I_1, I_2, I_3 extremal, und zwar gehört zur größten Achse des Ellipsoids das kleinste und zur kleinsten das größte Trägheitsmoment. Da ferner die Gleichung des Trägheitsellipsoids im Hauptachsensystem die Form

$$I_1 \, \xi^2 + I_2 \, \eta^2 + I_3 \, \zeta^2 = k^2 \tag{19.21}$$

haben muß, verschwinden für dieses die Deviationsmomente.

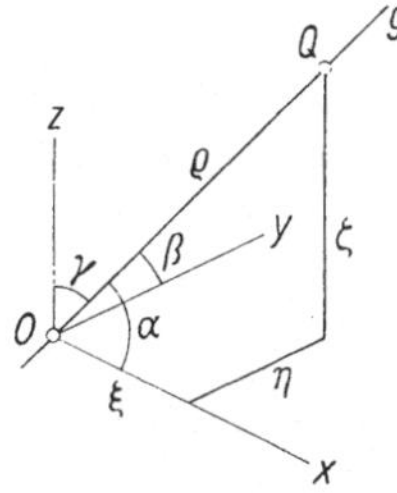
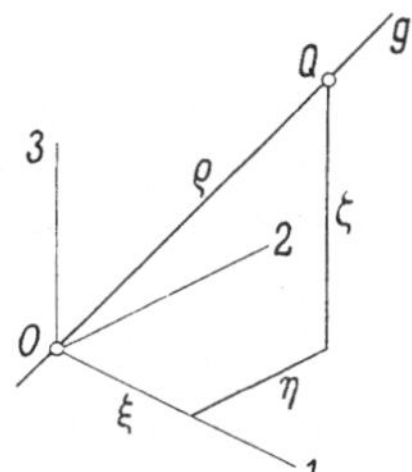

Figur 19.10 Figur 19.11

Diese Ergebnisse sind denjenigen analog, die in Band I, Abschnitt 15 bzw. 18 für die Flächenträgheitsmomente sowie den Spannungszustand gefunden wurden. Das liegt daran, daß man in jedem dieser Fälle mit Größen zu tun hat, die sich zu einem **symmetrischen Tensor** zweiter Stufe zusammenfassen lassen. Selbstverständlich kann es auch hier vorkommen, daß es in einem Punkt mehr als ein Hauptachsensystem gibt, indem das Trägheitsellipsoid zum Rotationsellipsoid oder zur Kugel ausartet.

Geht man vom Hauptachsensystem eines Punktes O aus, so reduziert sich die Transformation (19.17) für das Trägheitsmoment auf

$$I = I_1 \, a^2 + I_2 \, b^2 + I_3 \, c^2. \tag{19.22}$$

Beim Übergang zu einem anderen Punkt ändert sich im allgemeinen mit dem Hauptachsensystem und den Hauptträgheitsmomenten auch das Trägheitsellipsoid. Dasjenige des Massenmittelpunktes C wird als **Zentralellipsoid** bezeichnet. Kennt man die Masse m des Körpers und sein Zentralellipsoid, das heißt die Hauptachsen 1, 2, 3 in C sowie die Hauptträgheitsmomente I_1, I_2, I_3, dann kann man das Trägheitsmoment bezüglich einer beliebigen Geraden g (Figur 19.12) angeben. Hat diese nämlich im Hauptachsensystem die Richtungskosinus a, b, c sowie den Abstand d von C, so ist das Trägheitsmoment für die Parallele g' zu g durch C nach (19.22)

$$I' = I_1\, a^2 + I_2\, b^2 + I_3\, c^2,$$

und nach (19.13) gilt

$$I = I' + m\, d^2 = I_1\, a^2 + I_2\, b^2 + I_3\, c^2 + m\, d^2. \tag{19.23}$$

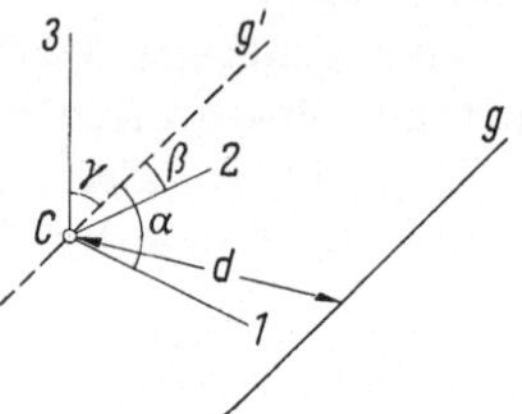

Figur 19.12

Figur 19.13 zeigt ein Koordinatensystem x, y, z mit dem Ursprung O. Seine x-Achse ist dann und nur dann Hauptachse für O, wenn das Trägheitsellipsoid in O bezüglich der Ebene y, z symmetrisch ist. Das trifft, wie die Gleichung (19.20) zeigt, dann und nur dann zu, wenn

$$C_{zx} = C_{xy} = 0 \tag{19.24}$$

ist. Aus dem Vergleich von (19.24) mit (19.5) folgt, daß insbesondere jede Normale zu einer Symmetrieebene des homogenen Körpers Hauptachse für ihren Durchstoßpunkt mit dieser Ebene ist.

So bilden zum Beispiel die Mittellinien des *homogenen Quaders* (Figur 19.7) das Hauptachsensystems seines Mittelpunktes.

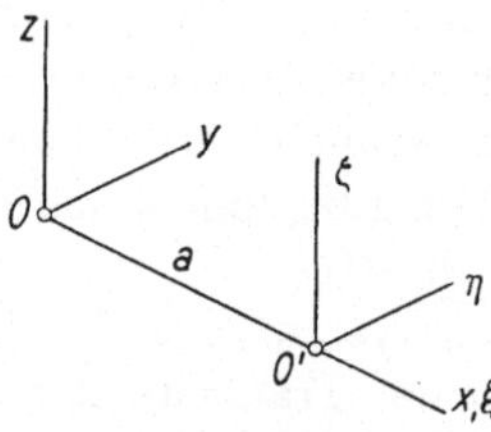

Figur 19.13

Ferner ist bei einem *homogenen Rotationskörper* jede die Achse enthaltende Ebene eine Symmetrieebene. Somit ist jede Gerade, welche die Achse normal schneidet, Hauptachse für den Schnittpunkt und daher auch die Achse selbst Hauptachse für jeden ihrer Punkte. Hier entarten die Trägheitsellipsoide für Punkte auf der Achse zu Rotationsellipsoiden.

Ist die Achse x (Figur 19.13) Hauptachse für O, dann ist sie nicht notwendigerweise auch Hauptachse für einen anderen auf ihr liegenden Punkt O'. Führt man nämlich mit O' als Ursprung ein neues Koordinatensystem ξ, η, ζ ein, dessen Achsen zu x, y, z parallel sind, so lauten die Koordinatentransformationen

$$\xi = x - a \,, \qquad \eta = y \,, \qquad \zeta = z \,,$$

und man hat daher

$$C_{\zeta\xi} = \int_K \zeta\,\xi\,dm = \int_K z(x - a)\,dm = C_{zx} - m\,a\,z_C \,,$$

$$C_{\xi\eta} = \int_K \xi\,\eta\,dm = \int_K (x - a)\,y\,dm = C_{xy} - m\,a\,y_C \,,$$

wobei y_C, z_C Koordinaten des Massenmittelpunktes sind. Demnach folgt aus (19.24) dann und nur dann $C_{\zeta\xi} = C_{\xi\eta} = 0$, wenn $y_C = z_C = 0$ ist. Die Achse x ist somit dann und nur dann auch Hauptachse für O' (und in diesem Fall für jeden Punkt O' auf x), wenn sie den Massenmittelpunkt enthält.

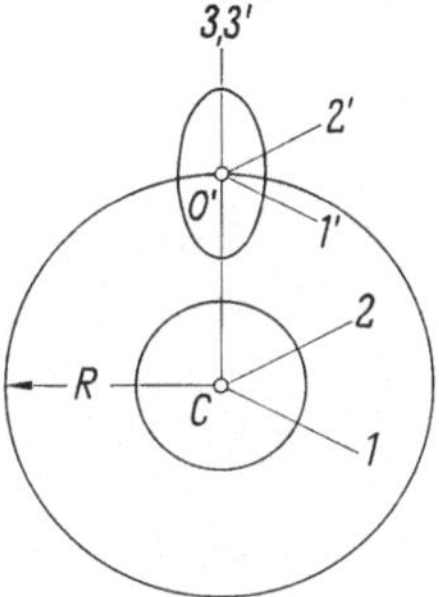

Figur 19.14

Da die Trägheitsmomente der *homogenen Kugel* (Figur 19.14) für alle Durchmesser übereinstimmen, ist ihr Zentralellipsoid eine Kugel. Jedes rechtwinklige Achsenkreuz 1, 2, 3 mit C als Ursprung ist ein Hauptachsensystem; die Hauptträgheitsmomente sind durch (19.6), die Hauptträgheitsradien nach (19.12) durch

$$i_1 = i_2 = i_3 = \sqrt{\frac{2}{5}}\,R$$

gegeben. Ist O' der Durchstoßpunkt der Hauptachse 3 mit der Kugeloberfläche, so ist 3 nach dem eben bewiesenen Satz auch Hauptachse für O', und die beiden anderen Hauptachsen 1', 2' können mit Rücksicht auf die Rotationssymmetrie parallel zu 1 bzw. 2 angenommen werden. Die Hauptträgheitsmomente in O' sind

$$I_1' = I_2' = I + m\,R^2 = \frac{7}{5}\,m\,R^2 \,, \qquad I_3' = I = \frac{2}{5}\,m\,R^2 \,,$$

die Hauptträgheitsradien mithin

$$i_1' = i_2' = \sqrt{\frac{7}{5}}\,R \,, \qquad i_3' = \sqrt{\frac{2}{5}}\,R \,,$$

und das Trägheitsellipsoid in O' ist demnach ein in Richtung 3 verlängertes Rotationsellipsoid.

Aus den Definitionen (19.2) der Trägheitsmomente folgt

$$I_y + I_z - I_x = 2 \int_K x^2 \, dm \, , \dots \, ,$$

wobei die Punkte wieder zyklische Vertauschungen andeuten. Da die rechten Seiten nichtnegativ sind, gelten insbesondere für die Hauptträgheitsmomente die Ungleichungen

$$I_2 + I_3 \geqq I_1 \, , \qquad I_3 + I_1 \geqq I_2 \, , \qquad I_1 + I_2 \geqq I_3 \, . \tag{19.25}$$

Es kommt daher nicht vor, daß eines der drei Hauptträgheitsmomente viel größer ist als die beiden anderen, und damit sind der Abplattung des Trägheitsellipsoids Grenzen gesetzt, während das Ellipsoid andererseits beliebig verlängert sein kann.

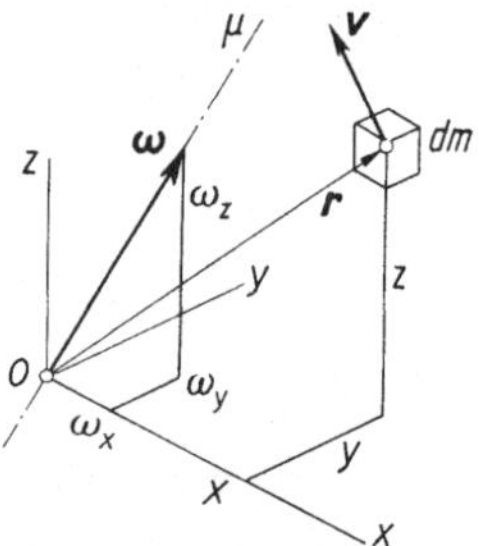

Figur 19.15

Mit Hilfe des Trägheitsellipsoids läßt sich der **Drall des Kreisels** bezüglich seines Drehpunktes O anschaulich darstellen. In Figur 19.15 ist x, y, z ein beliebiges, nicht notwendig raum- oder körperfestes Koordinatensystem mit O als Ursprung und $\boldsymbol{\omega}$ die momentane Winkelgeschwindigkeit des Kreisels. Die Geschwindigkeit $\boldsymbol{v} = \boldsymbol{\omega} \times \boldsymbol{r}$ des Massenelementes dm besitzt die Komponenten

$$v_x = \omega_y z - \omega_z y \, , \qquad v_y = \omega_z x - \omega_x z \, , \qquad v_z = \omega_x y - \omega_y x \, . \tag{19.26}$$

Der Drall für den Drehpunkt ist

$$\boldsymbol{D}_O = \int_K \boldsymbol{r} \times \boldsymbol{v} \, dm$$

und hat nach (19.26) die x-Komponente

$$D_x = \int_K (y \, v_z - z \, v_y) \, dm = \int_K [y \, (\omega_x y - \omega_y x) - z \, (\omega_z x - \omega_x z)] \, dm \, .$$

Man kann hierfür auch

$$D_x = \omega_x \int_K (y^2 + z^2) \, dm - \omega_y \int_K x \, y \, dm - \omega_z \int_K x \, z \, dm$$

schreiben und erhält durch zyklische Ergänzung die drei Drallkomponenten

$$
\left.\begin{aligned}
D_x &= I_x\,\omega_x - C_{xy}\,\omega_y - C_{xz}\,\omega_z\,, \\
D_y &= - C_{yx}\,\omega_x + I_y\,\omega_y - C_{yz}\,\omega_z\,, \\
D_z &= - C_{zx}\,\omega_x - C_{zy}\,\omega_y + I_z\,\omega_z\,.
\end{aligned}\right\} \qquad (19.27)
$$

Legt man das Koordinatensystem speziell mit dem körperfesten Hauptachsensystem 1, 2, 3 des Kreisels im Drehpunkt O zusammen, so hat man die Zeiger x, y, z durchwegs durch 1, 2, 3 zu ersetzen und erhält statt (19.27), da überdies die Deviationsmomente verschwinden,

$$
D_1 = I_1\,\omega_1\,, \qquad D_2 = I_2\,\omega_2\,, \qquad D_3 = I_3\,\omega_3\,. \qquad (19.28)
$$

Insbesondere schließt man hieraus, daß die Vektoren $\boldsymbol{\omega}$ und $\boldsymbol{D}_O$ im allgemeinen nicht die gleiche Richtung haben. Legt man andererseits die x-Achse mit der Momentanachse μ zusammen, so wird $\omega_x = \omega$, $\omega_y = \omega_z = 0$, und die Drallkomponente für die Momentanachse ergibt sich aus (19.27) zu

$$
D_\mu = I_\mu\,\omega\,. \qquad (19.29)
$$

Sie ist, wie (19.27) zeigt, nicht die einzige Komponente des Dralls, und zudem ist zu beachten, daß wegen der Wanderung der Momentanachse I_μ im Gegensatz zu den Hauptträgheitsmomenten in (19.28) keine Konstante ist. Im Fall einer *Rotation* um eine feste Achse μ ergibt schließlich (19.29) die Drallkomponente für die Drehachse, wobei jetzt I_μ konstant ist.

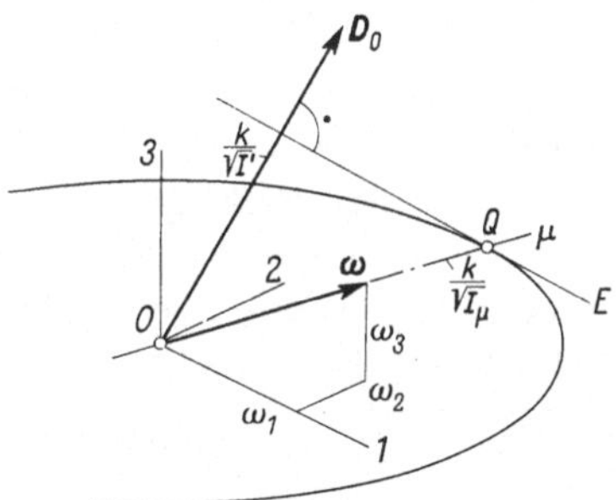

Figur 19.16

In Figur 19.16 ist das Trägheitsellipsoid des Kreisels bezüglich seines Drehpunktes O dargestellt. Es hat im Hauptachsensystem 1, 2, 3 die Gleichung (19.21) und somit die Hauptachsen

$$
\frac{k}{\sqrt{I_1}}\,, \qquad \frac{k}{\sqrt{I_2}}\,, \qquad \frac{k}{\sqrt{I_3}}\,.
$$

Dabei ist k eine beliebige positive Konstante, und zudem können die Halbachsen in einem beliebigen Maßstab aufgetragen werden, der dann seinerseits jeder Länge in Figur 19.16 ein bestimmtes Trägheitsmoment zuordnet. Nach

(19.18) hat derjenige Durchstoßpunkt Q der Momentanachse μ mit dem Ellipsoid, der von O aus in Richtung des Winkelgeschwindigkeitsvektors $\boldsymbol{\omega}$ gesehen wird, den Abstand

$$\frac{k}{\sqrt{I_\mu}}$$

vom Drehpunkt O, und seine Koordinaten können mit Hilfe der Komponenten von $\boldsymbol{\omega}$ in der Form

$$\frac{k}{\sqrt{I_\mu}}\,\frac{\omega_1}{\omega}\,, \qquad \frac{k}{\sqrt{I_\mu}}\,\frac{\omega_2}{\omega}\,, \qquad \frac{k}{\sqrt{I_\mu}}\,\frac{\omega_3}{\omega}$$

angeschrieben werden. Die in Q dem Ellipsoid angelegte Tangentialebene E besitzt demnach die Gleichung

$$\frac{I_1}{\sqrt{I_\mu}}\,\frac{\omega_1}{\omega}\,\xi + \frac{I_2}{\sqrt{I_\mu}}\,\frac{\omega_2}{\omega}\,\eta + \frac{I_3}{\sqrt{I_\mu}}\,\frac{\omega_3}{\omega}\,\zeta = k\,,$$

die durch Einführung der Drallkomponenten (19.28) auch auf die Gestalt

$$D_1\,\xi + D_2\,\eta + D_3\,\zeta = k\,\sqrt{I_\mu}\,\omega$$

und schließlich durch Division mit dem Betrag

$$D_O = \sqrt{D_1^2 + D_2^2 + D_3^2}$$

des Drallvektors auf die Form

$$\frac{D_1}{D_O}\,\xi + \frac{D_2}{D_O}\,\eta + \frac{D_3}{D_O}\,\zeta = \frac{k\,\sqrt{I_\mu}\,\omega}{D_O} \tag{19.30}$$

gebracht werden kann.

In (19.30) stellen die Koeffizienten von ξ, η, ζ die Stellungskosinus der Ebene E dar. Daraus, daß sie mit den Richtungskosinus von $\boldsymbol{D}_O$ übereinstimmen, folgt, daß der Drallvektor stets normal zu der im Durchstoßpunkt der Momentanachse ans Trägheitsellipsoid des Drehpunktes gelegten Tangentialebene ist. Ferner stellt das konstante Glied rechterhand den Abstand der Ebene E von O dar, der in der Form

$$\frac{k}{\sqrt{I'}}$$

angeschrieben und als Abbild eines Trägheitsmomentes I' gedeutet werden kann. Es ist daher

$$\frac{k\,\sqrt{I_\mu}\,\omega}{D_O} = \frac{k}{\sqrt{I'}}$$

oder

$$D_O = \sqrt{I_\mu\,I'}\,\omega\,. \tag{19.31}$$

Der Betrag des Drallvektors bezüglich O wird demnach als Produkt der Winkelgeschwindigkeit mit dem geometrischen Mittel des Trägheitsmomentes für die Momentanachse und demjenigen erhalten, das durch den Abstand der Tangentialebene vom Drehpunkt dargestellt wird. Weiterhin ist der Drallvektor, da die rechte Seite in (19.30) positiv ist, von O aus stets gegen die Tangentialebene gerichtet, und schließlich ist jetzt evident, daß die Vektoren ω und D_O dann und nur dann gleichgerichtet sind, wenn der Kreisel momentan um eine Hauptachse rotiert. Dann und nur dann ist nämlich wegen der Extremaleigenschaft der Hauptträgheitsmomente die Tangentialebene normal zum Fahrstrahl des Berührungspunktes.

Die hier besprochene Darstellung des **Drallvektors** läßt sich auch für den **im Raum freien starren Körper** nutzbar machen. Zerlegt man nämlich die Bewegung in eine Translation mit dem Massenmittelpunkt C und eine Kreiselung um diesen, so wird der Drall D_C im begleitenden Koordinatensystem in der eben geschilderten Weise gewonnen, und D_O folgt nach (18.13) durch Addition des Vektorproduktes $r_C \times B$. Der Impulssatz (18.22) enthält nach (18.10) außer den äußeren Kräften nur die Masse des Körpers und die Lagekoordinaten x_C, y_C, z_C, der Drallsatz (18.27) nach (19.28) und (6.4) die Hauptträgheitsmomente für den Massenmittelpunkt sowie die Lagekoordinaten ψ, ϑ, φ. Für die Bewegung sind also außer den äußeren Kräften und den Anfangsbedingungen nur die Masse und das Zentralellipsoid maßgebend. Zwei Körper, die hierin übereinstimmen, bewegen sich unter den gleichen Kräften und Anfangsbedingungen gleich.

Aufgaben

1. Man ermittle die Hauptachsen, Hauptträgheitsmomente und Hauptträgheitsradien einer homogen mit Masse belegten dünnen Kugelschale, und zwar für den Mittelpunkt sowie für einen Punkt auf der Schale.

2. Man berechne die Hauptträgheitsmomente im Mittelpunkt eines geraden homogenen elliptischen Zylinders und gebe die Bedingungen dafür an, daß das Zentralellipsoid rotationssymmetrisch bzw. eine Kugel ist.

3. Man ermittle das Zentralellipsoid einer homogenen dünnen Quadratplatte konstanter Dicke sowie diejenigen Punkte, für die das Trägheitsellipsoid zur Kugel wird.

20. Der Energiesatz

In Figur 20.1 ist ein nicht notwendigerweise starrer Körper K auf ein Inertialsystem x, y, z bezogen. Seine Lage wird in jedem Augenblick durch die Fahrstrahlen r seiner Massenelemente dm, sein Bewegungszustand durch die Geschwindigkeiten $v = \dot{r}$ beschrieben. Nach (11.1) ist die kinetische Energie des einzelnen Massenelements

$$dT = \frac{1}{2}\, v^2\, dm\,. \tag{20.1}$$

Definiert man die **Bewegungsenergie** des ganzen Körpers als Summe der kinetischen Energien seiner Elemente, so hat man

$$T = \frac{1}{2} \int_K v^2\, dm = \frac{1}{2} \int_K \dot{r}^2\, dm\,. \tag{20.2}$$

Die Bewegungsenergie ist positiv definit, nämlich null, wenn sich der ganze Körper in Ruhe befindet, und in jedem anderen Fall positiv.

Zerlegt man die Bewegung in die Translation mit dem Massenmittelpunkt C und die Bewegung relativ zum begleitenden Koordinatensystem, so gelten wieder die Beziehungen (18.5). Die kinetische Energie (20.2) geht damit in

$$T = \frac{1}{2} \int_K (\boldsymbol{v}_C + \dot{\boldsymbol{r}}')^2 \, dm$$

oder

$$T = \frac{1}{2} \, \boldsymbol{v}_C^2 \int_K dm + \boldsymbol{v}_C \int_K \dot{\boldsymbol{r}}' \, dm + \frac{1}{2} \int_K \dot{\boldsymbol{r}}'^2 \, dm$$

über, und da das zweite Integral mit Rücksicht auf (18.8) verschwindet, hat man

$$T = \frac{1}{2} \, m \, \boldsymbol{v}_C^2 + \frac{1}{2} \int_K \dot{\boldsymbol{r}}'^2 \, dm \,. \tag{20.3}$$

Damit ist die Bewegungsenergie in zwei Beiträge aufgespalten, von denen der erste von der Translation mit dem begleitenden Koordinatensystem und der zweite von der Relativbewegung diesem gegenüber herrührt.

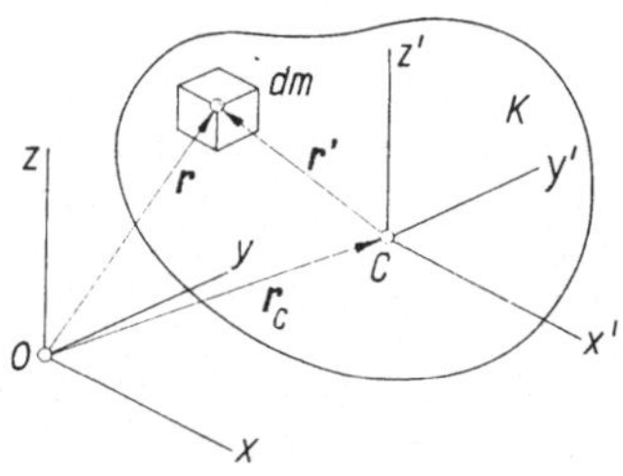

Figur 20.1

Ist der betrachtete **Körper starr,** dann besteht die zweite Teilbewegung in einer Kreiselung um den Massenmittelpunkt, die momentan als Rotation aufgefaßt werden kann. Man bezeichnet daher die beiden Teilenergien in (20.3) als **Translationsenergie** T_t und **Rotationsenergie** T_r. Dabei kann die Translationsenergie

$$T_t = \frac{m}{2} \, \boldsymbol{v}_C^2 \tag{20.4}$$

mit

$$T_t = \frac{m}{2} \, (\dot{x}_C^2 + \dot{y}_C^2 + \dot{z}_C^2) \tag{20.5}$$

ihrerseits in drei Energien aufgespalten werden, die den Translationen in den drei Koordinatenrichtungen entsprechen. Die Rotationsenergie ist nach (18.6)

$$T_r = \frac{1}{2} \int_K (\boldsymbol{\omega} \times \boldsymbol{r}')^2 \, dm \tag{20.6}$$

und kann wie bei einem Kreisel berechnet werden.

In Figur 20.2 ist ein **Kreisel** mit dem Drehpunkt O auf ein beliebiges Koordinatensystem x, y, z mit O als Ursprung bezogen. Bezeichnet $\boldsymbol{\omega}$ seine momentane Winkelgeschwindigkeit, dann ist seine kinetische Energie durch (20.6) gegeben, wobei jetzt der Strich beim Fahrstrahl $\boldsymbol{r}$ des Massenelements dm weggelassen werden kann. Man hat also in Komponenten

$$T = \frac{1}{2} \int_K [(\omega_y\, z - \omega_z\, y)^2 + (\omega_z\, x - \omega_x\, z)^2 + (\omega_x\, y - \omega_y\, x)^2]\, dm$$

oder ausgeführt

$$T = \frac{1}{2}\, \omega_y^2 \int_K z^2\, dm + \cdots - \omega_y\, \omega_z \int_K y\, z\, dm - \ldots + \frac{1}{2}\, \omega_z^2 \int_K y^2\, dm + \cdots;$$

dabei deuten die Punkte zyklische Vertauschungen an. Hierfür kann man auch

$$T = \frac{1}{2}\, (I_x\, \omega_x^2 + I_y\, \omega_y^2 + I_z\, \omega_z^2) - C_{yz}\, \omega_y\, \omega_z - C_{zx}\, \omega_z\, \omega_x - C_{xy}\, \omega_x\, \omega_y \qquad (20.7)$$

schreiben.

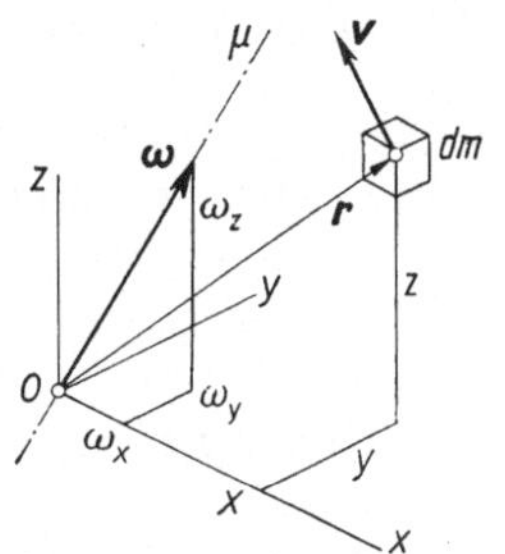

Figur 20.2

Legt man das Koordinatensystem speziell mit dem körperfesten Hauptachsensystem 1, 2, 3 des Kreisels im Drehpunkt O zusammen, so reduziert sich (20.7) auf

$$T = \frac{1}{2}\, (I_1\, \omega_1^2 + I_2\, \omega_2^2 + I_3\, \omega_3^2), \qquad (20.8)$$

und dieser Ausdruck kann als Summe der Rotationsenergien gedeutet werden, die den Drehungen ω_1, ω_2, ω_3 um die drei Hauptachsen entsprechen. Legt man dagegen die x-Achse mit der Momentenachse μ zusammen, dann kommt statt (20.7)

$$T = \frac{1}{2}\, I_\mu\, \omega^2, \qquad (20.9)$$

wobei I_μ im allgemeinen keine Konstante ist. Im Fall der Rotation um eine feste Achse μ gilt (20.9) mit konstantem I_μ.

Beim im Raum freien starren Körper setzt sich die kinetische Energie aus der Translationsenergie (20.5) und der Rotationsenergie im begleitenden

Koordinatensystem zusammen. Diese ist, wenn 1, 2, 3 die Hauptachsen des Massenmittelpunktes sind, durch (20.8) gegeben, so daß man insgesamt

$$T = \frac{m}{2}\,(\dot{x}_C^2 + \dot{y}_C^2 + \dot{z}_C^2) + \frac{1}{2}\,(I_1\,\omega_1^2 + I_2\,\omega_2^2 + I_3\,\omega_3^2) \qquad (20.10)$$

erhält. Hierfür kann man übrigens nach (18.10) und (19.28) auch

$$T = \frac{1}{2}\,(\boldsymbol{B}\,\boldsymbol{v}_C + \boldsymbol{D}_C\,\boldsymbol{\omega}) \qquad (20.11)$$

schreiben.

Leitet man die Bewegungsenergie in der Form (20.10), das heißt unter Beschränkung auf den starren Körper nach der Zeit ab, so kommt

$$\dot{T} = m\,(\dot{x}_C\,\ddot{x}_C + \dot{y}_C\,\ddot{y}_C + \dot{z}_C\,\ddot{z}_C) + I_1\,\omega_1\,\dot{\omega}_1 + I_2\,\omega_2\,\dot{\omega}_2 + I_3\,\omega_3\,\dot{\omega}_3$$

oder

$$\dot{T} = \dot{\boldsymbol{B}}\,\boldsymbol{v}_C + \dot{\boldsymbol{D}}_C\,\boldsymbol{\omega}\,, \qquad (20.12)$$

da $(\boldsymbol{\omega} \times \boldsymbol{D}_C)\,\boldsymbol{\omega} = 0$ ist. Mit Rücksicht auf den Impulssatz (18.22) sowie den Drallsatz in der Form (18.27) folgt hieraus

$$\dot{T} = \boldsymbol{R}\,\boldsymbol{v}_C + \boldsymbol{M}_C\,\boldsymbol{\omega}\,,$$

wobei $\boldsymbol{R}$, $\boldsymbol{M}_C$ die durch Reduktion der äußeren Kräfte auf C gewonnene Dyname darstellt, und da die rechte Seite nach (5.8) die Leistung dieser Kräfte verkörpert, hat man

$$\dot{T} = L \qquad (20.13)$$

oder auch

$$dT = dA\,. \qquad (20.14)$$

Das ist der **Energiesatz für den starren Körper,** und zwar in differentieller Form angeschrieben. Ihm zufolge ist die Zunahme der Bewegungsenergie im Zeitelement dt gleich der in dieser Zeit von den äußeren Kräften geleisteten Elementararbeit.

Wie in Abschnitt 11 folgt aus der differentiellen die endliche Form

$$T_2 - T_1 = A_{12} \qquad (20.15)$$

des Satzes. Wenn ferner alle am Körper angreifenden äußeren Kräfte im Sinne von Abschnitt 11 **konservativ** sind, kann man ihre Arbeiten zwischen den Lagen *1* und *2* als Potentialabnahmen darstellen, die Arbeit A_{12} aller äußeren Kräfte mithin als Abnahme $V_1 - V_2$ der gesamten **potentiellen Energie** V. Der Satz (20.15) geht damit in

$$T + V = E \qquad (20.16)$$

über und kann wieder als **Satz von der Erhaltung der Energie** bezeichnet werden.

Die Herleitung des Impuls- und des Drallsatzes in Abschnitt 18 hätte durch die Annahme, daß der betrachtete Körper starr sei, keine Vereinfachung erfahren. Aus diesem Grunde wurden dort die beiden Sätze ohne einschränkende

Annahme formuliert. Dagegen haben wir bei der vorstehenden Entwicklung des Energiesatzes die Starrheit des Körpers benutzt, und damit hängt zusammen, daß im Ergebnis nur die Arbeit der *äußeren* Kräfte auftritt. Für nichtstarre Körper wird der Energiesatz in Abschnitt 27 etabliert werden, und es wird sich dort zeigen, daß die inneren Kräfte beigezogen werden müssen, während sie im Impuls- und Drallsatz keine Rolle spielen.

Aufgaben

1. Man drücke die Bewegungsenergie eines starren Körpers, der eine ebene Bewegung ausführt, in den zeitlichen Ableitungen seiner Lagekoordinaten x_C, y_C und φ aus.

2. Man schreibe die kinetische Energie eines Kreisels in seinen Eulerschen Winkeln sowie ihren zeitlichen Ableitungen an.

21. Translation und Rotation

Mit Hilfe des d'Alembertschen Prinzips (Abschnitt 17) lassen sich für den starren Körper sechs Bewegungsdifferentialgleichungen aufstellen. Sechs gleichwertige Differentialgleichungen erhält man meist auf einfachere Art, indem man (Abschnitt 18) einerseits den Impuls- oder Massenmittelpunktssatz, andererseits den Drallsatz für den Massenmittelpunkt oder einen festen Punkt formuliert. Ein erstes Integral dieser Beziehungen wird mit dem Energiesatz (Abschnitt 20) gewonnen.

Ist der betrachtete Körper geführt, dann ist sein Freiheitsgrad kleiner als 6. Wie beim Massenpunkt (Abschnitt 12) tritt aber für jeden fehlenden Freiheitsgrad als Unbekannte eine Reaktion auf, und so erfordert die Ermittlung der Bewegung sowie der Reaktionen im allgemeinen die Formulierung beider Sätze, nämlich des Impuls- *und* des Drallsatzes. Ist die Führung beispielsweise derart, daß der Körper eine **Translation** ausführt, so reduziert sich der Drallsatz zufolge der Konstanz von $\boldsymbol{D}_C$ auf die Aussage, daß $\boldsymbol{M}_C = 0$ sei. Es mag sein, daß diese Feststellung in einfacheren Fällen für die Ermittlung der Bewegung nicht gebraucht wird; wenn aber auch die Reaktionen gesucht sind, kann man nicht auf sie verzichten.

Figur 21.1 zeigt einen homogenen Würfel mit der Masse m und der Kantenlänge a, der ursprünglich auf einer vollkommen glatten Horizontalebene ruht und unter dem Einfluß der zur Zeit $t = 0$ in der Symmetrieebene angebrachten konstanten Kraft P zu gleiten beginnt. Außer P und dem Gewicht $m\,g$ greift am Würfel der in der Bewegungsrichtung um die Strecke e verschobene Normaldruck N an. Die Bewegung ist, solange der Würfel nicht kippt, eine gradlinige Translation und kann durch die einzige Lagekoordinate x_C beschrieben werden.

Da auf alle Fälle eine ebene Bewegung vorliegt, genügt es, drei Bewegungsdifferentialgleichungen anzuschreiben. Der Impulssatz liefert

$$m\,\ddot{x}_C = P, \qquad 0 = N - m\,g\,,$$

und der Drallsatz für C ergibt

$$0 = e\,N - \frac{a}{2}\,P\,.$$

Von diesen Beziehungen stellt die erste die eigentliche Bewegungsdifferentialgleichung dar. Sie führt mit den Anfangsbedingungen $x_C\,(t=0)=0$, $\dot{x}_C\,(t=0)=0$ auf die Bewegungsgleichung

$$x_C = \frac{P}{2\,m}\,t^2\,.$$

Die beiden anderen Beziehungen ergeben

$$N = m\,g \qquad \text{sowie} \qquad e = \frac{P}{m\,g}\,\frac{a}{2}\,.$$

Das letzte Resultat folgt aus dem Drallsatz und ist für die Beurteilung der Bewegung durchaus nicht überflüssig. Nur dann nämlich, wenn der Würfel nicht kippt, das heißt wenn jederzeit $|\,e\,| < a/2$, das heisst

$$|\,P\,| < mg$$

gilt, ist die Bewegung eine gradlinige Translation; für größere Werte von P hätte sie mindestens zwei Freiheitsgrade.

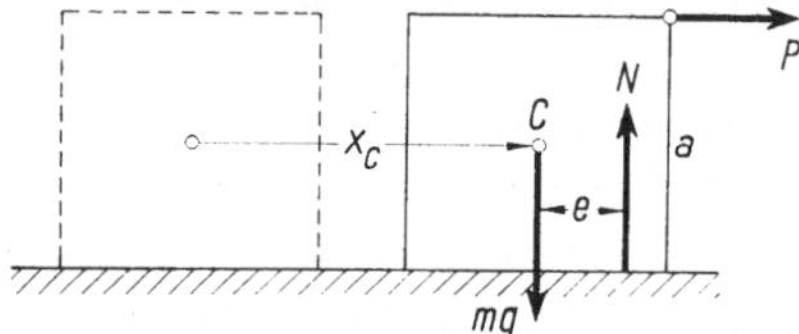

Figur 21.1

In Figur 21.2 ist die **Rotation** einer **Welle**, das heißt eines Körpers, dargestellt, der um eine Achse drehbar und durch die Kräfte $P_1, \ldots, P_n$ belastet ist. Das Koordinatensystem ist raumfest gewählt mit x als Drehachse und der linken Lagermitte A als Ursprung. Die Lasten P_i sind mit R, M bereits auf den Ursprung reduziert. Nimmt man die Lager als kurz (bzw. einstellbar) sowie reibungsfrei und das rechte überdies als bloßes Querlager an, so treten in den Komponenten der Lagerkräfte A und B insgesamt fünf Reaktionen auf, und diese stellen mit dem Drehwinkel φ zusammen die sechs Unbekannten des Problems dar.

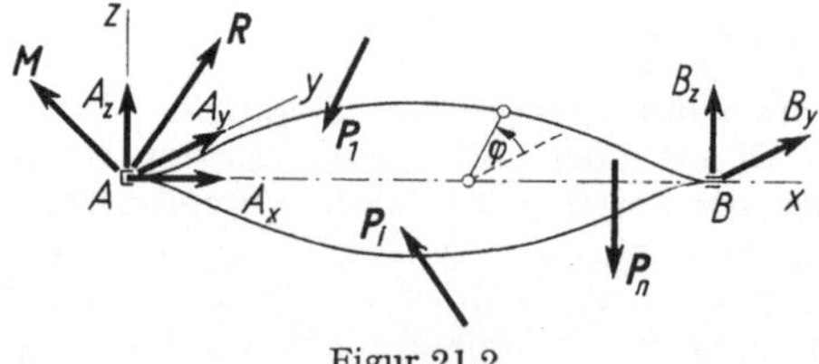

Figur 21.2

Der Drall bezüglich des Punktes A liegt im allgemeinen nicht in der Drehachse. Er besitzt aber in Bezug auf sie nach (19.29) die Komponente

$$D_x = I_x\,\dot{\varphi}\,, \tag{21.1}$$

wobei I_x das Massenträgheitsmoment der Welle für die x-Achse bezeichnet. Der

Drallsatz für die Drehachse, der aus (18.23) durch Komponentenzerlegung und Beschränkung auf die x-Achse hervorgeht, lautet

$$I_x\,\ddot\varphi = m\,i_x^2\,\ddot\varphi = M_x\,,\qquad(21.2)$$

da die Reaktionen keine Beiträge zum statischen Moment bezüglich der Achse x liefern. Hieraus folgt insbesondere, daß die Welle nur dann gleichförmig rotiert (bzw. ruht), wenn die statische Momentensumme aller Lasten für die Drehachse stets verschwindet.

Die Welle in Figur 21.3 ist nur durch ihr Eigengewicht belastet. Die Drehachse ist normal zur Bildebene, und der Massenmittelpunkt C, der hier praktisch mit dem Schwerpunkt zusammenfällt, hat den Abstand r von der Achse. Wird der Drehwinkel φ von der Gleichgewichtslage aus gemessen, so hat man $M_x = -\,m\,g\,r\,\sin\varphi$ und nach (21.2) die Bewegungsdifferentialgleichung

$$I_x\,\ddot\varphi = -\,m\,g\,r\,\sin\varphi\,.\qquad(21.3)$$

Da diese mit der **reduzierten Pendellänge**

$$l_0 = \frac{I_x}{mr}$$

in die Differentialgleichung (17.14) des Pendels übergeht, pflegt man die Welle im vorliegenden Fall auch als **physikalisches Pendel** zu bezeichnen.

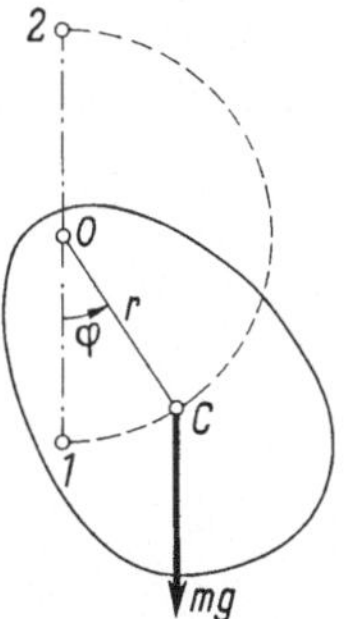

Figur 21.3

Die Bewegung der Welle von Figur 21.3 wird nach Abschnitt 12 durch elliptische Integrale dargestellt, und zwar auch dann, wenn die Drehung immer im gleichen Sinn erfolgt. Immerhin kann man mit Hilfe des Energiesatzes die Winkelgeschwindigkeit auf einfache Weise als Funktion des Drehwinkels darstellen. Da die Lager reibungsfrei angenommen sind, ist das Problem konservativ. Die potentielle Energie $V = -\,m\,g\,r\,\cos\varphi$ ist diejenige des Eigengewichts, und der Satz von der Erhaltung der Energie, mit

$$\frac{1}{2}\,I_x\,\omega^2 - m\,g\,r\,\cos\varphi = \frac{1}{2}\,I_x\,\omega_1^2 - m\,g\,r$$

zwischen der Gleichgewichtslage 1 und der allgemeinen Lage formuliert, liefert

$$\omega^2 = \omega_1^2 - \frac{2\,m\,g\,r}{I_x}\,(1 - \cos\varphi)\,. \tag{21.4}$$

Insbesondere folgt hieraus mit

$$\omega_2^2 = \omega_1^2 - \frac{4\,m\,g\,r}{I_x}$$

die kleinste Winkelgeschwindigkeit, die von der Welle in der Lage 2 angenommen wird. Aus (21.4) ergibt sich, daß die Drehung dann und nur dann gleichförmig ist, wenn der Massenmittelpunkt C auf der Drehachse liegt. Die Welle heißt in diesem Fall **statisch ausgewuchtet.**

Die eigentliche Bewegungsdifferentialgleichung (21.2) der Welle von Figur 21.2 wird mit dem Drallsatz für die Drehachse gewonnen. Zur Ermittlung der Reaktionen stehen die beiden anderen Komponenten des Drallsatzes sowie die drei Beziehungen zur Verfügung, die man durch Komponentenzerlegung aus dem Impulssatz gewinnt. Im folgenden soll mit diesen Sätzen die vom praktischen Standpunkt wichtige Frage untersucht werden, unter welchen Bedingungen die Lagerkräfte der nur durch ihr Eigengewicht belasteten Welle konstant seien.

Wenn sich die Welle von Figur 21.3 stets im gleichen Sinn dreht, hat ihr Massenmittelpunkt in den Lagen $\varphi = \pm\,\pi/2$ eine positive Normalbeschleunigung, die nur für $r = 0$ verschwindet. Die Horizontalkomponente der durch Reduktion des Gewichtes sowie aller Lagerkräfte erhaltenen Resultierenden ist daher in der Lage $\varphi = -\,\pi/2$ umgekehrt gerichtet wie in der Lage $\varphi = +\,\pi/2$ und somit nur dann konstant (nämlich null), wenn

$$r = 0 \tag{21.5}$$

ist, mithin C auf der Drehachse liegt. Die Welle muß also statisch ausgewuchtet sein. Ist diese erste notwendige Bedingung erfüllt (Figur 21.4), dann zerfällt der Impulssatz in die drei Beziehungen

$$0 = A_x\,, \qquad 0 = A_y + B_y\,, \qquad 0 = A_z + B_z - m\,g\,. \tag{21.6}$$

Da ferner $\omega_x = \omega$, $\omega_y = \omega_z = 0$ ist, reduzieren sich die Komponenten (19.27) des Drallvektors $\boldsymbol{D}_A$ auf

$$D_x = I_x\,\omega\,, \qquad D_y = -\,C_{yx}\,\omega\,, \qquad D_z = -\,C_{zx}\,\omega\,,$$

und da die Drehung mit Rücksicht auf die statische Auswuchtung gleichförmig ist, nehmen die beiden noch nicht verwendeten Komponenten des Drallsatzes bezüglich A die Form

$$-\,\dot{C}_{yx}\,\omega = -\,B_z\,l + m\,g\,c\,, \qquad -\,\dot{C}_{zx}\,\omega = B_y\,l \tag{21.7}$$

an. Die Deviationsmomente in (21.7) wechseln mit jeder Drehung um π ihr Vorzeichen, müssen also verschwinden, wenn die Reaktionen konstant sein sollen. Damit kommt als zweite notwendige Forderung

$$C_{zx} = C_{xy} = 0 \, , \qquad (21.8)$$

und dies ist nach (19.24) die Bedingung dafür, daß x Hauptachse für A (und damit für jeden auf ihr liegenden Punkt) ist. Die Welle heißt, wenn sie der Bedingung (21.8) genügt, **dynamisch ausgewuchtet.**

Die Bedingungen (21.5) der statischen und (21.8) der dynamischen Auswuchtung sind zusammen für konstante Reaktionen hinreichend. Sind sie erfüllt, so spricht man von vollkommenem **Massenausgleich** und hat nach (21.6) sowie (21.7) die gleichen Reaktionen

$$A_x = A_y = B_y = 0 \, , \qquad A_z = (1 - \frac{c}{l}) \, m \, g \, , \qquad B_z = \frac{c}{l} \, m \, g \quad (21.9)$$

wie an der ruhenden Welle. Im Sinne des d'Alembertschen Prinzips sind bei gleichförmiger Rotation die Trägheitskräfte unter sich statisch äquivalent null, so daß die Reaktionen lediglich der Schwerkraft Gleichgewicht halten müssen.

Setzt man in (21.9) $c = 0$, dann wird $B_z = 0$ und $A_z = mg$. Die Reaktion im Lager B verschwindet also, und diejenige im Lager A wird dem Gewicht entgegengesetzt gleich. An der Bewegung ändert sich mithin nichts, wenn man das Lager B entfernt. Dadurch wird die Welle aber zum **kräftefreien Kreisel,** und es stellt sich somit heraus, daß die gleichförmige Rotation um jede Hauptachse des Drehpunktes einen möglichen Sonderfall der **Poinsotbewegung** (Abschnitt 18) darstellt. Man nennt diese speziellen Bewegungen **permanente Rotationen.**

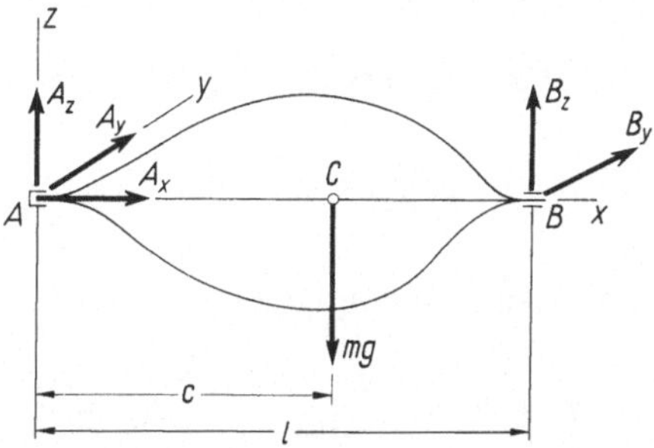

Figur 21.4

Die hinsichtlich des Massenausgleichs gewonnenen Ergebnisse gelten auch, wenn die Welle eine Leistung überträgt. Bedingung ist nur, daß das resultierende Moment bezüglich der Drehachse stets null ist. Bezeichnet man die an den beiden Enden einer solchen Welle angreifenden Momente mit M_1 und M_2, so ist indessen das resultierende Moment $M_1 - M_2 = M$ in der Praxis meist nicht identisch null.

Wird die Welle zum Beispiel durch einen **Kolbenmotor** angetrieben, dann ist M_1 und damit M keineswegs konstant.

Es kommt aber relativ häufig vor, daß $M(\varphi)$ periodisch ist, zum Beispiel (Figur 21.5) mit der Periode 2π. Die Leistung der äußeren Momente an der Welle ist nach (5.8) $L = M\,\omega$. Die Arbeit ist nach (2.20) durch das Integral

$$A = \int M\,\omega\,dt = \int M\,d\varphi$$

gegeben und wird in Figur 21.5 als Fläche dargestellt, wobei die Elemente unterhalb der φ-Achse negativ zu rechnen sind. Ist die Gesamtarbeit je Periode null, so ist die kinetische Energie nach dem Energiesatz ebenfalls periodisch; man sagt dann, daß sich die Welle im **stationären Gang** befinde. Ist der Verlauf der Funktion $M(\varphi)$ der in Figur 21.5 angegebene, dann leisten die äußeren Kräfte während eines Teils der Periode die Arbeit $-A$ und dann die Arbeit

$$A = \int\limits_{\varphi_2}^{2\pi} M\,d\varphi\,. \tag{21.10}$$

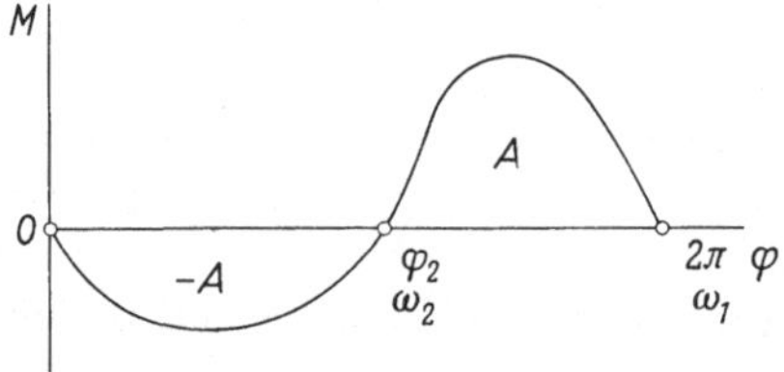

Figur 21.5

Der Energiesatz, für das Winkelintervall $\varphi_2 \leqq \varphi \leqq 2\pi$ formuliert, liefert die Beziehung

$$\frac{1}{2}\,I_x\,(\omega_1^2 - \omega_2^2) = A \tag{21.11}$$

zwischen der größten Winkelgeschwindigkeit ω_1 und der kleinsten ω_2. Führt man mit

$$\omega_m = \frac{\omega_1 + \omega_2}{2} \qquad \text{und} \qquad u = \frac{\omega_1 - \omega_2}{\omega_m} \tag{21.12}$$

eine **mittlere Winkelgeschwindigkeit** ω_m sowie den **Ungleichförmigkeitsgrad** u ein, so kann man (21.11) auch in der Form

$$I_x\,\omega_m^2\,u = A \tag{21.13}$$

schreiben. Praktisch sind meist A und ω_m gegeben. Man hat dann, um den Ungleichförmigkeitsgrad in erlaubten Grenzen zu halten, das Massenträgheitsmoment I_x groß zu machen, und das kann durch Aufsetzen eines **Schwungrades** geschehen, dessen Trägheitsmoment aus (21.13) zu berechnen ist. Man spricht in diesem Fall aus naheliegenden Gründen von **Leistungsausgleich.**

Aufgaben

1. Ein homogener prismatischer Stab mit der Länge l und der Masse m (Figur 21.6) ist in der Mitte auf einer zur Bildebene normalen Achse reibungsfrei drehbar gelagert. Er ist zur Zeit $t = 0$ noch in Ruhe und steht von diesem Zeitpunkt an unter dem Einfluß eines antreibenden Momentes M_a mit konstantem Betrag sowie eines der Winkelgeschwindigkeit ω proportionalen Luftwiderstandsmomentes $M_w = \lambda\,\omega$. Man ermittle die Winkelgeschwindigkeit ω als Funktion der Zeit sowie ihren Grenzwert ω^*. Man skizziere den Verlauf von ω/ω^* für verschiedene Werte von λ.

2. Eine dünne homogene Scheibe (Figur 21.7) mit konstanter Dicke und der Form eines gleichseitigen Dreiecks dreht sich reibungsfrei um eine zu ihrer Ebene normale Achse durch die Ecke O. Man ermittle ihre Hauptachsen in O sowie die zugehörigen Hauptträgheitsmomente, ferner die größte Winkelgeschwindigkeit ω_0, welche die Scheibe, in der dargestellten Lage aus der Ruhe heraus losgelassen, erreicht.

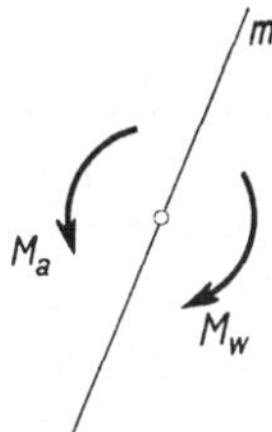

Figur 21.6

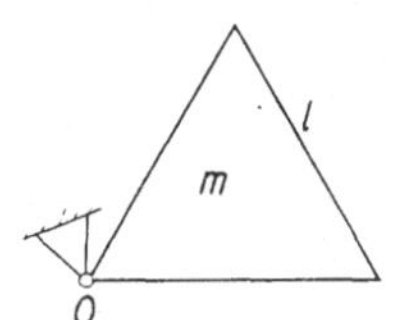

Figur 21.7

3. Man ermittle für das physikalische Pendel von Figur 21.3 den sogenannten **Schwingungsmittelpunkt** von O, das heißt den auf dem Strahl $O\,C$ liegenden Punkt O', in dem die Masse des Pendels zusammengefaßt werden dürfte, ohne daß sich seine Bewegung bei gleichen Anfangsbedingungen ändern würde. Man weise nach, daß O auch der Schwingungsmittelpunkt für den Drehpunkt O' (das heißt für die Pendelung um die Normale zur Bildebene durch O') ist und gebe unter Beschränkung auf kleine Schwingungen die zugehörige Periode T an.

4. Man zeige im Anschluß an Aufgabe 3, daß diejenigen Normalen zur Bildebene, welche als Drehachsen die **kleinste Schwingungsdauer** ergeben, Erzeugende eines geraden Kreiszylinders sind. Welches ist seine Achse, welches sein Radius? Für welche Drehachsen wird die Schwingungsdauer minimal, wenn auch ihre Richtung und damit die Schwingungsebene variiert wird?

22. Die ebene Bewegung

Ein starrer Körper führt unter dem Einfluß geeigneter Führungen eine ebene Bewegung aus, aber auch dann, wenn er hinsichtlich der Kräfte, der Anfangsbedingungen und (im eingeschränkten, am Schluß von Abschnitt 19 besprochenen Sinn) hinsichtlich seiner Massenverteilung bezüglich einer Ebene symmetrisch ist. Der Freiheitsgrad ist dann 3, und man kommt in einfacheren Fällen für die Ermittlung der Bewegung und der Reaktionen mit zwei Komponenten des Impulssatzes und einer einzigen Komponente des Drallsatzes aus. Die Bewegungsdifferentialgleichungen lauten nach (18.24) und (18.27), wenn

x, y die Bewegungsebene und φ der Drehwinkel des Körpers ist,

$$m\,\ddot{x}_C = \sum_1^n X_i\,, \qquad m\,\ddot{y}_C = \sum_1^n Y_i \qquad (22.1)$$

sowie

$$I\,\ddot{\varphi} = m\,i^2\,\ddot{\varphi} = \sum_1^n M_{Ci}\,. \qquad (22.2)$$

Die Komponenten der äußeren Kräfte in der Bewegungsebene sind dabei mit X_i, Y_i bezeichnet, ihre statischen Momente bezüglich der Normalen zur Bewegungsebene durch den Massenmittelpunkt C mit M_{Ci} und das Trägheitsmoment des Körpers bezüglich derselben Geraden mit I. Die Bewegungsenergie (20.10) reduziert sich hier auf

$$T = \frac{m}{2}\,(\dot{x}_C^2 + \dot{y}_C^2) + \frac{m\,i^2}{2}\,\dot{\varphi}^2. \qquad (22.3)$$

Figur 22.1 zeigt einen homogenen Rotationskörper mit dem Trägheitsradius i, der sich über eine Horizontalebene bewegt und etwa (ähnlich wie eine Billardkugel) durch einen Stoß in Bewegung gesetzt wird. Die Unterlage sei als rauh angenommen, und zwar mit der Haftreibungszahl μ_0 und der Gleitreibungszahl μ_1, während die Rollreibung vernachlässigt werden soll. Mit Rücksicht auf die Führung hat der Körper höchstens zwei Freiheitsgrade; seine Lage wird durch die von der Anfangslage aus gemessenen Lagekoordinaten x_C und φ beschrieben. Die Kräfte mg, N und F sind in Figur 22.1 eingetragen, und die Bewegungsdifferentialgleichungen (22.1), (22.2) nehmen hier die Formen

$$m\,\ddot{x}_C = -\,F, \qquad 0 = N - m\,g\,, \qquad m\,i^2\,\ddot{\varphi} = F\,r \qquad (22.4)$$

an. Da sie in Form der Lagekoordinaten und der Reaktionen insgesamt vier Unbekannte enthalten, müssen sie durch eine weitere Beziehung ergänzt werden. Eine solche erhält man aber nur, indem man die Bewegung spezifiziert.

Zunächst soll angenommen werden, daß der Körper *anfänglich rollt*. Während dieser Bewegungsphase gilt die kinematische Rollbedingung

$$v_B = v_C - r\,\omega = \dot{x}_C - r\,\dot{\varphi} = 0$$

oder

$$\dot{x}_C = r\,\dot{\varphi}\,, \qquad (22.5)$$

und diese stellt die vierte Gleichung dar. Sie reduziert den Freiheitsgrad des Körpers auf 1 und gilt natürlich nur dann für eine erste Bewegungsphase, wenn schon

$$\dot{x}_{C0} = r\,\dot{\varphi}_0 \qquad (22.6)$$

ist, das heißt wenn durch die Anfangsbedingungen Rollen schon zur Zeit $t = 0$ erzwungen wird. (Im Fall der Billardkugel wird dies durch hohes Ansetzen der Queue erreicht.) Eliminiert man x_C aus (22.4) und (22.5), so erhält man neben der Aussage, daß der Normaldruck

$$N = m\,g \qquad (22.7)$$

und damit konstant sei, die Beziehungen

$$m\, r\, \ddot{\varphi} = -\,F\,,\qquad m\, i^2\, \ddot{\varphi} = F\, r\,.\tag{22.8}$$

Durch Elimination von F gewinnt man hieraus

$$m\,(r^2 + i^2)\,\ddot{\varphi} = 0\,,\qquad \text{das heißt}\qquad \ddot{\varphi} = 0\,.\tag{22.9}$$

Der Körper rollt also gleichförmig, und weil dabei nach (22.8) und (22.9) dauernd

$$F = 0\tag{22.10}$$

ist, kann die Bewegung als kräftefrei bezeichnet werden. Hiervon ist bereits in Band I Gebrauch gemacht worden. Die Haftbedingung

$$|\,F\,| \leqq \mu_0\, N\tag{22.11}$$

ist nach (22.10) und (22.7) während dieser ganzen Bewegungsphase erfüllt, und hieraus kann darauf geschlossen werden, daß das Rollen nie in Gleiten übergeht.

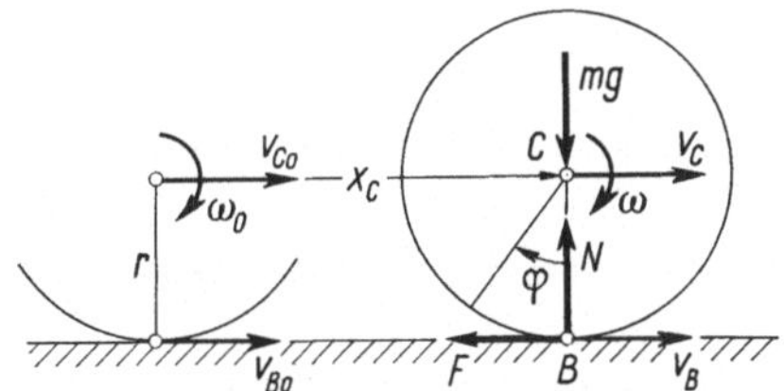

Figur 22.1

Das Resultat (22.9) hätte auch aus dem Energiesatz gewonnen werden können. Wegen (22.5) ist die Bewegungsenergie (22.3)

$$T = \frac{m}{2}\,(r^2 + i^2)\,\dot{\varphi}^2\,.\tag{22.12}$$

Die Arbeit des Gewichtes ist null, da sich sein Angriffspunkt stets normal zum Kraftvektor verschiebt. Der Angriffspunkt B der beiden Reaktionen hat als Momentanzentrum die Geschwindigkeit null; also verschwindet auch ihre Arbeit, und es folgt aus dem Energiesatz, daß T und nach (22.12) daher auch $\dot{\varphi}$ konstant ist.

In diesem Zusammenhang sei darauf aufmerksam gemacht, daß es in Wirklichkeit drei Punkte B gibt, nämlich erstens den materiellen Punkt B auf dem Umfang des Rotationskörpers, der sich auf einer Zykloide bewegt und momentan in Ruhe ist, zweitens den materiellen Punkt B der Unterlage, der dauernd ruht, und drittens das Momentanzentrum des Körpers, das sich mit der Geschwindigkeit v_C bewegt. Bei der Berechnung der Leistung einer in B angreifenden Kraft mag man zunächst im Zweifel sein, ob diese Kraft mit der Geschwindigkeit des einen oder anderen Punktes B skalar zu multiplizieren sei. Die Herleitung des Energiesatzes in Abschnitt 20 zeigt aber, daß nur die Geschwindigkeit des **materiellen Punktes** B auf dem betrachteten Körper gemeint sein kann, und die Arbeit ergibt sich schließlich als Zeitintegral der Leistung. Man hat sich also vorzustellen, daß sich die Kraft F in Figur 22.1 nicht nach rechts verschiebt, sondern daß sie laufend durch neue Reibungskräfte abgelöst wird.

Nimmt man jetzt umgekehrt an, daß der Körper von Figur 22.1 *anfänglich gleite*, so gilt (22.6) nicht, und es gibt eine erste Bewegungsphase, während der auch (22.5) nicht erfüllt, der Freiheitsgrad des Körpers also 2 ist. In dieser Phase gilt indessen das Gleitreibungsgesetz

$$F = \pm \mu_1 N \, , \qquad (v_B \gtrless 0) \tag{22.13}$$

und dieses stellt jetzt die neben (22.4) benötigte vierte Beziehung dar. Der Normaldruck ist noch immer durch (22.7) gegeben, und die Bewegung bestimmt sich nach (22.4) sowie (22.13) aus

$$m \, \ddot{x}_C = \mp \, \mu_1 \, m \, g \, , \qquad m \, i^2 \, \ddot{\varphi} = \pm \, \mu_1 \, r \, m \, g \, . \qquad (v_{B0} \gtrless 0) \tag{22.14}$$

Eine erste Integration ergibt unter Berücksichtigung der Anfangsbedingungen

$$\dot{x}_C = \mp \, \mu_1 \, g \, t + v_{C0} \, , \qquad \dot{\varphi} = \pm \, \mu_1 \, g \, \frac{r}{i^2} \, t + \omega_0 \, , \qquad (v_{B0} \gtrless 0) \tag{22.15}$$

und die Bewegungsgleichungen werden hieraus leicht durch eine zweite Integration gewonnen.

Die algebraische Schnelligkeit des Punktes B ist nach (22.15)

$$v_B = \dot{x}_C - r \, \dot{\varphi} = \mp \, \mu_1 \, g \, \left(1 + \frac{r^2}{i^2} \right) t + v_{B0} \, . \qquad (v_{B0} \gtrless 0) \tag{22.16}$$

Sie wird in jedem Fall für einen positiven Wert von t null, nämlich für

$$t_1 = \pm \, \frac{v_{B0}}{\mu_1 g \, (1 + r^2/i^2)} \, . \qquad (v_{B0} \gtrless 0) \tag{22.17}$$

In diesem Augenblick ist aber die Bedingung $v_{B1} = 0$ erfüllt, die sich auch in der Form

$$\dot{x}_{C1} = r \, \dot{\varphi}_1 \tag{22.18}$$

schreiben läßt, und der Vergleich mit (22.6) zeigt, daß die Bewegung ab t_1 in einem gleichförmigen Rollen bestehen muß. Die algebraische Schnelligkeit des Massenmittelpunktes ist dabei nach (22.15) und (22.17)

$$v_{C1} = \dot{x}_C \, (t_1) = v_{C0} - \frac{v_{B0}}{1 + r^2/i^2} = \frac{r \, \omega_0 + (r^2/i^2) \, v_{C0}}{1 + r^2/i^2} \, . \tag{22.19}$$

Je nachdem

$$r \, \omega_0 + \frac{r^2}{i^2} \, v_{C0} \gtreqless 0 \tag{22.20}$$

ist, rollt der Körper nach Abschluß der Phase des Gleitens vorwärts, überhaupt nicht oder rückwärts. Für Rückwärtsrollen muß bei gegebener Anfangsschnelligkeit $v_{C0} > 0$ die anfängliche Winkelgeschwindigkeit ω_0 hinreichend stark negativ sein. (Im Fall der Billardkugel wird das durch «Ziehen», das heißt durch tiefes Ansetzen der Queue erreicht.)

Die letzten Resultate hängen alle vom Verhältnis r/i ab. Verschiedene Rotationskörper bewegen sich also unter den gleichen Anfangsbedingungen im allgemeinen verschieden, vorausgesetzt, daß sie zuerst gleiten.

Man entnimmt diesem Beispiel, daß die in Abschnitt 10 gegebene **Regel für die Lösung von Bewegungsaufgaben** ohne wesentliche Modifikationen vom Massenpunkt auf den starren Körper übertragen werden kann. Man geht auch hier zweckmäßig von einer allgemeinen Lage des Körpers aus, führt die Lagekoordinaten sowie alle Kräfte ein und formuliert dann den Impuls- und den Drallsatz. In manchen Fällen wird die Integration der so gewonnenen Bewegungsdifferentialgleichungen durch Beizug des Energiesatzes erleichtert.

Aufgaben

1. Ein homogener prismatischer Stab (Figur 22.2) mit der Länge $l = 1$ m und der Masse $m = 6$ kg ist am Ende A in einem Mechanismus eingespannt, der ihn stets unter 45° geneigt hält und das Ende A mit der konstanten Winkelgeschwindigkeit $\omega = 3\ \text{s}^{-1}$ auf einem vertikalen Kreis vom Radius $r = 20$ cm führt. Man ermittle die Komponenten H, V, M der in A am Stab angreifenden Dyname als Funktionen der Zeit, sowie Ort und Betrag ihrer Höchstwerte.

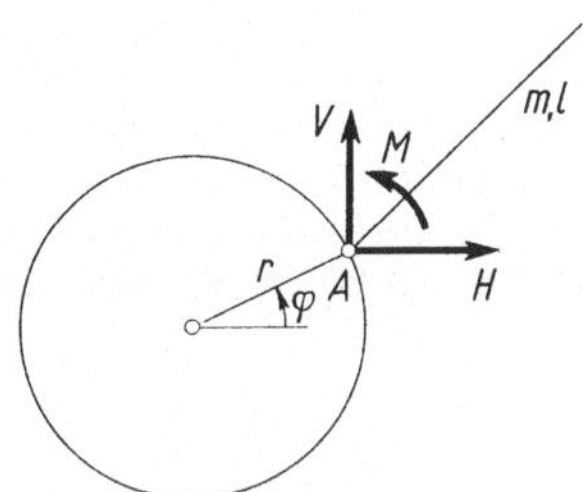

Figur 22.2

2. Ein am Ende O in einer Vertikalebene reibungsfrei drehbar gelagerter homogener und prismatischer Stab (Figur 22.3) verläßt die Lage 1 aus der Ruhe heraus. In der Lage 2, nämlich nach einer Drehung um einen rechten Winkel, die zur Zeit $t = 0$ abgeschlossen sein möge, wird er in O frei. Man ermittle sämtliche Anfangsbedingungen der ab $t = 0$ einsetzenden freien Bewegung sowie diese Bewegung selbst. Insbesondere bestimme man die Zeit T, die der Stab von der Lage 2 aus für die Drehung um einen vollen Winkel braucht.

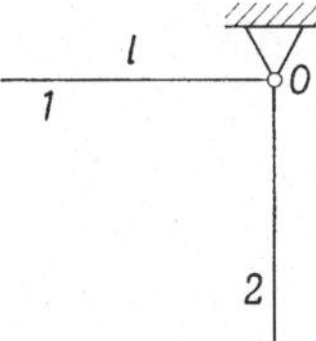

Figur 22.3

3. Eine homogene Kugel vom Radius r und der Masse m steht (Figur 22.4) auf einem festen, vollkommen rauhen Zylinder vom Radius R und verliert infolge einer kleinen Störung ihr Gleichgewicht. Man vernachlässige die Rollreibung und stelle die Bewegungsdifferentialgleichungen auf. Sodann ermittle man den Normaldruck N und die Reibungskraft F als Funktionen der Lage, ferner die Lage, in welcher die Kugel den Zylinder verläßt sowie die Anfangsbedingungen für die nachfolgende Bewegung.

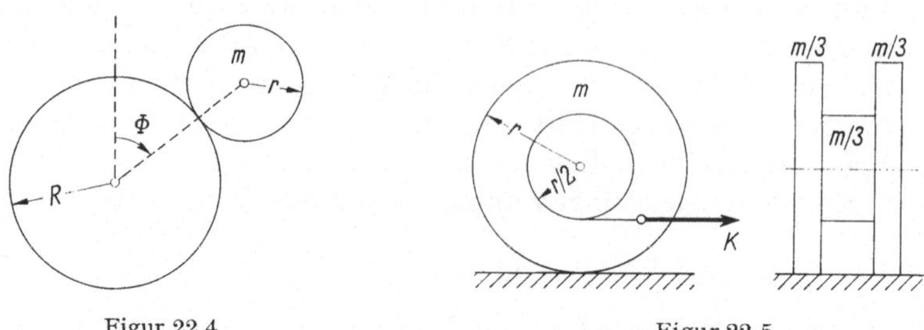

Figur 22.4   Figur 22.5

4. Auf einer rauhen Horizontalebene steht eine homogene Spule (Figur 22.5). Die Haft- und die Gleitreibungszahl seien beide μ, die Rollreibung vernachlässigbar klein. An einem Faden, der auf der Spule aufgewickelt und horizontal weggezogen ist, wird zur Zeit $t = 0$ die linear mit der Zeit wachsende Kraft $K = c\,t$ angebracht. Man nehme zunächst an, daß die Spule zu rollen beginnt, und ermittle ihre Bewegung, die Reaktionen sowie die Bedingung dafür, daß man wirklich anfänglich Rollen hat. Ferner stelle man fest, ob, wann und wo das Rollen in Gleiten und allenfalls die Drehung im Urzeigersinn in eine solche im Gegenzeigersinn übergeht. Sodann nehme man an, daß die Spule anfänglich gleite, ermittle die Bewegung und zeige, daß die Annahme anfänglichen Gleitens unrichtig ist.

23. Der Kreisel

Der Kreisel wird zweckmäßig mit dem Impulssatz und dem auf den Drehpunkt O bezogenen Drallsatz behandelt. Ist er reibungsfrei gelagert, dann kommt die Reaktion in O nur im Impulssatz vor, und man kann sich zur Ermittlung der Bewegung auf die Formulierung des Drallsatzes beschränken, den man nötigenfalls noch durch den Energiesatz ergänzt.

In Figur 23.1 ist x, y, z ein raumfestes Koordinatensystem mit dem Drehpunkt O als Ursprung, und die Eulerschen Winkel sind mit Hilfe des körperfesten Hauptachsensystems 1, 2, 3 definiert. Ein drittes kartesisches Koordinatensystem wird beiläufig durch die Knotenachse $\varkappa$, die Normale λ in der Ebene 1, 2 und die Hauptachse 3 gebildet. Es ist weder raum- noch körperfest, denn es nimmt an der Präzession mit der Winkelgeschwindigkeit $\dot{\psi}$ und an der Nickbewegung mit $\dot{\vartheta}$ teil, nicht aber an der Eigenrotation mit $\dot{\varphi}$.

Der Drallsatz kann unter Verwendung der Drallkomponenten (19.27) im raumfesten System formuliert und damit bezüglich der Achsen x, y, z angeschrieben werden. Da sich aber die Drallkomponenten im Hauptachsensystem mit (19.28) einfacher und zudem mit konstanten Trägheitsmomenten schreiben, soll er im folgenden auf dieses bezogen werden. Der Vektor der momentanen Winkelgeschwindigkeit ist dann durch $\boldsymbol{\omega} = (\omega_1,\ \omega_2,\ \omega_3)$ gegeben, der Drallvektor durch $D = (I_1 \omega_1,\ I_2 \omega_2,\ I_3 \omega_3)$, wenn I_1, I_2, I_3 die Hauptträgheitsmomente des Kreisels für den Drehpunkt sind. Entsprechend sei das resultierende Moment bezüglich O mit $M = (M_1,\ M_2,\ M_3)$ im Hauptachsensystem zerlegt.

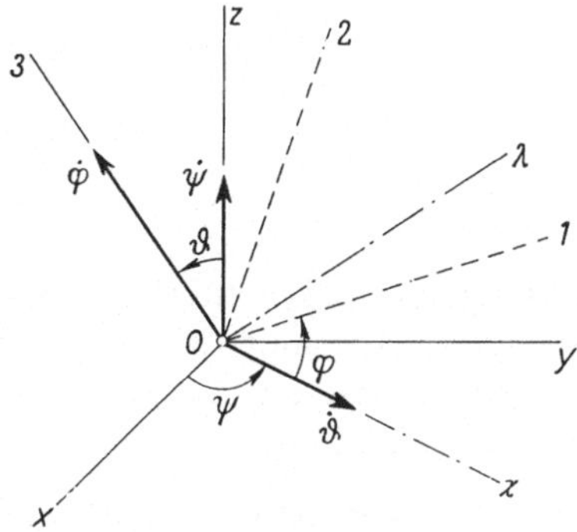

Figur 23.1

Für den Beobachter im raumfesten System lautet der Drallsatz nach (18.23)

$$\frac{dD}{dt} = M \, . \tag{23.1}$$

Das Hauptachsensystem ist aber körperfest, und die Ableitung $d'D/dt$ des Drallvektors vom Standpunkt des mitbewegten Beobachters hängt mit der Ableitung dD/dt des raumfesten Beobachters über die Beziehung

$$\frac{dD}{dt} = \frac{d'D}{dt} + \boldsymbol{\omega} \times D \tag{23.2}$$

zusammen, die durch Anwendung von (8.9) auf den Vektor $u = D$ erhalten wird. Somit lautet der Drallsatz für den mitbewegten Beobachter

$$\frac{d'D}{dt} + \boldsymbol{\omega} \times D = M \tag{23.3}$$

oder, im Hauptachsensystem zerlegt,

$$\left.\begin{aligned}
I_1\,\dot\omega_1 + (I_3 - I_2)\,\omega_2\,\omega_3 &= M_1\,, \\
I_2\,\dot\omega_2 + (I_1 - I_3)\,\omega_3\,\omega_1 &= M_2\,, \\
I_3\,\dot\omega_3 + (I_2 - I_1)\,\omega_1\,\omega_2 &= M_3\,.
\end{aligned}\right\} \tag{23.4}$$

Das sind die **Eulerschen Differentialgleichungen** des Kreisels.

Die Differentialgleichungen (23.4) sind in den Winkelgeschwindigkeiten quadratisch. Die Komponenten des resultierenden Momentes hängen im allgemeinen von der Zeit, den Eulerschen Winkeln und den Winkelgeschwindigkeiten ab. Die Beziehungen (23.4) lassen sich daher nur ausnahmsweise für sich intergrieren. Im allgemeinen bilden sie mit den kinematischen Relationen

(6.4), in denen jetzt ω_ξ, ω_η, ω_ζ durch ω_1, ω_2. ω_3 zu ersetzen sind, ein System für die Unbekannten ψ, ϑ, φ sowie ω_1, ω_2, ω_3.

Ist das resultierende Moment null, dann hat man (wie schon in Abschnitt 18) mit einem **kräftefreien Kreisel** zu tun. Das System (23.4) reduziert sich in diesem Fall auf

$$\left.\begin{aligned}
I_1\,\dot\omega_1 + (I_3 - I_2)\,\omega_2\,\omega_3 &= 0\,,\\
I_2\,\dot\omega_2 + (I_1 - I_3)\,\omega_3\,\omega_1 &= 0\,,\\
I_3\,\dot\omega_3 + (I_2 - I_1)\,\omega_1\,\omega_2 &= 0\,,
\end{aligned}\right\} \qquad (23.5)$$

und die allgemeinste Lösung von (23.5) führt auf die **Poinsotbewegungen.** Zu diesen gehören, wie schon in Abschnitt 21 festgestellt worden ist, insbesondere die **permanenten Rotationen** um die Hauptachsen. In der Tat ist ja beispielsweise die permanente Rotation

$$\omega_1 = \omega_0 = \text{konstant}, \qquad \omega_2 = \omega_3 = 0 \qquad (23.6)$$

um die Hauptachse 1 eine Lösung des Systems (23.5).

Die **Stabilität der permanenten Rotationen** kann mit den Verfahren der kleinen Bewegungen (Abschnitt 12) untersucht werden. Wir beschränken uns dabei auf den Fall dreier verschiedener Hauptträgheitsmomente und setzen mit kleinen Beträgen von ε_1, ε_2, ε_3 eine Bewegung

$$\omega_1 = \omega_0 + \varepsilon_1\,, \qquad \omega_2 = \varepsilon_2\,, \qquad \omega_3 = \varepsilon_3 \qquad (23.7)$$

an, die sich nur wenig von der permanenten Rotation (23.6) um die erste Hauptachse unterscheidet. Führt man (23.7) in die Eulerschen Gleichungen (23.5) ein, so erhält man durch Linearisierung die Bewegungsdifferentialgleichungen

$$\left.\begin{aligned}
I_1\,\dot\varepsilon_1 &= 0\,,\\
I_2\,\dot\varepsilon_2 + (I_1 - I_3)\,\omega_0\,\varepsilon_3 &= 0\,,\\
I_3\,\dot\varepsilon_3 + (I_2 - I_1)\,\omega_0\,\varepsilon_2 &= 0\,.
\end{aligned}\right\} \qquad (23.8)$$

Der ersten zufolge ist ε_1 in dieser Näherung konstant. Aus der zweiten und dritten kann man beispielsweise ε_3 eliminieren und erhält so

$$I_2\,\ddot\varepsilon_2 + (I_1 - I_3)\,\omega_0\,\frac{I_1 - I_2}{I_3}\,\omega_0\,\varepsilon_2 = 0$$

oder

$$\ddot\varepsilon_2 + \frac{(I_1 - I_2)\,(I_1 - I_3)}{I_2\,I_3}\,\omega_0^2\,\varepsilon_2 = 0\,.$$

Demnach ist ε_2 und nach der zweiten Beziehung (23.8) auch ε_3 dann und nur dann beschränkt, wenn I_1 das größte oder das kleinste der drei Hauptträgheitsmomente ist. Bei drei verschiedenen Hauptträgheitsmomenten sind also die permanenten Rotationen um die Achsen des größten und des kleinsten Hauptträgheitsmomentes stabil; diejenige um die Achse des mittleren Hauptträgheitsmomentes ist labil.

Es ist zu beachten, daß damit im Gegensatz zu früheren Beispielen die Stabilität nicht einer *Gleichgewichtslage*, sondern einer einfachen *Bewegung* bzw. einer *Gleichgewichtslage der Rotationsachse* untersucht worden ist. Das Ergebnis läßt sich übrigens auf die Bewegung des im Raum freien starren Körpers relativ zu seinem begleitenden Koordinatensystem übertragen; ein solcher Körper hat unter dem Einfluß dämpfender Kräfte stets die Tendenz, um die Achse des größten oder kleinsten Hauptträgheitsmoments für O zu rotieren.

Sind bei einem Kreisel zwei Hauptträgheitsmomente für den Drehpunkt gleich, zum Beispiel $I_1 = I_2$, so wird die dritte, ausgezeichnete Achse, im vorliegenden Fall die Achse 3, als **Figurenachse** bezeichnet. Enthält sie den Massenmittelpunkt C, dann heißt der **Kreisel symmetrisch.**

Beim symmetrischen Kreisel mit der Figurenachse 3 ist das Koordinatensystem $\varkappa$, λ, 3 (Figur 23.1) in jedem Augenblick Hauptachsensystem für den Drehpunkt O, obschon es nicht körperfest ist, sondern die Bewegung des Kreisels nur bis auf seine Eigenrotation mitmacht. Es empfiehlt sich in diesem Fall, die Eulerschen Differentialgleichungen dadurch zu modifizieren, daß man den Drallsatz vom Standpunkt des Beobachters im System $\varkappa$, λ, 3 formuliert. Die momentane Winkelgeschwindigkeit des Kreisels hat in diesem System die Komponenten $\boldsymbol{\omega} = (\omega_\varkappa, \omega_\lambda, \omega_3)$, die man leicht durch ω_1, ω_2, ω_3 ausdrücken könnte. Das System $\varkappa$, λ, 3 nimmt an der Eigenrotation nicht teil und hat daher die Winkelgeschwindigkeit $\boldsymbol{\omega}' = (\omega_\varkappa, \omega_\lambda, \omega_3 - \dot{\varphi})$. Der Drallvektor ist durch $\boldsymbol{D} = (I_1 \omega_\varkappa, I_1 \omega_\lambda, I_3 \omega_3)$ gegeben, und das resultierende Moment kann gemäß $\boldsymbol{M} = (M_\varkappa, M_\lambda, M_3)$ zerlegt werden.

Für den Beobachter im System $\varkappa$, λ, 3 lautet der Drallsatz analog (23.3)

$$\frac{d'\boldsymbol{D}}{dt} + \boldsymbol{\omega}' \times \boldsymbol{D} = \boldsymbol{M}\,. \tag{23.9}$$

Hieraus erhält man durch Komponentenzerlegung die Beziehungen

$$I_1 \dot{\omega}_\varkappa + \omega_\lambda I_3 \omega_3 \quad\quad - (\omega_3 - \dot{\varphi}) I_1 \omega_\lambda = M_\varkappa\,,$$

$$I_1 \dot{\omega}_\lambda + (\omega_3 - \dot{\varphi}) I_1 \omega_\varkappa - \omega_\varkappa I_3 \omega_3 \quad\quad = M_\lambda\,,$$

$$I_3 \dot{\omega}_3 + \omega_\varkappa I_1 \omega_\lambda \quad\quad - \omega_\lambda I_1 \omega_\varkappa \quad\quad = M_3$$

oder

$$\left.\begin{aligned}
I_1 \dot{\omega}_\varkappa + [(I_3 - I_1)\, \omega_3 + I_1 \dot{\varphi}]\, \omega_\lambda &= M_\varkappa\,, \\
I_1 \dot{\omega}_\lambda - [(I_3 - I_1)\, \omega_3 + I_1 \dot{\varphi}]\, \omega_\varkappa &= M_\lambda\,, \\
I_3 \dot{\omega}_3 \quad\quad\quad\quad &= M_3\,,
\end{aligned}\right\} \tag{23.10}$$

die man als **modifizierte Eulersche Differentialgleichungen** bezeichnen kann. Sie sind durch die Beziehungen zu ergänzen, welche den kinematischen Relationen (6.4) entsprechen und die Komponenten $\omega_\varkappa$, ω_λ, ω_3 der Winkelgeschwindigkeit mit den zeitlichen Ableitungen der Eulerschen Winkel verknüpfen. Diese lassen sich mit

$$\omega_\varkappa = \dot{\vartheta}\,, \quad\quad \omega_\lambda = \dot{\psi} \sin \vartheta\,, \quad\quad \omega_3 = \dot{\psi} \cos \vartheta + \dot{\varphi} \tag{23.11}$$

ohne weiteres aus Figur 23.1 ablesen. Sie bilden mit (23.10) zusammen ein System sechster Ordnung für ψ, ϑ, φ und ω_κ, ω_λ, ω_3.

Als Beispiel für die Anwendung der modifizierten Eulerschen Gleichungen sei der **Kreiselkompaß** angeführt. Um eine Richtung im Raum festzuhalten, kann man grundsätzlich einen permanent rotierenden Kreisel verwenden. Das geschieht auch überall da, wo es sich um kürzere Zeitintervalle handelt, wie etwa bei Interkontinentalraketen. Ein solcher Kreisel ist aber mit Rücksicht auf seine Lagerung sowie auf Ungenauigkeiten in der Herstellung nie ganz kräftefrei, und das hat zur Folge, daß sich nach einiger Zeit Fehlanzeigen ergeben, wie sie beispielsweise in der Seefahrt nicht toleriert werden können. Hier zieht man Kreisel vor, die unter dem Einfluß von Rückstellmomenten stehen und daher keine Tendenz zum Auswandern zeigen.

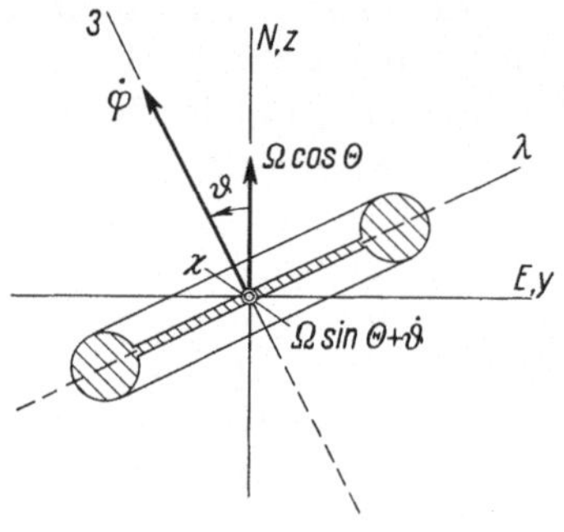

Figur 23.2

In Figur 23.2 ist ein symmetrischer Kreisel wiedergegeben, der an einem beliebigen Punkt der Erdoberfläche so gelagert ist, daß sich seine Figurenachse nur in der Horizontalebene, und zwar um den Massenmittelpunkt, drehen kann. Es handelt sich also um einen Kreisel mit nur zwei Freiheitsgraden, wie er im Prinzip dadurch realisiert werden kann, daß der innere Ring seines Kardangehänges um den vertikalen Durchmesser drehbar gelagert und der äußere fortgelassen wird. Nimmt man die Erde zunächst als Inertialsystem an, so kann man die Achsen x, y, z des raumfesten Koordinatensystems der Reihe nach in die Vertikale des Beobachtungsortes sowie in seine Ost- und Nordrichtung legen. Die Knotenachse $\varkappa$ fällt dann in die Vertikale, und die Achse λ ist horizontal und normal zur Figurenachse 3. Da der Winkel ψ identisch null ist, bleiben als Lagekoordinaten nur die Eulerschen Winkel ϑ und φ. Die kinematischen Relationen (23.11) ergeben

$$\omega_\kappa = \dot\vartheta\,, \qquad \omega_\lambda = 0\,, \qquad \omega_3 = \dot\varphi\,, \tag{23.12}$$

und damit reduzieren sich die Beziehungen (23.10), wenn man die rechten Seiten null setzt, auf

$$I_1\ddot\vartheta = 0\,, \qquad I_3\dot\varphi\,\dot\vartheta = 0\,, \qquad I_3\ddot\varphi = 0\,.$$

Hieraus folgt die Möglichkeit kräftefreier Bewegungen, wobei $\dot{\vartheta}$ sowie $\dot{\varphi}$ konstant und mindestens eine dieser Winkelgeschwindigkeiten null ist; die Bewegung ist also erwartungsgemäß eine permanente Rotation, und zwar eine solche um die Figurenachse, falls die Eigenrotation nicht verschwindet.

In Wirklichkeit rotiert die Erde, und zwar mit einer Winkelgeschwindigkeit Ω, welche nach (16.8) in der geographischen Breite Θ in vertikaler bzw. nördlicher Richtung die Komponenten $\Omega \sin\Theta$, $\Omega \cos\Theta$ besitzt. Der Kreisel von Figur 23.2 hat daher gegenüber einem Inertialsystem, dessen Achsen momentan mit der Vertikalen, der Ost- und der Nordrichtung des Beobachtungsortes übereinstimmen, statt (23.12) die Winkelgeschwindigkeiten

$$\omega_{\kappa} = \Omega \cdot \sin\Theta + \dot{\vartheta}, \qquad \omega_{\lambda} = \Omega \cos\Theta \sin\vartheta, \qquad \omega_3 = \Omega \cos\Theta \cos\vartheta + \dot{\varphi}. \qquad (23.13)$$

Damit geht das System (23.10) in

$$\left.\begin{aligned}
I_1 \ddot{\vartheta} \qquad\qquad\qquad + [(I_3 - I_1)\,\omega_3 + I_1\,\dot{\varphi}]\,\Omega \cos\Theta \sin\vartheta &= 0, \\
I_1 \Omega \cos\Theta \cos\vartheta\,\dot{\vartheta} - [(I_3 - I_1)\,\omega_3 + I_1\,\dot{\varphi}]\,(\Omega \sin\Theta + \dot{\vartheta}) &= M_\lambda, \\
I_3\,\dot{\omega}_3 \qquad\qquad\qquad\qquad\qquad\qquad\qquad &= 0
\end{aligned}\right\} \qquad (23.14)$$

über, wenn man beachtet, daß der Kreisel mit Rücksicht auf seine Lagerung nicht mehr kräftefrei ist, aber unter der Voraussetzung, daß die Lager reibungsfrei seien, nur ein Moment in der Achse λ aufnehmen kann.

Die erste Differentialgleichung (23.14) besitzt die partikuläre Lösung $\vartheta \equiv 0$. Der Kreisel ist also relativ zur Erde im Gleichgewicht, wenn seine Figurenachse, so orientiert, daß $\dot{\varphi} > 0$ ist, nach Norden weist. Für kleine Bewegungen in der Nähe dieser Gleichgewichtslage folgt aus den letzten Beziehungen (23.14) und (23.13), daß ω_3 und $\dot{\varphi}$ konstant sind, und zwar kann man beim raschlaufenden Kreisel $\Omega \cos\Theta$ gegen $\dot{\varphi}$ vernachlässigen und daher $\omega_3 = \dot{\varphi}$ setzen. Damit reduziert sich die erste Differentialgleichung (23.14) auf

$$I_1 \ddot{\vartheta} + I_3 \Omega \cos\Theta \,\dot{\varphi}\,\vartheta = 0;$$

die Figurenachse schwingt also harmonisch um die Gleichgewichtslage $\vartheta = 0$.

Mit diesen Überlegungen ist nur das Prinzip diskutiert, auf dem der Kreiselkompass beruht. Seine technische Durchbildung hat zahlreiche Fehlerquellen beseitigen müssen und aus dem Kompass ein kompliziertes Gerät gemacht.

Aufgaben

1. Man gebe die permanenten Rotationsachsen des kräftefreien symmetrischen Kreisels (mit abgeplattetem bzw. verlängertem Zentralellipsoid) an und untersuche ihre Stabilität. Man diskutiere insbesondere den Fall des **Kugelkreisels** ($I_1 = I_2 = I_3$).

2. In Figur 6.3 ist ein Kollergang dargestellt. Man nehme an, daß sich die Läuferachse mit der gegebenen Winkelgeschwindigkeit ω_2 gleichförmig um die Vertikale drehe, setze l sowie r als bekannt voraus und ermittle sämtliche Reaktionen. Man zeige insbesondere, daß der Normaldruck am Läufer größer ist als sein Gewicht. Das Gewicht der Welle ist dabei zu vernachlässigen.

24. Kinetostatik

Die **Kinetostatik** befaßt sich mit der Festigkeit bewegter Körper und stellt damit eine Erweiterung der Festigkeitslehre (Band I, Kapitel III) dar. Die dort verwendeten Methoden beruhen auf dem Gleichgewicht der am Körper angreifenden äußeren Kräfte. Beim beliebig bewegten Körper besteht dieses Gleichgewicht nicht mehr; dagegen sind nach dem d'Alembertschen Prinzip (Abschnitt 17) an jedem Körper und an jedem seiner Teile in jedem Augenblick die äußeren mit den Trägheitskräften im Gleichgewicht. Man kann daher auch hier die Methoden der Festigkeitslehre benützen, sofern man nur die äußeren Kräfte stets durch die Trägheitskräfte ergänzt.

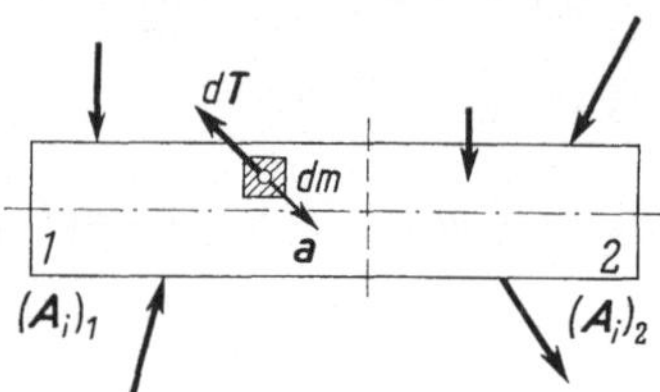

Figur 24.1

So sind zum Beispiel am beliebig bewegten geraden Stab (Figur 24.1) die äußeren Kräfte (A_i) und die Trägheitskräfte $dT = - a\,dm$ im Gleichgewicht und an seinem Teilstück 1 (Figur 24.2) die hier angreifenden äußeren Kräfte $(A_i)_1$, die zugehörigen Trägheitskräfte und die Dyname R, M, welche die Beanspruchung des Schnittes darstellt. Hieraus folgt, daß die **Beanspruchung** des Schnittes durch Reduktion der am abgeschnittenen Teilstück 2 angreifenden äußeren und Trägheitskräfte auf den Schwerpunkt des Schnittes erhalten wird. Man hätte das auch aus (17.17) schließen können. Sobald die Beanspruchung auf diese Weise gewonnen ist, werden der Spannungszustand im Stab sowie seine Deformation wie in der Festigkeitslehre ermittelt.

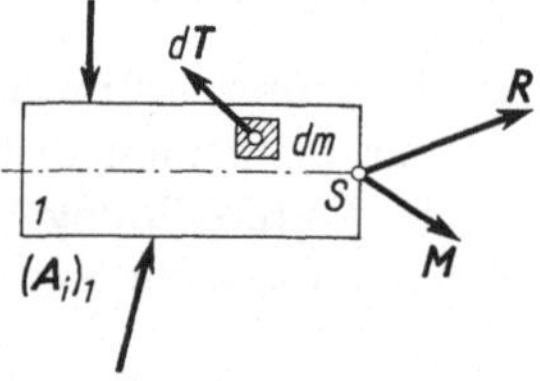

Figur 24.2

Es kommt zuweilen vor, daß man auch die Bewegung nicht im vornherein kennt. Da für die Untersuchung der Festigkeit die Trägheitskräfte eingeführt werden müssen, kann es sich in solchen Fällen empfehlen, bereits die Bewegung mit ihrer Hilfe, das heißt mit dem d'Alembertschen Prinzip zu ermitteln.

Führt ein Körper eine gradlinig-gleichförmige Translation aus, so sind seine Trägheitskräfte sämtlich null; er kann also, wie schon auf Grund des klassischen

Relativitätsprinzips (Abschnitt 16) zu erwarten war, hinsichtlich Festigkeit wie ein ruhender Körper behandelt werden.

Figur 24.3 zeigt einen homogenen und prismatischen Stab der Länge l und der Masse m, der unter dem Einfluß der im rechten Endquerschnitt wirkenden konstanten Kraft P eine beschleunigte Translation in Richtung seiner Achse ausführt.

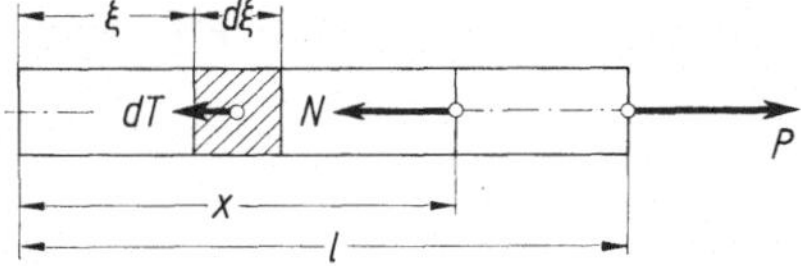

Figur 24.3

Seine Elemente $dm = (m/l)\,d\xi$ haben die gemeinsame, nach rechts gerichtete Beschleunigung a; die Trägheitskräfte sind daher nach links gerichtet und vom Betrag $dT = a(m/l)\,d\xi$. Die einzige nichttriviale Gleichgewichtsbedingung lautet

$$P - a\,\frac{m}{l}\int_0^l d\xi = P - m\,a = 0$$

und liefert die Beschleunigung

$$a = \frac{P}{m}\,.$$

Der Schnitt x ist auf Zug beansprucht, und zwar durch die Normalkraft

$$N(x) = \int_0^x dT = \frac{P}{m}\,\frac{m}{l}\int_0^x d\xi = \frac{P}{l}\,x\,.$$

Sie steigt vom Wert null am linken Endquerschnitt linear bis zum Höchstwert P im rechten an, der demnach der gefährdete Querschnitt ist. Die Deformation des Stabes besteht in einer Verlängerung, die leicht berechnet werden könnte.

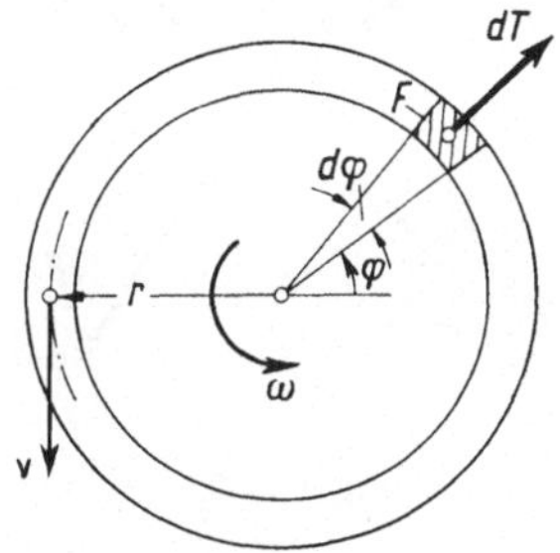

Figur 24.4

Als Beispiel eines gekrümmten Stabes sei ein dünner homogener Ring (Figur 24.4) mit der Masse m, dem mittleren Radius r und der konstanten Querschnittsfläche F betrachtet, der sich mit der Winkelgeschwindigkeit ω gleichförmig dreht. Die an den Massenelementen $dm = (m/2\,\pi)\,d\varphi$ angreifenden Trägheitskräfte

$$dT = \frac{m}{2\,\pi}\,r\,\omega^2\,d\varphi$$

sind radial nach außen gerichtet. Ist ω groß, dann können die Elementargewichte ihnen gegenüber vernachlässigt werden, und wenn man auch den Einfluß der Speichen unterdrückt, dann greifen am Ring nur die Trägheitskräfte an.

Da der Ring samt seiner Belastung bezüglich jeder Ebene, die seine Achse enthält, symmetrisch ist, treten in den Querschnitten keine Schubspannungen auf. Zudem darf die Verteilung der Normalspannung über den Schnitt beim dünnen Ring als konstant vorausgesetzt werden. Die einzige nichttriviale Gleichgewichtsbedingung für das in Figur 24.5 wiedergegebene Element lautet

$$2 \, \sigma \, F \, \frac{d\varphi}{2} = \frac{m}{2\,\pi} \, r \, \omega^2 \, d\varphi$$

und liefert die Normalspannung

$$\sigma = \frac{m}{2\,\pi\,F} \, r \, \omega^2 \,,$$

die mit der Dichte $\varrho = m/(2\pi r F)$ und der **Umfangsgeschwindigkeit** $v = r\,\omega$ auch in der Form

$$\sigma = \varrho \, v^2 \tag{24.1}$$

angeschrieben werden kann. Die elastische Deformation besteht in einer Ausweitung des Rings, die sich aus

$$\frac{\Delta r}{r} = \frac{\Delta(2\,\pi\,r)}{2\,\pi\,r} = \varepsilon = \frac{\sigma}{E}$$

ergibt.

Die Normalspannung, die nach (24.1) mit dem Quadrat der Umfangsgeschwindigkeit anwächst und bei hochtourigen Läufern gefährlich werden kann, läßt sich durch Verstärkung des Querschnittes nicht herabsetzen. Damit würde nämlich auch die Masse und daher die Belastung durch die Trägheitskräfte vergrößert. In Wirklichkeit wird die Beanspruchung des Rings durch die Kräfte, welche von den Speichen herrühren, wesentlich modifiziert.

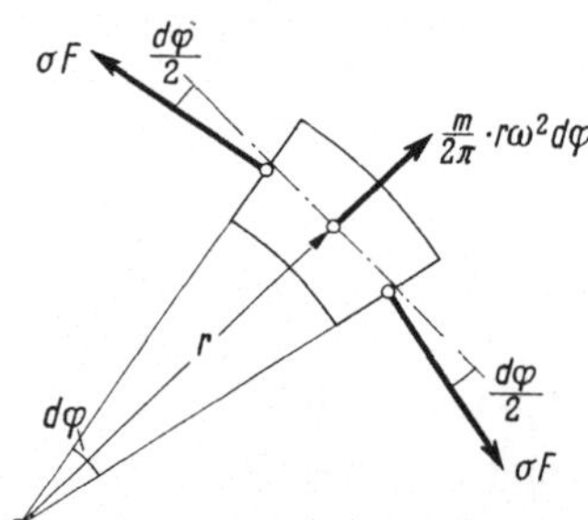

Figur 24.5

Der gemäß Figur 24.6 gelagerte, nur durch sein Eigengewicht belastete prismatische und homogene Balken besitzt zwei gleichgroße Reaktionen

$$A_0 = B_0 = \frac{1}{2} \, m \, g$$

und ist in bekannter Weise auf Biegung beansprucht. Entfernt man zur Zeit $t = 0$ das rechte Auflager, so setzt er sich in Bewegung, und zwar besteht diese mit Rücksicht auf die im Lager A stets vorhandene Reibung zunächst in einer Rotation um A. Dabei werden die Reaktion A und die Beanspruchung Funktionen der Zeit, und es muß damit gerechnet werden, daß sich diese Größen schon mit der Wegnahme des Auflagers B ändern und daher bereits zur Zeit $t = +\,0$ ándere Werte aufweisen als im Gleichgewicht. In diesem Augenblick gelten die Anfangsbedingungen $\varphi_0 = 0$, $\dot{\varphi}_0 = 0$; da aber das Gewicht des Balkens bezüglich A ein resultierendes Moment aufweist, ist $\ddot{\varphi}_0 \neq 0$. Hieraus folgt, daß die Massenelemente schon in der Anfangslage wenigstens azimutale Beschleunigungen besitzen und damit Träger vertikaler Trägheitskräfte

$$dT = \frac{m}{l}\, d\xi \cdot \xi\, \ddot{\varphi}_0$$

sind.

Die Reaktion A ist mit den übrigen Kräften vertikal, und aus den Gleichgewichtsbedingungen

$$A - m\,g + \frac{m}{l}\,\ddot{\varphi}_0 \int\limits_0^l \xi\, d\xi = A - m\,g + \frac{m\,l}{2}\,\ddot{\varphi}_0 = 0\,,$$

$$-\,m\,g\,\frac{l}{2} + \frac{m}{l}\,\ddot{\varphi}_0 \int\limits_0^l \xi^2\, d\xi = -\,m\,g\,\frac{l}{2} + \frac{m\,l^2}{3}\,\ddot{\varphi}_0 = 0$$

erhält man die anfängliche Winkelbeschleunigung

$$\ddot{\varphi}_0 = \frac{3}{2}\,\frac{g}{l}$$

sowie den Betrag

$$A = \frac{1}{4}\,m\,g$$

der Lagerkraft, die demnach mit der Wegnahme von B auf die Hälfte fällt. Die Beanspruchung des Schnittes x besteht in der Querkraft

$$Q(x) = A - m\,g\,\frac{x}{l} + \frac{m}{l}\,\ddot{\varphi}_0 \int\limits_0^x \xi\, d\xi = m\,g\left(\frac{1}{4} - \frac{x}{l} + \frac{3}{4}\,\frac{x^2}{l^2}\right)$$

und im Biegemoment

$$M(x) = A\,x - m\,g\,\frac{x^2}{2\,l} + \frac{m}{l}\,\ddot{\varphi}_0 \int\limits_0^x (x - \xi)\,\xi\, d\xi = m\,g\,x\left(\frac{1}{4} - \frac{1}{2}\,\frac{x}{l} + \frac{1}{4}\,\frac{x^2}{l^2}\right).$$

Diese Beispiele geben zu zwei Bemerkungen Anlaß.

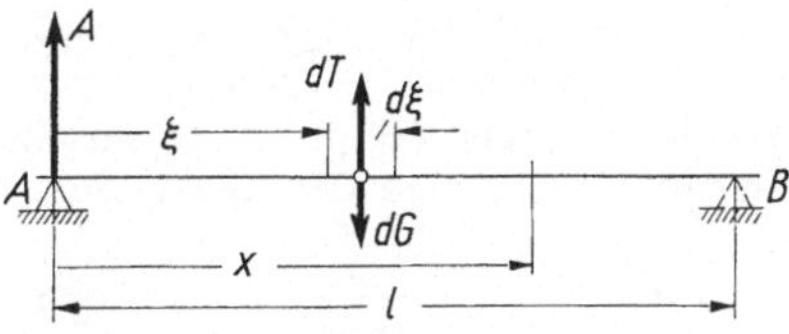

Figur 24.6

Erstens treten die Trägheitskräfte, die im Falle des rotierenden Ringes (Figur 24.4) eingeführt wurden, bei jedem rotierenden Körper und damit insbesondere auch bei der Welle auf. Wenn diese in Band I, Abschnitt 28 für die

Dimensionierung wie ein ruhender Körper behandelt wurde, dann geschah dies mit Rücksicht darauf, daß die Trägheitskräfte im Vergleich zu den wirklich vorhandenen äußeren Kräften praktisch stets klein sind.

Zweitens ist es nicht ganz richtig, wenn die Trägheitskräfte unter der Annahme eingeführt werden, daß der Körper starr sei, und wenn dann im Anschluß an die Dimensionierung seine elastischen Deformationen ermittelt werden. Die Verformungen müßten korrekterweise von Anfang an in Rechnung gestellt werden, da sie zum Auftreten zusätzlicher Trägheitskräfte Anlaß geben können. Diese sekundären Trägheitskräfte werden in vielen Fällen im Vergleich zu den primären mit Recht vernachlässigt. Es gibt aber Probleme, wo sie – mit Rücksicht darauf, daß die primären unter sich im Gleichgewicht sind – die entscheidende Rolle spielen.

Hierher gehört vor allem das Problem der **kritischen Drehzahlen**, das bei raschlaufenden Rotoren auftritt und darin besteht, daß trotz weitestgehender dynamischer Auswuchtung gefährliche, unter Umständen zum Bruch führende Schwingungen möglich sind, die indessen nur bei bestimmten Winkelgeschwindigkeiten auftreten. Das Problem wird oft als Gleichgewichtsaufgabe formuliert, ist aber in Wirklichkeit ein Schwingungsproblem und soll hier mit dem Impuls- und dem Drallsatz als solches behandelt werden.

Figur 24.7 zeigt eine vertikale, in der Mitte durch eine Kreisscheibe besetzte Welle. Diese sei als elastisch und masselos angenommen, während die Scheibe umgekehrt starr sein und die Masse m besitzen soll. Der Punkt A, in dem die Achse der Welle die Scheibenebene durchstößt, fällt nie exakt mit dem Massenmittelpunkt C derselben zusammen, sondern weist eine Exzentrizität e (Figur 24.8) auf. Aus diesem Grunde verbiegt sich die Welle bei der Rotation, und damit stimmt der Punkt A auch nicht mit dem Drehpunkt O überein, sondern hat den Abstand f von ihm. Wenn man von einer allfälligen Schiefstellung der Scheibe absieht und auch ihr Gewicht vernachlässigt, dann greift an ihr im **stationären Gang**, das heißt dann, wenn das antreibende Moment identisch null ist, nur die elastische Kraft P an. Diese wirkt in A, ist gegen O gerichtet und kann, da ihre Reaktion für die Verbiegung f der Welle verantwortlich ist, mit den Mitteln der Festigkeitslehre gewonnen werden. Es gilt

$$P = c f , \qquad (24.2)$$

wobei die Konstante c von der Art der Lagerung abhängt.

Für kurze bzw. einstellbare Lager (Figur 24.7) ist nach einem Resultat von Band I, Aufgabe 23.2, wenn l die Länge der Welle und EJ ihre Biegesteifigkeit bezeichnet,

$$f = \frac{P\,l^3}{48\,EJ} , \qquad \text{mithin} \qquad c = \frac{48\,EJ}{l^3} . \qquad (24.3)$$

Gemäß Figur 24.8 sowie (24.2) sind die Komponenten von P im raumfesten Koordinatensystem x, y

$$P_x = -c\,(x_C - e\cos\varphi) , \qquad P_y = -c\,(y_C - e\sin\varphi) , \qquad (24.4)$$

wenn φ der Drehwinkel der Scheibe ist. Ferner ist ihr statisches Moment bezüglich C

$$M_C = P_x \, e \, \sin\varphi - P_y \, e \, \cos\varphi$$

oder nach (24.4)

$$M_C = c \, e \, (y_C \cos\varphi - x_C \sin\varphi) \, . \tag{24.5}$$

Der Impulssatz lautet

$$m \, \ddot{x}_C + c \, x_C = c \, e \, \cos\varphi \, , \qquad m \, \ddot{y}_C + c \, y_C = c \, e \, \sin\varphi \, , \tag{24.6}$$

und der Drallsatz für den Massenmittelpunkt ergibt mit dem Trägheitsmoment I bezüglich C

$$I \, \ddot{\varphi} = c \, e \, (y_C \cos\varphi - x_C \sin\varphi) \, . \tag{24.7}$$

Bei guter Auswuchtung dürfen e und anfänglich auch x_C, y_C als kleine Größen betrachtet werden. Die Linearisierung des Drallsatzes (24.7) ergibt dann $\ddot{\varphi} = 0$, das heißt eine konstante Winkelgeschwindigkeit $\dot{\varphi} = \omega$ sowie bei geeigneter Wahl des anfänglichen Drehwinkels

$$\varphi = \omega \, t \, . \tag{24.8}$$

Damit geht der Impulssatz (24.6) in

$$m \, \ddot{x}_C + c \, x_C = c \, e \, \cos\omega t \, , \qquad m \, \ddot{y}_C + c \, y_C = c \, e \, \sin\omega t \tag{24.9}$$

über. Die Beziehungen (24.9) sind nach Abschnitt 13 die Differentialgleichungen zweier erzwungener Schwingungen mit der gemeinsamen Resonanzkreisfrequenz

$$\omega_k = \sqrt{\frac{c}{m}} \, . \tag{24.10}$$

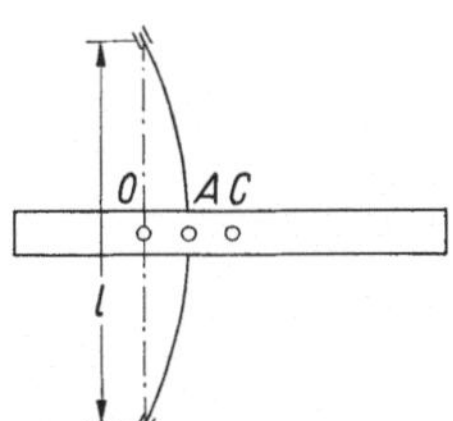

Figur 24.7

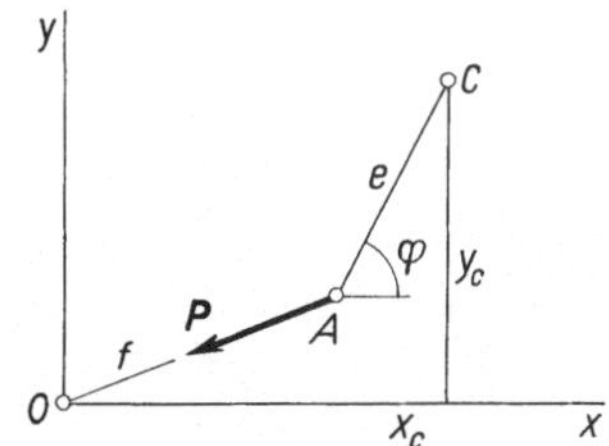

Figur 24.8

Bei diesem Wert der Winkelgeschwindigkeit sind gefährliche Ausschläge zu erwarten; man bezeichnet sie als **kritische Winkelgeschwindigkeit**.

Für den Fall von Figur 24.7 ist c durch (24.3) gegeben, die kritische Winkelgeschwindigkeit also

$$\omega_k = \sqrt{\frac{48 \, EJ}{m \, l^3}} \, . \tag{24.11}$$

Es kommt insbesondere im Dampf- und Gasturbinenbau vor, daß die Betriebswinkelgeschwindigkeit ω sehr groß ist, und daß die Forderung $\omega \ll \omega_k$ auf sehr dicke Wellen führen würde. Man pflegt in solchen Fällen die Welle umgekehrt so dünn zu halten, daß $\omega \gg \omega_k$ ist und muß dann nur den kritischen Bereich im An- und Auslauf so rasch überschreiten, daß sich keine gefährlichen Schwingungen aufbauen können.

Aufgaben

1. Ein homogener prismatischer Stab (Figur 24.9) mit den Daten $\varrho = 7{,}8$ g/cm³, $\sigma_{zul} = 15 \cdot 10^3$ N/cm², $E = 2 \cdot 10^7$ N/cm² rotiert mit der konstanten Winkelgeschwindigkeit ω um sein Ende O. Man ermittle unter Vernachlässigung des Gewichtes die Reaktionen sowie die Beanspruchung der einzelnen Schnitte. Man stelle die Beanspruchung graphisch dar und bestimme den gefährdeten Querschnitt, die Deformation des Stabes und die zulässige minutliche Drehzahl.

2. Man ermittle (unter Vernachlässigung des Gewichtes sowie der Schiefstellung der Scheibe) die kritische Winkelgeschwindigkeit der beidseitig kurz gelagerten, im Abstand a vom linken Lager mit einer Scheibe der Masse m besetzten Welle der Länge l und der Biegesteifigkeit EJ (Figur 24.10).

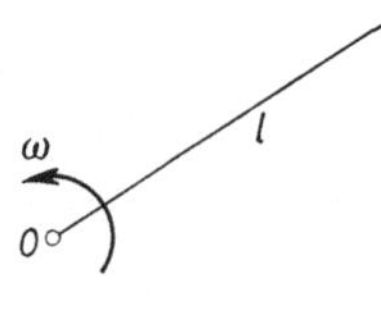

Figur 24.9

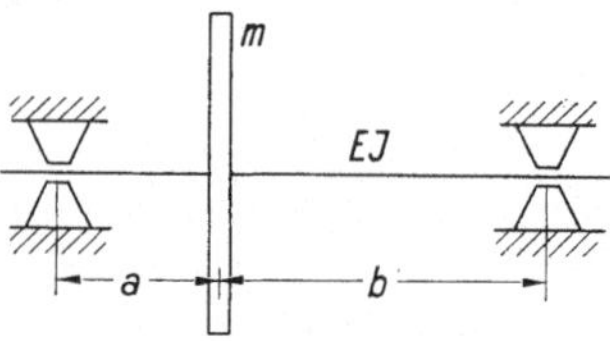

Figur 24.10

IV. Kinetik starrer Systeme

25. Das Prinzip der virtuellen Leistungen

Wir werden uns in diesem Kapitel, obschon die meisten Resultate allgemein gültig sind, vor allem im Hinblick auf die Anwendungen im wesentlichen auf *starre Systeme* beschränken. In Figur 25.1 ist dm ein Massenelement eines solchen Systems, $r = (x, y, z)$ sein Fahrstrahl, $d\boldsymbol{K} = (dX, dY, dZ)$ die Resultierende aller am Element angreifenden inneren und äußeren Kräfte und $d\boldsymbol{T} = -\ddot{\boldsymbol{r}}\, dm = (-\ddot{x}\, dm, -\ddot{y}\, dm, -\ddot{z}\, dm)$ die zugehörige Trägheitskraft. Nach (17.5) gilt das d'Alembertsche Prinzip

$$d\boldsymbol{K}, \, d\boldsymbol{T} \sim 0 \tag{25.1}$$

oder

$$d\boldsymbol{K} - \ddot{\boldsymbol{r}}\, dm = 0 \,, \tag{25.2}$$

wonach die wirklichen Kräfte und die Trägheitskraft am Element in jedem Augenblick im Gleichgewicht sind.

In Abschnitt 17 ist diese Aussage unter Berücksichtigung der Tatsache, daß die inneren Kräfte für sich ein Gleichgewichtssystem bilden, zum d'Alembertschen Prinzip für das System erweitert worden, aus dem insbesondere in Abschnitt 18 der Impuls- und der Drallsatz gewonnen wurden. Dabei wurde von der Starrheit kein Gebrauch gemacht, so daß diese Sätze jetzt ohne weiteres für Systeme übernommen werden könnten. Es empfiehlt sich indessen, die früheren Resultate noch von einer anderen Seite her zu beleuchten und auf diese Weise gleichzeitig die Basis für weitere Sätze zu gewinnen.

Nach Abschnitt 9 kann man dem System in einem beliebigen Augenblick t eine (zulässige oder unzulässige) virtuelle Verschiebung erteilen und diese durch die Verschiebungen $\delta r = (\delta x, \delta y, \delta z)$ der einzelnen Massenelemente beschreiben. Unter der **virtuellen Arbeit** versteht man die Arbeit, die bei dieser virtuellen Verschiebung geleistet wird, und zwar von denjenigen Kräften, die zur *wirklichen* (und nicht zur *virtuellen*) Bewegung gehören. Nach (25.2) ist die virtuelle Arbeit der wirklichen und der Trägheitskräfte am Massenelement

$$(d\boldsymbol{K} - \ddot{\boldsymbol{r}}\, dm)\, \delta r = 0 \,, \tag{25.3}$$

und durch Integration über das ganze System S erhält man hieraus die Beziehung

$$\int_S (d\boldsymbol{K} - \ddot{\boldsymbol{r}}\, dm)\, \delta r = 0 \,, \tag{25.4}$$

die man als **Prinzip der virtuellen Arbeiten** ansprechen kann. Ihm zufolge bewegt sich ein System so, daß in jedem Augenblick und für jede virtuelle Verschiebung die Gesamtarbeit der äußeren, inneren und Trägheitskräfte null ist.

Im Gegensatz zum d'Alembertschen Prinzip kommen im Prinzip der virtuellen Arbeiten als Bestandteile der $d\boldsymbol{K}$ auch die inneren Kräfte vor. Diese können nämlich Arbeit leisten, obschon sie statisch äquivalent null sind.

So leisten beispielsweise die Kräfte, welche eine Schraubenfeder verlängern, zusammen eine von null verschiedene Arbeit, obwohl sie bei langsamer Verformung in jedem Augenblick miteinander im Gleichgewicht sind.

Es wurde bereits in Abschnitt 17 darauf hingewiesen, daß die Behandlung des Massenelements als Massenpunkt nicht ganz einwandfrei ist. Man kann aber das Prinzip der virtuellen Arbeiten in der Form (25.4) als Axiom betrachten und aus ihm das d'Alembertsche Prinzip sowie alle übrigen Sätze gewinnen, die sich auf die Bewegung bzw. das Gleichgewicht eines Systems beziehen. In diesem Sinne stellt das Prinzip der virtuellen Arbeiten das zentrale Axiom der Mechanik dar.

Denkt man sich die virtuelle Verschiebung im Zeitelement δt vorgenommen, so erhält man einen virtuellen Bewegungszustand, der durch die virtuellen Geschwindigkeiten $\boldsymbol{v} = \delta\boldsymbol{r}/\delta t$ der einzelnen Massenelemente beschrieben wird. Man kann dann (25.4) in der Form

$$\int\limits_{S} (d\boldsymbol{K} - \ddot{\boldsymbol{r}}\, dm)\, \boldsymbol{v} = 0 \tag{25.5}$$

schreiben und als **Prinzip der virtuellen Leistungen** interpretieren. Dabei ist zu beachten, daß $\ddot{\boldsymbol{r}}$ die *wirkliche* Beschleunigung, $\boldsymbol{v}$ dagegen die *virtuelle* Geschwindigkeit des Massenelements dm ist.

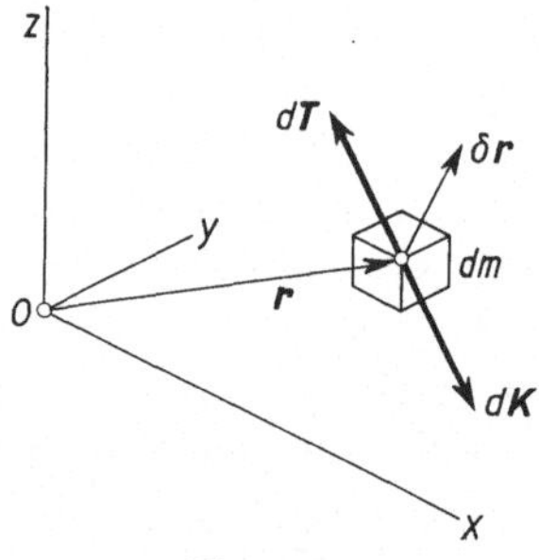

Figur 25.1

Ruht das betrachtete System, dann können in (25.5) die Trägheitskräfte weggelassen werden. Beschränkt man sich auf virtuelle Verschiebungen, bei denen sich die einzelnen Teilkörper des Systems nicht deformieren, so kann man auch die Bedingungskräfte der Starrheit unterdrücken. Diese Kräfte ergeben nämlich mit Rücksicht auf das Reaktionsprinzip bei der Reduktion an einem beliebigen Teilkörper auf einen beliebigen Punkt eine verschwindende

Dyname und daher nach (5.8) auch keine Leistung. Damit bleibt nur die Leistung der Lasten und der zwischen den starren Teilkörpern wirkenden Reaktionen übrig, und wenn es sich hierbei um Einzelkräfte $\boldsymbol{K}_i$ handelt, kann das Prinzip der virtuellen Leistungen in der Form

$$\sum \boldsymbol{K}_i\,\boldsymbol{v}_i = 0 \qquad (25.6)$$

angesetzt werden. Die $\boldsymbol{v}_i$ sind dabei die virtuellen Geschwindigkeiten der Angriffspunkte, und die Summe ist über alle noch übrig gebliebenen Kräfte zu erstrecken.

Das Prinzip (25.6) stellt eine wertvolle Ergänzung der in Band I behandelten statischen Methoden zur *Untersuchung des Gleichgewichts* dar und führt bei geschickter Wahl der virtuellen Bewegungszustände vor allem bei Systemen mit vielen Teilkörpern rascher zum Ziel.

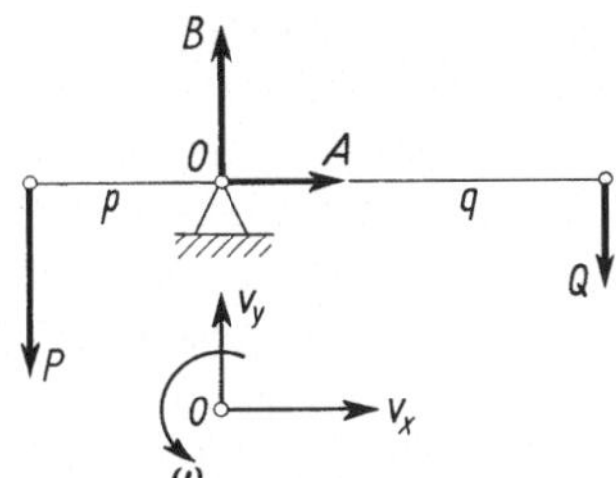

Figur 25.2

In Figur 25.2 ist ein in O reibungslos gelagerter masseloser Hebel mit den Armen p, q dargestellt, die durch die Kräfte P, Q belastet sind. Als äußere Kräfte treten außer den Lasten P, Q die beiden Komponenten A, B der Gelenkkraft auf, als innere nur die Bedingungskräfte der Starrheit, die indessen keine Arbeit leisten, solange man den Hebel als starren Körper virtuell verschiebt.

Wählt man als ersten virtuellen Bewegungszustand eine Rotation mit der Winkelgeschwindigkeit ω um O, so leisten A und B keine Arbeit, und das Prinzip der virtuellen Leistungen liefert mit

$$P\,p\,\omega - Q\,q\,\omega = 0$$

die bekannte Relation

$$P\,p = Q\,q \qquad (25.7)$$

zwischen den Lasten und den Hebelarmen. Verwendet man als zweiten und dritten virtuellen Bewegungszustand eine Translation mit v_x bzw. v_y in horizontaler bzw. vertikaler Richtung, so gewinnt man aus

$$A\,v_x = 0\,, \qquad B\,v_y - P\,v_y - Q\,v_y = 0$$

die Reaktionen

$$A = 0\,, \qquad B = P + Q\,. \qquad (25.8)$$

Die in diesem Beispiel gewonnen Resultate (25.7) und (25.8) hätten auch den statischen Gleichgewichtsbedingungen entnommen werden können. In der Tat ist das System von Figur 25.2 noch zu einfach, um die Vorteile des neuen Verfahrens ins Licht zu setzen; es eignet sich aber zur Abklärung einiger grundsätzlicher Gesichtspunkte.

Zunächst sei festgestellt, daß wir aus einer unendlichen Mannigfaltigkeit von virtuellen Bewegungszuständen drei spezielle herausgegriffen und mit ihnen die gleichen Ergebnisse wie mit den statischen Gleichgewichtsbedingungen erhalten haben. Die Verwendung weiterer virtueller Bewegungszustände würde nichts neues ergeben; das neue Prinzip leistet tatsächlich nicht mehr als die statischen Methoden. Insbesondere liefert es auch nur notwendige, aber keine hinreichenden Gleichgewichtsbedingungen; die Bedingungen (25.7) und (25.8) sind bei festen Kraftrichtungen auch dann erfüllt, wenn sich der Hebel gleichförmig dreht. Das Prinzip leistet aber auch nicht weniger als die statischen Verfahren. Wenn man es nämlich bei einem starren System nacheinander auf die Teilkörper anwendet, und zwar im räumlichen Fall auf die Translation in drei zueinander normalen Richtungen sowie auf drei Rotationen um zueinander senkrechte Achsen, dann erhält man die sechs Gleichgewichtsbedingungen für jeden starren Teilkörper.

Im Beispiel von Figur 25.2 ist der einzige zulässige Bewegungszustand die Rotation um O. Mit ihrer Hilfe wurde die Beziehung (25.7) gewonnen, welche keine Reaktionen enthält. Die beiden Translationen sind unzulässige Bewegungszustände; sie lassen sich erst nach Lösen der Bindung in O durchführen, wobei als Ersatz für das Lager die von ihm ausgeübten Kräfte eingeführt und bei der Ermittlung der virtuellen Leistung berücksichtigt werden müssen.

Erteilt man einem beliebigen System eine unzulässige Verschiebung, so leistet mindestens ein Teil der Reaktionen Arbeit und kommt daher in der zugehörigen Gleichung vor. Interessiert man sich nicht für die Reaktionen, sondern nur für die Gleichgewichtslage oder für die Bedingungen, denen die Lasten im Fall des Gleichgewichts genügen müssen, so wird man sich also auf zulässige Bewegungszustände beschränken. Es stellt sich aber jetzt die Frage, ob die damit erhaltenen Gleichungen tatsächlich von den Reaktionen frei seien.

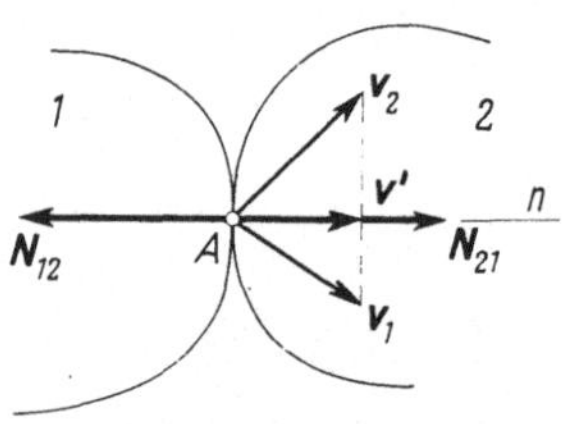

Figur 25.3

In Figur 25.3 berühren sich zwei Teilkörper 1 und 2 eines Systems im Punkt A. Sind die Oberflächen vollkommen glatt, so treten als Reaktionen nur die Normaldrücke $\boldsymbol{N}_{12}$ und $\boldsymbol{N}_{21} = -\,\boldsymbol{N}_{12}$ auf. Unter einem zulässigen Bewegungszustand bleibt der Kontakt zwischen den beiden Körpern erhalten; die virtuellen Geschwindigkeiten $\boldsymbol{v}_1$ und $\boldsymbol{v}_2$ des materiellen Punktes A auf dem Körper 1 bzw. 2 müssen also in Richtung der Berührungsnormale n die gleiche Komponente $\boldsymbol{v}'$ besitzen. Damit wird aber die Gesamtleistung der beiden Reaktionen

$$\boldsymbol{N}_{12}\,\boldsymbol{v}_1 + \boldsymbol{N}_{21}\,\boldsymbol{v}_2 = (\boldsymbol{N}_{12} + \boldsymbol{N}_{21})\,\boldsymbol{v}' = 0\,.$$

Sie ist auch dann null, wenn einer der beiden Teilkörper ruht; dagegen würden bei rauhen Oberflächen die Reibungskräfte auch bei zulässigem Bewegungszustand eine von null verschiedene (nämlich negative) Gesamtleistung ergeben.

In Figur 25.4 sind zwei Körper 1 und 2 im Punkt O reibungsfrei gelenkig miteinander verbunden. Die Gelenkkräfte Z_{12} und $Z_{21} = - Z_{12}$ greifen dann beide in O an, und da dieser Punkt als materieller Punkt beider Teilkörper unter einem zulässigen Bewegungszustand die gleiche Geschwindigkeit v hat, gilt

$$Z_{12}v + Z_{21}v = (Z_{12} + Z_{21})\,v = 0.$$

Das Resultat gilt auch dann, wenn einer der beiden Teilkörper ruht, und es läßt sich ohne weiteres auf starre Gelenkstäbe oder Fäden übertragen, welche die Verbindung zwischen weiteren Körpern des Systems herstellen. Dagegen erhält man in rauhen Gelenken auch bei Beschränkung auf zulässige Bewegungszustände von den Reibungsmomenten her von null verschiedene (nämlich negative) Gesamtleistungen.

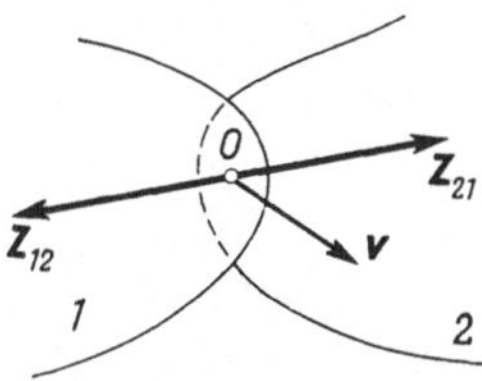

Figur 25.4

Aus diesen Überlegungen folgt, daß bei einem starren System mit lauter reibungsfreien Lagern bei Beschränkung auf zulässige Verschiebungen die Reaktionen keine Arbeit leisten, so daß das Prinzip der virtuellen Leistungen (25.6) für die Untersuchung von Gleichgewichtszuständen mit den Lasten P_i allein, das heißt in der Form

$$\sum P_i v_i = 0 \tag{25.9}$$

verwendet werden kann. Bei solchen Systemen besteht also die Möglichkeit, durch Beschränkung auf zulässige Bewegungszustände direkt auf die Gleichgewichtslagen bzw. die Forderungen zu kommen, denen die Lasten im Gleichgewicht genügen müssen. Hierin liegt der Vorzug des neuen Verfahrens gegenüber dem statischen, bei dem im allgemeinen an jedem Teilkörper die Reaktionen eingeführt, dann die Gleichgewichtsbedingungen formuliert und schließlich aus den erhaltenen Beziehungen die Reaktionen wieder eliminiert werden müssen.

Das System von Figur 25,5 besteht aus drei starren Körpern, die teils aufgelegt, teils gelenkig gelagert und durch ein Auflager, ein Gelenk und einen Faden verbunden sind. Hier gilt bei durchwegs reibungsfreier Lagerung das Prinzip der virtuellen Leistungen in der Form (25.9), wobei zu den Lasten P_i auch die Gewichte der drei Körper zu zählen sind.

Die Bedingungen für die Gültigkeit von (25.9) lassen sich mitunter lockern. So darf das System, wie in Figur 25.5, (unelastische) Fäden enthalten, vorausgesetzt, daß man virtuelle Bewegungszustände ausschließt, bei denen sie reißen bzw. schlaff werden. Sind elastische Bindungen vorhanden, so können die zugehörigen Kräfte zwar auch bei zulässigen Verschiebungen Arbeit leisten; sie sind aber mit der Deformation des betreffenden Körpers bekannt und haben daher gemäß Band I, Abschnitt 1 nicht als Reaktionen, sondern als Lasten zu gelten.

Ersetzt man zum Beispiel in Figur 25.5 den Faden durch eine Schraubenfeder, dann leisten die Federkräfte F_{12}, F_{21} bei jeder Deformation der Feder Arbeit. Sie sind aber mit der Verlängerung der Feder bekannt und somit Lasten.

Auch Reibungskräfte dürfen zugelassen werden, wenn man Bewegungszustände, bei denen sie Arbeit leisten, als unzulässig ausschließt.

So leisten beispielsweise die Haftreibungskräfte zwischen zwei Körpern im Gegensatz zu den Rollreibungsmomenten keine Arbeit, solange die Körper aufeinander abrollen.

In den folgenden Beispielen sollen, von den Fäden abgesehen, alle Körper als starr und alle Lager als reibungsfrei vorausgesetzt werden.

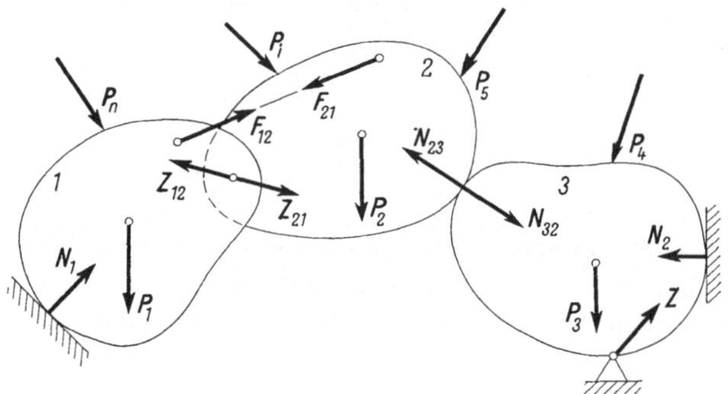

Figur 25.5

Figur 25.6 zeigt einen sogenannten **Differentialflaschenzug**, dessen Fäden auf den Rollen haften und, soweit sie frei hängen, vertikal sein sollen. Als Last tritt zunächst die Kraft Q an der unteren Rolle auf, die auch das Gewicht der Rolle enthalten soll, ferner das Gewicht G der oberen Spule und die Kraft P am freien Fadenende. Als zulässiger Bewegungszustand sei derjenige benützt, den der Flaschenzug unter den eben gemachten Voraussetzungen in Wirklichkeit besitzt, wenn das freie Fadenende mit der Schnelligkeit v vertikal nach unten bewegt wird. Das Momentanzentrum der oberen Spule mit den Radien a und b liegt dann auf ihrer Achse. Hieraus ergeben sich die Schnelligkeiten, mit denen sich die beiden linken Fadenstücke, soweit sie frei sind, translatorisch nach oben bzw. unten bewegen, zu v und $(b/a)\,v$. Da sich diese Geschwindigkeiten unverändert auf die untere Rolle übertragen, liegt ihr Momentanzentrum M auf ihrem horizontalen Durchmesser sowie vertikal unter der Achse der oberen Spule. Es hat, da der Durchmesser der Rolle $a + b$ ist, von ihrem Mittelpunkt den Abstand

$$c = \frac{1}{2}\,(a - b)\,,$$

und da die Rolle die Winkelgeschwindigkeit

$$\omega = \frac{1}{b} \cdot \frac{b}{a} \, v = \frac{v}{a}$$

besitzt, verschiebt sich der Angriffspunkt von Q mit der Schnelligkeit

$$w = \omega \, c = \frac{1}{2} \, \frac{a-b}{a} \, v$$

nach oben. Das Gewicht G leistet keine Arbeit. Das Prinzip (25.9), auf den betrachteten Bewegungszustand angewandt, ergibt also

$$P \, v - \frac{1}{2} \, \frac{a-b}{a} \, Q \, v = 0$$

oder

$$P = \frac{1}{2} \, \frac{a-b}{a} \, Q \, . \tag{25.10}$$

Die Kraft P kann also bei gegebenem Q beliebig klein gehalten werden, und die Bezeichnung als Differentialflaschenzug wird mit (25.10) ohne weiteres verständlich.

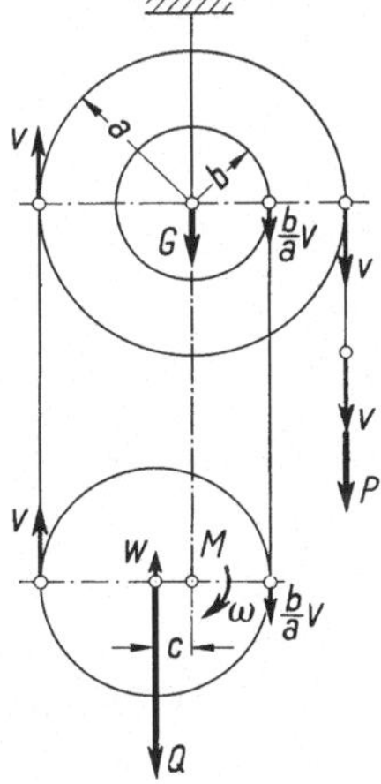

Figur 25.6

Das Prinzip der virtuellen Leistungen kann auch dann verwendet werden, wenn es sich, zum Beispiel bei einem System mit dem Freiheitsgrad null, darum handelt, einzelne Reaktionen zu bestimmen. In solchen Fällen hat man unzulässige Bewegungszustände zu verwenden, das heißt man hat Bindungen zu lösen, um das System bewegen zu können, und wenn man dabei geschickt vorgeht, wird auf diese Weise ein Bewegungszustand möglich, bei dem die fragliche Reaktion als einzige Unbekannte Arbeit leistet.

Handelt es sich beispielsweise darum, beim idealen Fachwerk von Figur 25.7 die Stabkraft im mittleren Teil des Untergurtes zu bestimmen, so denkt man sich den betreffenden Stab herausgenommen und durch die zugehörigen Knotenkräfte K ersetzt. Damit wird das Fachwerk, wenn es im Auflager B nicht abgehoben wird, zum Mechanismus vom Freiheitsgrad 1, bestehend aus zwei — durch Schraffur gekennzeichneten — starren Teilstücken, die im Knoten C gelenkig miteinander verbunden sind. Man kann jetzt dem linken Teil eine virtuelle Rotation mit der Winkelgeschwindigkeit ω um das Gelenk A erteilen und erhält mit dem Satz vom Momentanzentrum (Abschnitt 7) die in der Figur eingetragenen virtuellen Geschwindigkeiten der übrigen Knoten des linken Teilfachwerks. Nach dem Satz von den projizierten Geschwindigkeiten (Abschnitt 5), angewandt auf den Stab BC, darf mit der virtuellen Geschwindigkeit in C auch diejenige in B keine Horizontalkomponente aufweisen, und da mit Rücksicht auf die Auflage hier auch die vertikale Geschwindigkeitskomponente null sein muß, ist B Momentanzentrum für das rechte Teilstück. Die zugehörige Winkelgeschwindigkeit folgt aus dem Satz vom Momentanzentrum für die Strecke BC zu $2\,\omega$, und damit ergibt sich auch die Geschwindigkeit des letzten Knotens. Das Prinzip der virtuellen Leistungen, für den betrachteten Bewegungszustand formuliert, liefert mit

$$P\,l\,\omega - K\,l\,\omega - 2\,K\,l\,\omega = 0$$

die gesuchte Knotenkraft $K = P/3$.

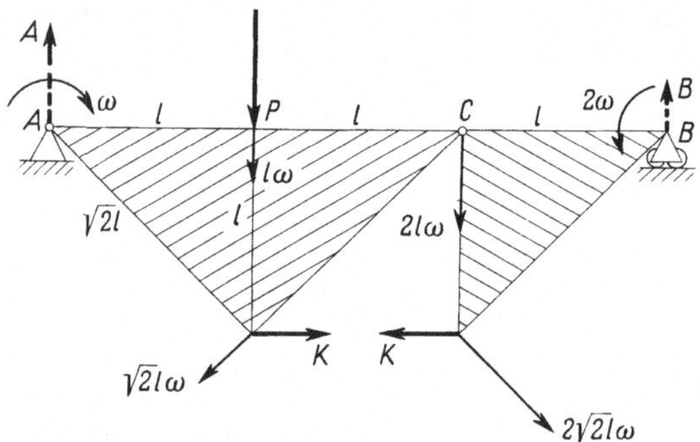

Figur 25.7

Diesem Beispiel zufolge stellt das Prinzip der virtuellen Leistungen insbesondere eine willkommene Ergänzung der Verfahren dar, die in Band I, Abschnitt 5, zur Behandlung von Fachwerken angegeben worden sind. Ferner zeigt sich, daß man bei Aufgaben dieser Art zweckmäßig nicht von den Verschiebungen, sondern vom Bewegungszustand ausgeht und die in Kapitel I bereitgestellten kinematischen Hilfsmittel benützt.

Als Beispiel für ein System, das sich in *Bewegung* befindet, und gleichzeitig für die Anwendung des von den Verschiebungen ausgehenden Verfahrens der virtuellen *Arbeiten* sei der **Zentrifugalregulator** (Figur 25.8) betrachtet. Er besteht im wesentlichen aus einem Gelenkstabrhombus der Seite l, der an eine mit der Winkelgeschwindigkeit ω gleichförmig rotierende Ebene gebunden ist. Von seinen vier Zylindergelenken sitzt das eine O fest auf der Drehachse; das gegenüberliegende Gelenk A ist auf ihr verschiebbar, und die beiden anderen B bzw. B' sind Zwischengelenke.

Ist die Winkelgeschwindigkeit ω genügend klein, so sind alle Gelenkstäbe vertikal. Bei einem bestimmten Schwellenwert ω_0 öffnet sich der Rhombus und besitzt für den mitrotierenden Beobachter für jeden Wert von $\omega \geqq \omega_0$ eine Gleichgewichtslage, die durch den Winkel α charakterisiert werden kann. Um den Zusammenhang zwischen ω und α zu finden, betrachten wir den Rhombus als System unter dem Einfluß der in den Gelenken konzentriert gedachten Gewichte $m_A\,g$, $m_B\,g$, der Gelenkkräfte und der Trägheitskräfte $m_B\,l\,\omega^2 \sin\alpha$. Die einzige zulässige Verschiebung besteht in einer Vergrößerung $\delta\alpha$ des Winkels α, bei der die Punktmassen, welche im mitrotierenden Koordinatensystem x, y ursprünglich die Koordinaten

$$x_A = 0\,, \qquad y_A = 2\,l\cos\alpha\,, \qquad x_B = l\sin\alpha\,, \qquad y_B = l\cos\alpha$$

besitzen, die virtuellen Verschiebungen

$$\left.\begin{aligned} \delta x_A &= 0\,, & \delta y_A &= -\,2\,l\sin\alpha\,\delta\alpha\,, \\ \delta x_B &= l\cos\alpha\,\delta\alpha\,, & \delta y_B &= -\,l\sin\alpha\,\delta\alpha \end{aligned}\right\} \tag{25.11}$$

erfahren. Die zugehörige virtuelle Arbeit ist

$$m_A\,g\,\delta y_A + 2\,m_B\,l\,\omega^2\sin\alpha\,\delta x_B + 2\,m_B\,g\,\delta y_B = 0$$

oder, wenn man hier (25.11) einsetzt

$$-\,2\,m_A\,g\,l\sin\alpha\,\delta\alpha + 2\,m_B\,l^2\,\omega^2\sin\alpha\cos\alpha\,\delta\alpha - 2\,m_B\,g\,l\sin\alpha\,\delta\alpha = 0\,.$$

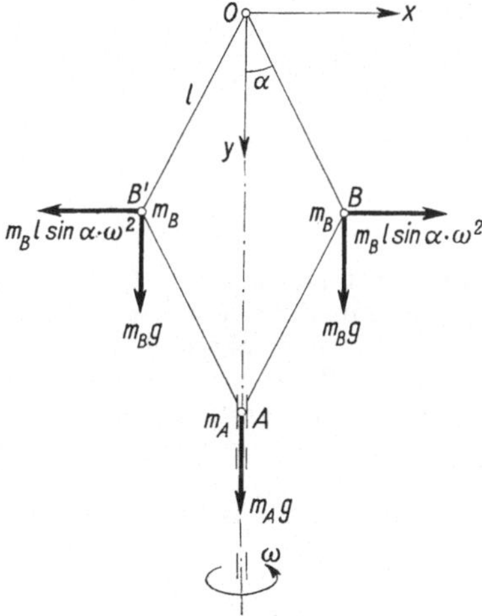

Figur 25.8

Somit ist der gesuchte Zusammenhang durch

$$\cos\alpha = \frac{m_A + m_B}{m_B}\,\frac{g}{l\,\omega^2} \tag{25.12}$$

gegeben.

Setzt man in (25.12) $\cos\alpha = 1$, so erhält man mit

$$\omega_0^2 = \frac{m_A + m_B}{m_B}\,\frac{g}{l}$$

den Schwellenwert; darüber wächst α mit zunehmendem ω von null an bis gegen $\pi/2$.

Im letzten Beispiel ist das Prinzip der virtuellen Arbeiten zwar auf ein *bewegtes System* angewandt worden, aber nur zur Ermittlung einer relativen Gleichgewichtslage. Wenn es sich um die Untersuchung von Bewegungen handelt, ist es vorteilhaft, statt des Prinzips die eine oder andere Folgerung daraus zu verwenden, wie sie in den nächsten Abschnitten entwickelt werden sollen.

12 Ziegler

Aufgaben

1. Drei gewichtslose Stäbe sind in reibungsfreien Gelenken zu dem in Figur 25.9 abgebildeten, durch die Kraft P belasteten System zusammengefügt. Man stelle das Verzeichnis der inneren und äußeren Kräfte auf. Sodann beschreibe man die einzige zulässige Verschiebung des Systems. Welche Kräfte leisten bei dieser Verschiebung keine Arbeit, und warum nicht? Wo muß am Stab 3 die Last P befestigt werden, wenn das System in der skizzierten Lage im Gleichgewicht sein soll?

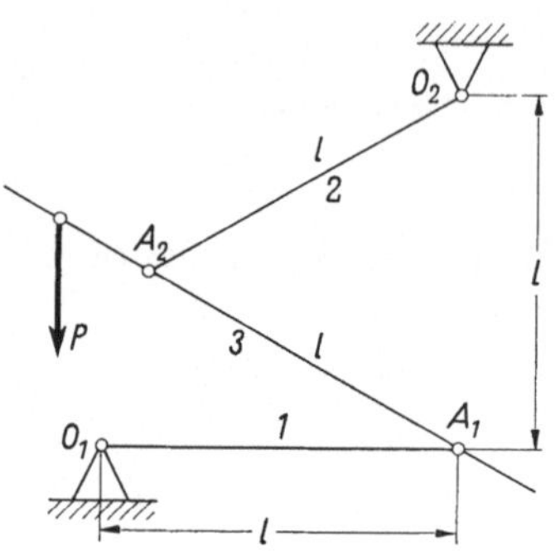
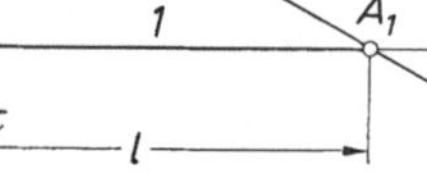

Figur 25.9

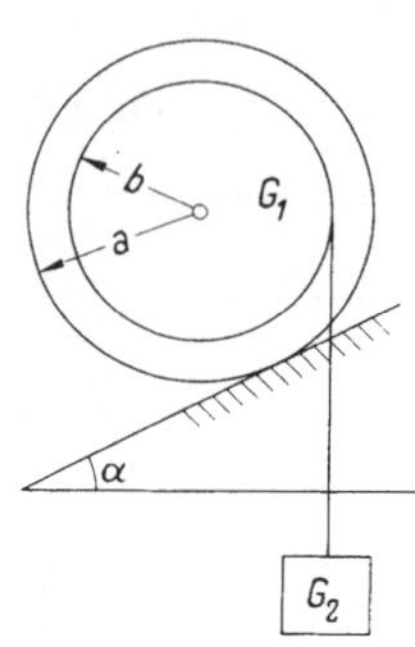

Figur 25.10

2. Auf einer vollkommen rauhen schiefen Ebene mit dem Neigungswinkel α (Figur 25.10) steht eine Spule mit dem Gewicht G_1 und den Radien a und b. Auf ihr ist ein gewichtsloser Faden aufgewickelt, der am freien Ende das Gewicht G_2 trägt. Man vernachlässige die Rollreibung und ermittle mit dem Prinzip der virtuellen Leistungen das Verhältnis G_2/G_1 für Gleichgewicht.

3. Man betrachte das Schubkurbelgetriebe von Aufgabe 7.1, vernachlässige die Eigengewichte der drei Teilkörper und nehme an, daß der Kolben durch die vertikale Kraft P belastet sei. Welches Moment M muß an der Kurbel angreifen, um das System in Ruhe zu halten?

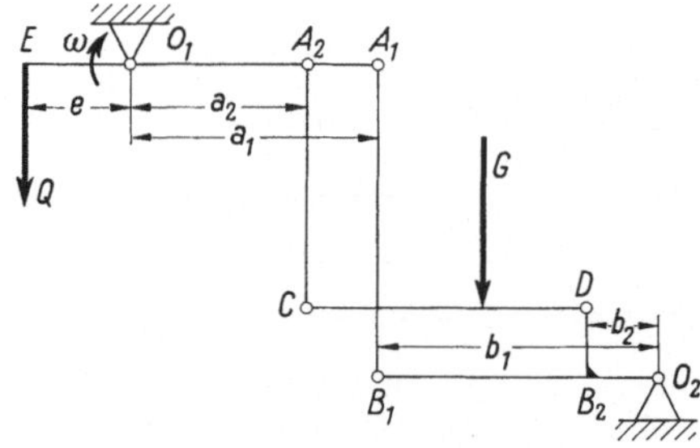

Figur 25.11

4. Man betrachte den einzigen zulässigen Bewegungszustand der in Figur 25.11 gegebenen Brückenwaage und konstruiere, von der virtuellen Winkelgeschwindigkeit ω ausgehend, die Geschwindigkeiten der Punkte A_1, A_2, B_1, B_2, C und D. Welches ist die Bedingung dafür, daß der Balken CD eine Translation ausführt? Man ermittle für diesen Fall das Verhältnis Q/G.

26. Impuls- und Drallsatz

In Figur 26.1 ist dm ein beliebiges Massenelement eines starren Systems S, r sein Fahrstrahl, dK die Resultierende der an dm wirkenden Kräfte und $dT = - \ddot{r}\,dm$ die zugehörige Trägheitskraft. Nach (25.5) gilt dann für jeden virtuellen Bewegungszustand des Systems das Prinzip der virtuellen Leistungen

$$\int\limits_S (dK - \ddot{r}\,dm)\,v = 0 \,, \tag{26.1}$$

wobei v die virtuelle Geschwindigkeit des Massenelementes dm bezeichnet.

Beschränkt man sich auf virtuelle Bewegungszustände, bei denen sich das ganze System als starrer Körper verschiebt, dann leisten nach Abschnitt 25 die inneren Kräfte keine Arbeit, dafür aber neben den äußeren Lasten auch die äußeren Reaktionen, da ja eine starre Bewegung im allgemeinen kein zulässiger Bewegungszustand ist. Treten die äußeren Kräfte als Einzelkräfte A_i in Punkten mit den Fahrstrahlen r_i auf, so nimmt (26.1) die Form

$$\sum_1^n A_i\,v_i - \int\limits_S \ddot{r}\,v\,dm = 0 \tag{26.2}$$

an, wobei v_i die virtuelle Geschwindigkeit des Angriffspunktes von A_i ist.

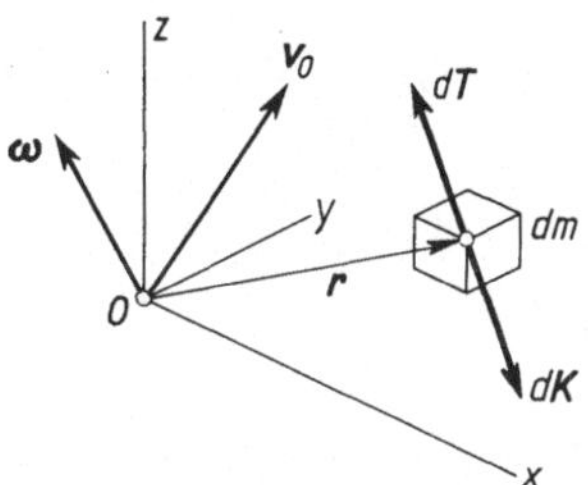

Figur 26.1

Wählt man als virtuellen Bewegungszustand insbesondere eine *Translation* mit der Geschwindigkeit v_0, dann kann man (26.2) in der Gestalt

$$v_0 \left(\sum_1^n A_i - \int\limits_S \ddot{r}\,dm \right) = 0$$

schreiben, und da diese Beziehung für beliebige Vektoren v_0 gültig sein muß, kommt

$$\int\limits_S \ddot{r}\,dm = \sum_1^n A_i \tag{26.3}$$

oder mit Rücksicht auf die aus (15.29) folgende Beziehung

$$\int\limits_S \ddot{r}\,dm = m\,\ddot{r}_C \tag{26.4}$$

schließlich

$$m\,\ddot{\boldsymbol{r}}_C = \sum_1^n \boldsymbol{A}_i\,. \tag{26.5}$$

Das ist der **Massenmittelpunktssatz,** wie er schon in Abschnitt 18 direkt aus dem d'Alembertschen Prinzip gewonnen worden ist. Die rechte Seite enthält nur die äußeren Kräfte, und da der **Gesamtimpuls** des Systems nach (18.3) und (18.10) durch

$$\boldsymbol{B} = \int_S \dot{\boldsymbol{r}}\,dm = m\,\dot{\boldsymbol{r}}_C \tag{26.6}$$

gegeben ist, kann man (26.5) auch als **Impulssatz**

$$\dot{\boldsymbol{B}} = \sum_1^n \boldsymbol{A}_i \tag{26.7}$$

aussprechen.

Verwendet man als virtuellen Bewegungszustand eine starre *Rotation* mit der Winkelgeschwindigkeit $\boldsymbol{\omega}$ um eine (Figur 26.1) durch O gehende Achse, so ist die Geschwindigkeit des Massenelements dm nach (6.1) durch $\boldsymbol{v} = \boldsymbol{\omega} \times \boldsymbol{r}$ gegeben, diejenige des Angriffspunktes der äußeren Kraft $\boldsymbol{A}_i$ durch $\boldsymbol{v}_i = \boldsymbol{\omega} \times \boldsymbol{r}_i$. Man hat daher statt (26.2)

$$\sum_1^n \boldsymbol{A}_i\,(\boldsymbol{\omega} \times \boldsymbol{r}_i) - \int_S \ddot{\boldsymbol{r}}\,(\boldsymbol{\omega} \times \boldsymbol{r})\,dm = 0$$

oder

$$\boldsymbol{\omega}\left(\sum_1^n \boldsymbol{r}_i \times \boldsymbol{A}_i - \int_S \boldsymbol{r} \times \ddot{\boldsymbol{r}}\,dm\right) = 0\,.$$

Da diese Beziehung für beliebige Vektoren $\boldsymbol{\omega}$ gültig sein muß, kommt

$$\int_S \boldsymbol{r} \times \ddot{\boldsymbol{r}}\,dm = \sum_1^n \boldsymbol{r}_i \times \boldsymbol{A}_i\,, \tag{26.8}$$

und da die linke Seite nach (18.4) die zeitliche Ableitung des **Gesamtdralls**

$$\boldsymbol{D}_O = \int_S \boldsymbol{r} \times \dot{\boldsymbol{r}}\,dm \tag{26.9}$$

in Bezug auf den Ursprung O ist, erhält man hieraus den **Drallsatz**

$$\dot{\boldsymbol{D}}_O = \sum_1^n \boldsymbol{r}_i \times \boldsymbol{A}_i \tag{26.10}$$

in der bereits in Abschnitt 18 hergeleiteten Form. In dieser Gestalt gilt er für beliebige feste Punkte O. Er kann aber nach Abschnitt 18 auch für den Massenmittelpunkt C des Systems als Ursprung des begleitenden Koordinatensystems formuliert und mit den von C aus gezogenen Fahrstrahlen $\boldsymbol{r}_i'$ in der Form

$$\dot{\boldsymbol{D}}_C = \sum_1^n \boldsymbol{r}_i' \times \boldsymbol{A}_i \tag{26.11}$$

notiert werden.

Greifen an einem System keine äußeren Kräfte an, so bewegt sich sein Massenmittelpunkt C nach (26.5) gradlinig gleichförmig, und das System bewegt sich relativ zum begleitenden Koordinatensystem derart, daß der Drallvektor bezüglich C konstant bleibt. Das trifft zum Beispiel für das System der **Sonne und ihrer Planeten** zu, insofern man die vom Fixsternhimmel herrührenden Kräfte vernachlässigen darf. Man kann also in dieser Näherung den Massenmittelpunkt des ganzen Systems als Ursprung eines Inertialsystems auffassen, in dem sich die Sonne und ihre Planeten so bewegen, daß der Gesamtimpuls dauernd null und der Drall konstant ist. Die Ebene durch C normal zum Drallvektor kann zur (x', y')-Ebene gemacht werden und wird nach La-place (1749–1827) als **invariable Ebene** bezeichnet.

Die Masse der Sonne ist sehr viel größer als die Planetenmassen, nämlich rund 330 000mal so groß wie die Masse der Erde. Aus diesem Grund liegt der Massenmittelpunkt des ganzen Sonnensystems noch innerhalb der Sonne. Immerhin bewegt sich auch ihr eigener Massenmittelpunkt im begleitenden System, und das hat zur Folge, daß die **Keplerschen Gesetze** (Abschnitt 15), wie man übrigens schon früh aus Beobachtungen geschlossen hat, gewisser Korrekturen bedürfen.

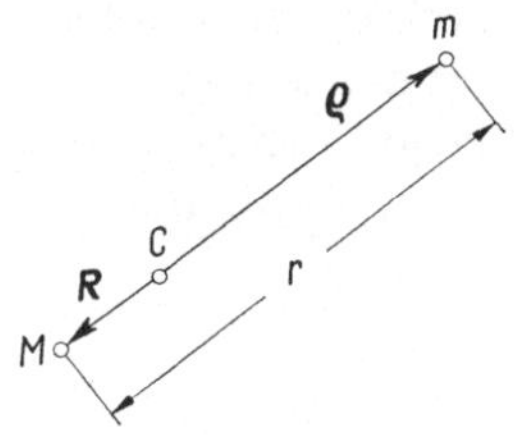

Figur 26.2

Beschränkt man sich wieder auf zwei Körper, so kann man nach Figur 26.2 die Massen und gleichzeitig die Massenmittelpunkte von Sonne und Planet mit M bzw. m sowie den Massenmittelpunkt des ganzen Systems mit C bezeichnen. Sind $\boldsymbol{R}$ und $\boldsymbol{\varrho}$ die Fahrstrahlen von M bzw. m im begleitenden System mit dem Ursprung C, so folgt aus (15.29)

$$M\,\boldsymbol{R} + m\,\boldsymbol{\varrho} = 0\,.$$

Die Fahrstrahlen $\boldsymbol{R}$ und $\boldsymbol{\varrho}$ sind also entgegengesetzt gerichtet, so daß die Strecke Mm stets den Punkt C enthält; ferner gilt

$$M R = m\,\varrho$$

und damit, wenn r den Abstand Mm bezeichnet,

$$r = R + \varrho = \left(1 + \frac{m}{M}\right)\varrho\,. \tag{26.12}$$

Setzt man die Gültigkeit des Newtonschen Gravitationsgesetzes (15.11) voraus, so hat man nach (26.12) an jedem der beiden Körper eine gegen C gerichtet Anziehungskraft vom Betrag

$$A = \gamma' \, \frac{M\,m}{r^2} = \gamma' \, \frac{M\,m}{(1 + m/M)^2\,\varrho^2} \cdot \tag{26.13}$$

Schreibt man hierfür

$$A = \lambda' \, \frac{m}{\varrho^2} \qquad \text{mit} \qquad \lambda' = \frac{\gamma'\,M}{(1 + m/M)^2} \, , \tag{26.14}$$

so erhält man für A eine Darstellung, die zu (15.9), (15.10) analog ist. Man kann die dort gezogenen Schlußfolgerungen übernehmen, wobei nur zu beachten ist, daß jetzt r durch ϱ, mithin M als Zentrum der Bewegung durch C, und ferner die Konstante λ durch λ' ersetzt ist.

Auf diese Weise gewinnt man zunächst die beiden ersten Keplerschen Gesetze in etwas modifizierter Form, indem jetzt nämlich 1. der Planet eine elliptische Bahn durchläuft, in deren einem Brennpunkt der *Massenmittelpunkt* des aus Sonne und Planet bestehenden Systems liegt, wobei 2. der Fahrstrahl vom *Massenmittelpunkt* nach dem Planeten in gleichen Zeiten gleiche Flächen überstreicht. Zwei analoge Sätze gelten für den Massenmittelpunkt der Sonne. An die Stelle von (15.25) tritt sodann die Beziehung

$$T = 2\,\pi\,\sqrt{\frac{a^3}{\lambda'}} \, . \tag{26.15}$$

Da λ' im Gegensatz zu λ nach (26.14) nicht allein vom Zentralkörper, sondern auch vom Planeten abhängt, gilt das 3. Keplersche Gesetz nur näherungsweise. Die Abweichungen sind von beobachtbarer Größe und können dazu benützt werden, das Verhältnis m/M und damit die Planetenmassen zu bestimmen.

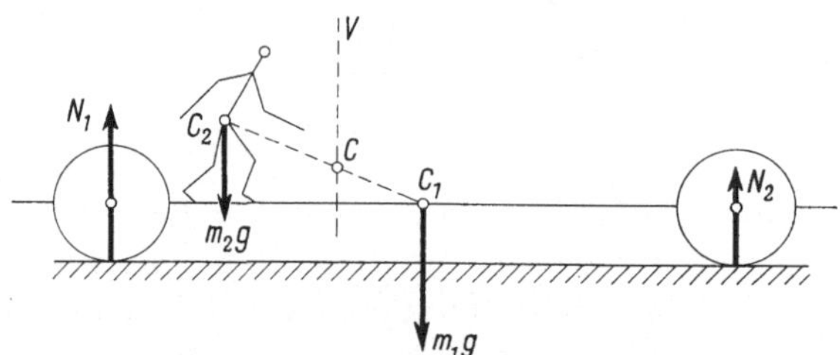

Figur 26.3

Als weiteres Beispiel für den Impulssatz zeigt Figur 26.3 ein System, das aus einem Fahrzeug mit der Masse m_1 und dem Massenmittelpunkt C_1 sowie einer Versuchsperson mit der Masse m_2 und dem Massenmittelpunkt C_2 besteht. Wenn man die Reibung vernachlässigen kann, sind die äußeren Kräfte, nämlich die beiden Gewichte und die Normaldrücke, alle vertikal, und wenn das System anfänglich in Ruhe ist, kann sich sein Massenmittelpunkt C, der die Strecke $C_1\,C_2$ im Verhältnis m_2/m_1 unterteilt, nach dem Massenmittelpunktssatz nur auf der Vertikalen V bewegen. Wenn also die Versuchsperson nach rechts geht, läuft der Wagen nach links und kommt erst mit der Versuchsperson wieder zum Stillstand. Wirft die zunächst ruhende Versuchsperson einen Gegenstand nach rechts, so setzt sich gleichzeitig der Wagen mit ihr zusammen nach links in Bewegung und kommt nur zum Stillstand, wenn der Gegenstand auf den Wagen fällt und hier abgebremst wird. Man kann sich von diesen Erscheinungen auch dadurch Rechenschaft ablegen, daß man das System in seine Teile zerlegt und den Impulssatz für die einzelnen Bewegungsphasen auf die Teilkörper anwendet.

Sofern man die beiden Körper (Fahrzeug und Versuchsperson) als starr und ihre Bewegungen als horizontale Translationen betrachten darf, gilt nach (8.3)

$$v_2 = v_1 + v_r \, , \tag{26.16}$$

wobei v_r die relative Schnelligkeit der Versuchsperson gegenüber dem Fahrzeug bezeichnet und alle Schnelligkeiten nach rechts positiv gerechnet sind. Bei anfänglicher Ruhe gilt der Impulssatz in der Form

$$m_1 \, v_1 + m_2 \, v_2 = 0 \, , \tag{26.17}$$

und wenn man (26.16) sowie (26.17) auflöst, erhält man die Beziehungen

$$v_1 = - \frac{m_2}{m_1 + m_2} \, v_r \, , \qquad v_2 = \frac{m_1}{m_1 + m_2} \, v_r \, , \tag{26.18}$$

aus denen jederzeit von der relativen auf die absoluten Schnelligkeiten geschlossen werden kann.

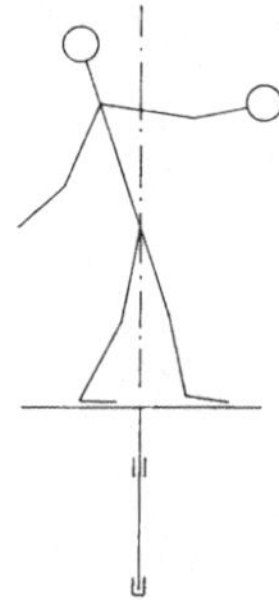

Figur 26.4

Bei der Versuchsperson auf dem reibungsfrei gelagerten Drehschemel (Figur 26.4) liegt hinsichtlich des Drallsatzes ein ähnliches Problem vor. Da nämlich die äußeren Kräfte bezüglich der Drehachse kein Moment ergeben, hat der auf einen ihrer Punkte bezogene Gesamtdrall in ihrer Richtung eine konstante Komponente. Schwenkt die Versuchsperson eine Masse in einem horizontalen Kreis, so dreht sie sich, falls anfänglich alles in Ruhe war, mitsamt dem Schemel im umgekehrten Sinn. Sofern man Arm und Masse als starren Körper mit der Winkelgeschwindigkeit ω_2 und dem Trägheitsmoment I_2 für die Drehachse sowie den Rest der Versuchsperson samt Drehschemel als starren Körper mit ω_1 und I_1 betrachten kann, gilt der Drallsatz in der Form

$$I_1 \, \omega_1 + I_2 \, \omega_2 = 0 \, . \tag{26.19}$$

Ist ω_r die Winkelgeschwindigkeit der Masse relativ zum Schemel, und rechnet man alle Winkelgeschwindigkeiten im gleichen Drehsinn positiv, so hat man analog zu (26.16)

$$\omega_2 = \omega_1 + \omega_r \, , \tag{26.20}$$

und aus (26.19), (26.20) folgt

$$\omega_1 = - \frac{I_2}{I_1 + I_2} \, \omega_r \, , \qquad \omega_2 = \frac{I_1}{I_1 + I_2} \, \omega_r \, . \tag{26.21}$$

Wenn andererseits die Versuchsperson samt Schemel ursprünglich wie ein starrer Körper rotiert und dann ihr Trägheitsmoment (etwa durch Anziehen oder Ausstrekken der Arme) verkleinert oder vergrößert, dann nimmt die Winkelgeschwindigkeit derart zu oder ab, daß die Drallkomponente bezüglich der Drehachse konstant bleibt. Effekte dieser Art spielen zum Beispiel auch bei der Pirouette im Eislauf oder beim Salto mortale eine Rolle.

Die **Rakete** (Figur 26.5) ist das einzige Fahrzeug, das zu seiner Beschleunigung nicht auf Reibungskräfte angewiesen ist und daher auch im Weltraum manövrierfähig bleibt. Ihre Füllung wird im Verlauf des Brennprozesses mit großer Geschwindigkeit nach hinten ausgestoßen, und nach dem Impulssatz muß dabei der eigentliche Raketenkörper nach vorn beschleunigt werden, sofern keine äußeren Kräfte vorhanden sind.

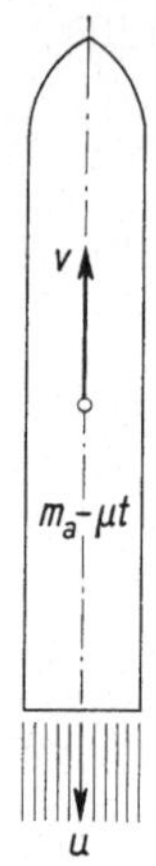

Figur 26.5

Ist m_a die Masse der Rakete samt der ganzen Füllung und μ die konstante, je Zeiteinheit ausgestossene Masse, so hat die Rakete, wenn der Brennprozeß zur Zeit $t = 0$ beginnt, zur Zeit t noch die Masse $m = m_a - \mu t$. Bezeichnet ferner $v(t)$ die Schnelligkeit der Rakete und u die relative Schnelligkeit, mit der die Elemente der Füllung die Rakete verlassen, dann ist

$$(m_a - \mu\, t)\, v$$

der Impuls der Rakete zur Zeit t und

$$[m_a - \mu\,(t + d\,t)]\,(v + d\,v) + \mu\, dt\,(v - u)$$

der Impuls des gleichen Systems (nämlich der Rakete und der im Zeitelement dt ausgestoßenen Füllung) zur Zeit $t + dt$. Da der Impuls bei Abwesenheit äußerer Kräfte unverändert bleiben muß, folgt hieraus

$$(m_a - \mu\, t)\, d\,v = \mu\, u\, dt\,.$$

Schreibt man das in der Form

$$dv = \frac{u\,\mu\,dt}{m_a - \mu\,t} = -\,u\,\frac{d\,(m_a - \mu\,t)}{m_a - \mu\,t}\,,$$

so kann man integrieren und erhält unter der Anfangsbedingung $v_0 = 0$

$$v = u \ln \frac{m_a}{m_a - \mu\, t} = u \ln \frac{m_a}{m} \, . \tag{26.22}$$

Insbesondere folgt aus (26.22), wenn m_e die Masse bei Brennschluß ist, die Endgeschwindigkeit zu

$$v_e = u \ln \frac{m_a}{m_e} \, . \tag{26.23}$$

Sie ist umso größer, je größer das Massenverhältnis m_a/m_e und die Ausstoßgeschwindigkeit u sind.

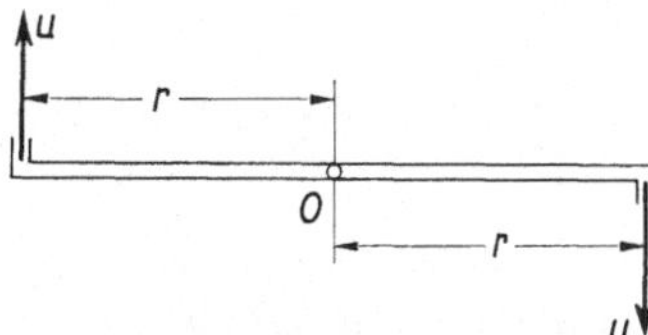

Figur 26.6

Aufgaben

1. Das **Segnersche Wasserrad** (das übrigens schon im Altertum bekannt war) besteht im wesentlichen aus einem Rohr (Figur 26.6), das um eine vertikale Achse durch O reibungsfrei drehbar ist. Es wird von der Mitte aus mit Wasser gespeist, das durch zwei Öffnungen an den Enden mit einer zum Rohr normalen Relativgeschwindigkeit vom Betrag u austritt. Man nehme an, daß das Rohr anfänglich in Ruhe und u konstant sei, bezeichne mit I das Massenträgheitsmoment des gefüllten Rohres bezüglich seiner Drehachse und mit μ die in der Zeiteinheit im ganzen ausströmende Wassermasse. Man ermittle die Winkelgeschwindigkeit ω des Wasserrades als Funktion der Zeit und gebe die Grenzwinkelgeschwindigkeit ω_e an, der ω zustrebt.

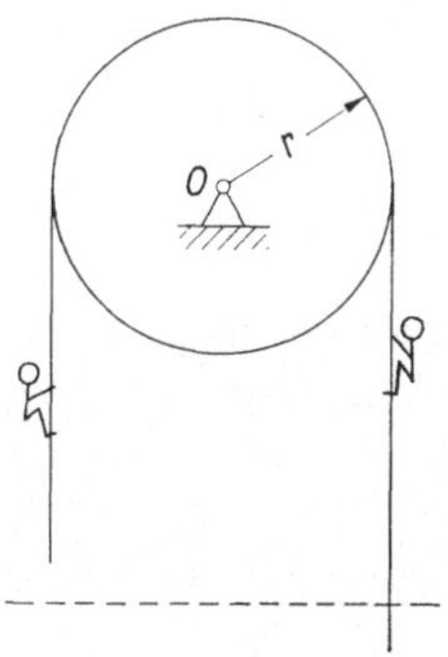

Figur 26.7

2. Ein masseloses Seil (Figur 26.7) der Länge $l = 5\,\pi\,r$ ist über eine Scheibe vom Radius r gelegt, die in O reibungsfrei gelagert ist und bezüglich O das Trägheitsmoment I besitzt. Zur Zeit $t = 0$ befinden sich die Enden des auf der Scheibe haftenden Seils auf gleicher Höhe, und zwei Affen, die als Massenpunkte m behandelt werden sollen, beginnen an den Seilenden hochzuklettern. Der rechte Affe klettert mit der Schnelligkeit v relativ zum Seil, der linke mit $v/2$. Welcher Affe kommt zuerst an der Scheibe an, und wo befindet sich in diesem Augenblick der andere?

27. Der Energiesatz

Im letzten Abschnitt ist das Prinzip der virtuellen Leistungen in der durch (25.5) gegebenen Form

$$\int_S (d\mathbf{K} - \ddot{\mathbf{r}}\, dm)\, \mathbf{v} = 0 \tag{27.1}$$

auf starre Bewegungszustände angewandt worden, die im allgemeinen den Charakter von unzulässigen Bewegungszuständen haben. Wendet man es nunmehr auf den *wirklichen Bewegungszustand* an, indem man die virtuellen Geschwindigkeiten $\mathbf{v}$ durch die tatsächlichen $\dot{\mathbf{r}}$ ersetzt, so kommt statt (27.1)

$$\int_S (d\mathbf{K} - \ddot{\mathbf{r}}\, dm)\, \dot{\mathbf{r}} = 0 . \tag{27.2}$$

Dabei umfassen die $d\mathbf{K}$ im Gegensatz zum letzten Abschnitt jetzt auch die *inneren Kräfte*, da diese im allgemeinen Arbeit leisten, auch wenn sie insgesamt im Gleichgewicht sind.

Schreibt man (27.2) in der Form

$$\int_S \dot{\mathbf{r}}\, \ddot{\mathbf{r}}\, dm = \int_S d\mathbf{K}\, \dot{\mathbf{r}} , \tag{27.3}$$

so kann man die linke Seite als zeitliche Ableitung der durch (20.2) definierten Bewegungsenergie

$$T = \frac{1}{2} \int_S \dot{\mathbf{r}}^2\, dm \tag{27.4}$$

und die rechte als Gesamtleistung L aller am System angreifenden inneren und äußeren Kräfte deuten; man hat also

$$\dot{T} = L \tag{27.5}$$

oder nach (2.17) auch

$$dT = dA . \tag{27.6}$$

Das ist der **Energiesatz für das System**, und zwar in differentieller Form. Ihm zufolge ist die Zunahme der Bewegungsenergie im Zeitelement dt gleich der in dieser Zeit von den inneren und äußeren Kräften geleisteten Elementararbeit.

Die endliche Form des Energiesatzes folgt aus (27.6) in der gewohnten Weise zu

$$T_2 - T_1 = A_{12} . \tag{27.7}$$

Obschon der Satz fast denselben Wortlaut hat wie der Energiesatz für den starren Körper, so ist doch ein wesentlicher Unterschied zu beachten, indem nämlich die rechte Seite von (27.7) im Gegensatz zu (20.15) auch die *inneren* Kräfte umfaßt.

So rührt zum Beispiel die ganze Bewegungsenergie der Rakete (Figur 26.5) von den inneren Kräften her.

Hat eine beliebige Kraft, die an einem System angreift, die Eigenschaft, daß ihre (wirkliche, nicht virtuelle) Arbeit zwischen zwei beliebigen Lagen des Systems nur von diesen beiden Lagen abhängt und nicht davon, wie das System von der Ausgangs- in die Endlage geführt wird, so kann man, die in Abschnitt 11 für den Massenpunkt gegebene Definition in leicht verständlicher Weise verallgemeinernd, von einer **konservativen Kraft** sprechen. Man zeigt dann ähnlich wie in Abschnitt 11, daß Lasten, die explizit von der Zeit abhängen, nicht konservativ sein können, und daß mit Ausnahme der *gyroskopischen* Lasten auch die vom Bewegungszustand abhängigen nichtkonservativ sind. Bei den Reaktionen sind im allgemeinen die *Reibungskräfte* nichtkonservativ.

Somit sind zum Beispiel zeitlich pulsierende Lasten und Luftwiderstände nichtkonservativ. Die Corioliskraft ist eine gyroskopische und damit konservative Last. Normaldrücke sind konservative Reaktionen, ebenso Haftreibungskräfte (da sie bei wirklichen Bewegungen keine Arbeit leisten), dagegen sind Gleitreibungskräfte nichtkonservativ, ebenso Lagerreibungsmomente in rotierenden Lagern sowie Rollreibungsmomente zwischen Körpern, die aufeinander abrollen.

Greifen an einem System nur konservative (innere und äußere) Kräfte an, so wird es als **konservatives System** bezeichnet, und zwar als **gyroskopisches** oder **nichtgyroskopisches System,** je nachdem es gyroskopische Kräfte enthält oder nicht. Konservativ sind somit diejenigen Systeme, in denen sämtliche äußeren und inneren Kräfte sich entweder von einem eindeutigen, nur von den Lagekoordinaten $q_1, q_2, \ldots, q_n$ abhängigen Potential ableiten lassen oder bei wirklichen Bewegungen keine Arbeit leisten. Dabei kann das Potential $V(q_1, q_2, \ldots, q_n)$ als Arbeit zwischen einer beliebigen Lage $q_1, q_2, \ldots, q_n$ und einer festen Vergleichslage $q_{10}, q_{20}, \ldots, q_{n0}$ definiert werden. Es läßt sich gemäß

$$V = U + W \tag{27.8}$$

in die potentielle Energie U der inneren und diejenige W der äußeren Kräfte aufspalten, und die Arbeit zwischen zwei beliebigen Lagen ist mit

$$A_{12} = V_1 - V_2 \tag{27.9}$$

als Abnahme des Potentials gegeben.

Setzt man (27.9) in (27.7) ein, so erhält man, wenn man noch beachtet, daß die Lagen 1 und 2 beliebig sind, den **Satz von der Erhaltung der Energie** in der Gestalt

$$T + V = T + U + W = E \, . \tag{27.10}$$

Er gilt im Gegensatz zu den bereits besprochenen Formen des Energiesatzes nur für konservative, und zwar auch für gyroskopische Systeme und sagt aus, daß in solchen Systemen die Gesamtenergie E, das heißt die Summe aus der Bewegungsenergie und den potentiellen Energien der inneren sowie der äußeren Kräfte konstant ist.

Formuliert man außer dem Impuls- und dem Drallsatz auch den Energiesatz in der Gestalt (27.7) oder (27.10), so erhält man sechs Bewegungsdifferentialgleichungen samt einem ersten Integral. Da bei Systemen der Freiheitsgrad beliebig groß sein kann, reichen diese Sätze im allgemeinen nicht aus, um die Bewegung zu ermitteln. Man hat in solchen Fällen das System in seine starren Bestandteile aufzuspalten und die genannten Sätze auf die einzelnen Teile anzuwenden.

In einfacheren Fällen kommt man indessen ohne diese Zerlegung aus. So ist zum Beispiel bei Systemen mit *einem* Freiheitsgrad, in denen die Reaktionen bei wirklichen Bewegungen keine Arbeit leisten (also insbesondere in reibungsfreien zwangläufigen Systemen) die Lagekoordinate die einzige im Energiesatz auftretende Unbekannte. In solchen Fällen liefert der Energiesatz eine Differentialgleichung für die Lagekoordinate allein, und zwar eine solche erster Ordnung, falls er in endlicher Gestalt formuliert wird. Er führt also auf dem kürzesten Weg zum Ziel.

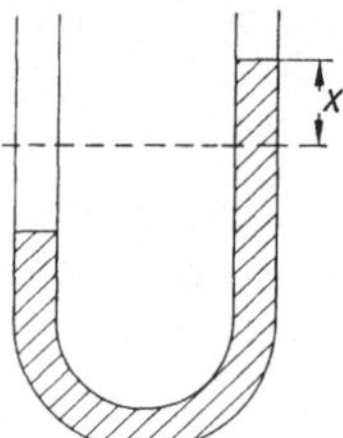

Figur 27.1

Figur 27.1 zeigt ein U-Rohr von konstantem Querschnitt, das im Gleichgewichtsfall bis zum gestrichelten Niveau mit einem homogenen Flüssigkeitsfaden der Länge l und der Masse m gefüllt ist. Wird das Gleichgewicht der Flüssigkeit gestört, so setzt eine Schwingung ein, die unter der Annahme ermittelt werden soll, daß sich die freien Oberflächen nur innerhalb der vertikalen Rohrabschnitte bewegen. Eine endliche Flüssigkeitsmenge ist im allgemeinen ein System mit unendlich vielen Freiheitsgraden. Wenn man aber die Flüssigkeit als inkompressibel und den Faden als eindimensional voraussetzen darf, dann hat er nur *einen* Freiheitsgrad, und seine Lage kann durch die Verschiebung x der Enden gegenüber der Gleichgewichtslage beschrieben werden. Wird die Flüssigkeit zudem als reibungsfrei angenommen, dann leistet nur das Gewicht Arbeit; es liegt also ein konservatives System vor.

Die Bewegungsenergie des Flüssigkeitsfadens ist

$$T = \frac{1}{2}\, m\, \dot{x}^2.$$

Die potentielle Energie kann in der Gleichgewichtslage nullgesetzt werden, und da sie nur von der Lage abhängt, darf sie nach Figur 27.1 so berechnet werden, als ob ein Fadenstück der Länge x dem linken Rohr entnommen und dem Faden im rechten Rohr zugefügt, mithin um die Strecke x gehoben worden wäre. Sie beträgt daher

$$V = \frac{m\,g}{l}\, x^2.$$

Der Satz (27.10) von der Erhaltung der Energie liefert jetzt

$$\frac{1}{2}\, m\, \dot{x}^2 + \frac{m\,g}{l}\, x^2 = T_0\,, \tag{27.11}$$

wobei T_0 die kinetische Energie beim Durchgang durch die Gleichgewichtslage bezeichnet. Leitet man (27.11) nach der Zeit ab, so kommt

$$m\,\dot{x}\,\ddot{x} + 2\,\frac{m\,g}{l}\,x\,\dot{x} = 0$$

oder

$$\ddot{x} + 2\,\frac{g}{l}\,x = 0\,;$$

der Flüssigkeitsfaden führt also eine harmonische Schwingung mit der Kreisfrequenz

$$\varkappa = \sqrt{2\,\frac{g}{l}}$$

aus.

Das System von Figur 27.2 besteht aus einem starren Körper der Masse m, einem masselosen Faden und einer in O reibungsfrei gelagerten homogenen Kreisscheibe mit dem Radius r, der Masse $2\,m$ und konstanter Dicke. Gesucht ist seine Bewegung unter den Annahmen, daß das System aus der Ruhe heraus sich selbst überlassen wird und daß der Faden auf der Scheibe haftet sowie in seinem freien Teil stets vertikal ist. Man hat in diesem Fall einen einzigen Freiheitsgrad und kann als Lagekoordinate den Drehwinkel φ der Scheibe verwenden.

Die kinetische Energie berechnet sich mit dem aus (19.8) folgenden Trägheitsmoment $I = m\,r^2$ der Scheibe zu

$$T = \frac{m}{2}\,(r\,\dot{\varphi})^2 + \frac{1}{2}\,m\,r^2\,\dot{\varphi}^2 = m\,r^2\,\dot{\varphi}^2.$$

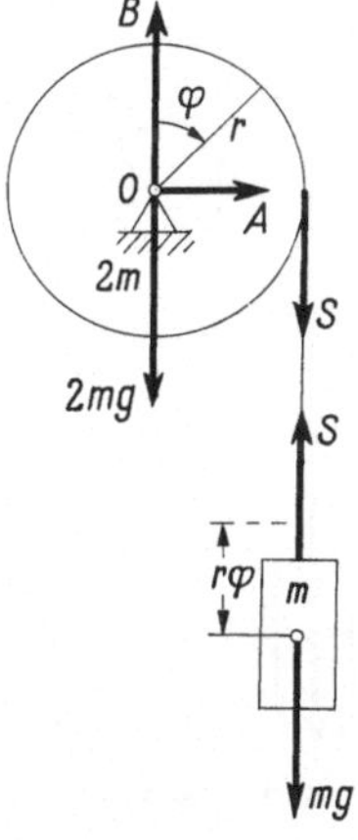

Figur 27.2

Von den in Figur 27.2 eingetragenen Kräften leistet nur das Gewicht mg eine Arbeit. Das System ist also konservativ und besitzt die auf die Anfangslage normierte potentielle Energie

$$V = -\,m\,g\,r\,\varphi\,.$$

Der Satz von der Erhaltung der Energie lautet

$$m\,r^2\,\dot{\varphi}^2 - m\,g\,r\,\varphi = 0$$

und liefert, nach t abgeleitet, die Bewegungsdifferentialgleichung

$$\ddot{\varphi} = \frac{g}{2\,r}\,.\tag{27.12}$$

Die Bewegung ist also gleichmäßig beschleunigt und wird durch die Gleichung

$$\varphi = \frac{g}{4\,r}\,t^2$$

beschrieben.

Mit dem Impuls- und dem Drallsatz für das ganze System würde man die Bewegung und die Lagerkräfte in O erhalten. Für die Ermittlung aller Reaktionen, zu denen auch die Fadenkraft gehört, ist es indessen zweckmäßiger, im Anschluß an den Energiesatz noch den Impulssatz für die beiden Teilkörper anzuschreiben. Man erhält so für die untere Masse

$$m\,r\,\ddot{\varphi} = m\,g - S$$

und für die Scheibe

$$0 = A\,, \qquad 0 = 2\,m\,g + S - B\,,$$

mithin unter Berücksichtigung von (27.12) die konstanten Reaktionen

$$S = \frac{1}{2}\,m\,g\,, \qquad A = 0\,, \qquad B = \frac{5}{2}\,m\,g\,.$$

Der Drallsatz würde die gewonnenen Resultate nur bestätigen. Man beachte, daß die Reaktion B in O kleiner ist als das Gewicht $3\,mg$ des Systems und die Fadenkraft S kleiner als das Gewicht mg des unteren Teilkörpers. Das erklärt sich damit, daß der Massenmittelpunkt des ganzen Systems wie auch derjenige des unteren Körpers nach unten beschleunigt ist.

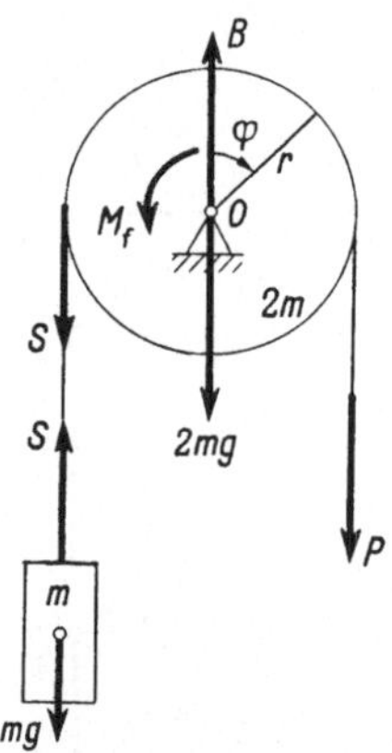

Figur 27.3

In Figur 27.3 ist das eben betrachtete System in der Weise modifiziert, daß die am einen Fadenende befestigte Masse durch eine am anderen Ende angreifende konstante Kraft P gehoben wird, wobei auch das Lagerreibungsmoment M_f in O berücksichtigt werden soll. Das System ist als Folge dieser Reibung nicht mehr konservativ, und der Energiesatz muß daher in einer der Formen (27.5) bis (27.7) verwendet werden. Wählt man (mit Rücksicht darauf, daß man über den zeitlichen Verlauf von M_f noch nichts weiß) die differentielle Gestalt (27.6), so erhält man die Beziehung

$$d(m\,r^2\,\dot{\varphi}^2) = (P - m\,g)\,r\,d\varphi - M_f\,d\varphi\,,$$

die aber nicht ausreicht, um die beiden Unbekannten φ und M_f als Funktionen der Zeit zu gewinnen. Zerlegt man das System, so erhält man mit dem Impulssatz für die beiden Teilkörper neben der Aussage, daß die Gelenkkraft in O vertikal ist, die Beziehungen

$$m\,r\,\ddot{\varphi} = S - m\,g\,, \qquad 0 = 2\,m\,g + P + S - B \qquad (27.13)$$

und mit dem Drallsatz für die Scheibe

$$m\,r^2\,\ddot{\varphi} = (P - S)\,r - M_f\,. \qquad (27.14)$$

Ferner ist das Lagerreibungsmoment nach Band I (11.8) durch

$$M_f = \mu_1\,r_l\,B \qquad (27.15)$$

gegeben, wenn μ_1 die Gleitreibungszahl und r_l der Radius des Lagers ist.

In den Beziehungen (27.13) bis (27.15) stehen jetzt vier Gleichungen zur Ermittlung der vier Unbekannten φ, B, S und M_f zur Verfügung, so daß man auf den Energiesatz verzichten kann. Aus der ersten Relation (27.13) folgt

$$S = m\,(g + r\,\ddot{\varphi})\,; \qquad (27.16)$$

die zweite liefert damit

$$B = P + m\,(3\,g + r\,\ddot{\varphi})\,, \qquad (27.17)$$

und durch Einsetzen von (27.15) bis (27.17) in (27.14) erhält man schließlich

$$\left(2 + \mu_1\,\frac{r_l}{r}\right) m\,r\,\ddot{\varphi} = \left(1 - \mu_1\,\frac{r_l}{r}\right) P - \left(1 + 3\,\mu_1\,\frac{r_l}{r}\right) m\,g. \qquad (27.18)$$

Das ist die eigentliche Bewegungsdifferentialgleichung, die wieder auf eine gleichmäßig beschleunigte Bewegung führt. Mit (27.18) liefern (27.15) bis (27.17) die Reaktionen, die auch in diesem Fall zeitlich konstant sind.

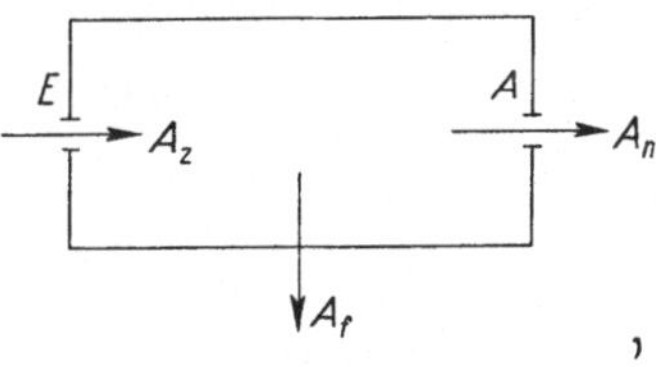

Figur 27.4

Viele **Maschinen** lassen sich als mechanische Systeme (Figur 27.4) mit einem Eingang E und einem Ausgang A auffassen, wobei in einem bestimmten Zeitintervall Δt dem System bei E eine Arbeit A_z «zugeführt» und bei A eine Arbeit A_n «entzogen» wird. In die exakte Sprache unserer Definitionen und Sätze übertragen ist das so zu verstehen: Die äußeren Kräfte des Systems zerfallen, soweit sie Arbeit leisten, in zwei Gruppen, die bei E bzw. A angreifen. Die Arbeit der ersten Gruppe wird als **zugeführte Arbeit** A_z bezeichnet, diejenige der zweiten mit $- A_n$. Dann ist A_n die Arbeit, welche von den Reaktionen der zweiten Kräftegruppe im Zeitelement Δt an der Umgebung des Systems geleistet wird; man pflegt daher A_n als **Nutzarbeit** zu bezeichnen. Die Arbeit der inneren Kräfte rührt in vielen Fällen nur von der Reibung her und ist daher negativ. Man kann sie mit $- A_f$ anschreiben und A_f kurzerhand, wenn auch inkorrekt, als **Reibungsarbeit** bezeichnen. Die Gesamtarbeit der äußeren und inneren Kräfte ist dann

$$A = A_z - A_n - A_f.$$
(27.19)

Im **stationären Betrieb** (Abschnitt 21) ist die Bewegung der Maschine und damit auch ihre kinetische Energie periodisch. Wählt man als Zeitintervall Δt eine Periode, so ist nach dem Energiesatz (27.7) $A = 0$, und es folgt aus (27.19)

$$A_n = A_z - A_f,$$
(27.20)

wobei $A_f > 0$, also $A_n < A_z$ ist. Während jeder Periode wird der Energiebetrag A_f in Wärme umgewandelt und damit dem Zweck, für den die Maschine gebaut ist, entfremdet. Die Güte der Maschine kann durch den Quotienten

$$\eta = \frac{A_n}{A_z} = 1 - \frac{A_f}{A_z}$$
(27.21)

dargestellt werden, der als ihr **Wirkungsgrad** bezeichnet wird und stets zwischen 0 und 1 liegt.

Ist die kinetische Energie der Maschine *konstant*, dann kann der Bestimmung des Wirkungsgrades ein beliebiges Zeitintervall zu Grunde gelegt werden. An Stelle der Arbeiten kann man jetzt auch die Leistungen betrachten und den Wirkungsgrad mit der **zugeführten,** der **Nutz-** und der **Reibungsleistung** in der Form

$$\eta = \frac{L_n}{L_z} = 1 - \frac{L_f}{L_z}$$
(27.22)

anschreiben.

Beim Aufzug von Figur 27.3 sind die in (27.22) eingehenden Leistungen

$$L_z = P \, r \, \varphi, \qquad L_n = m \, g \, r \, \varphi, \qquad L_f = M_f \, \varphi.$$

Der Wirkungsgrad ist also

$$\eta = \frac{m \, g}{P}$$

oder bei gleichförmigem Heben der Last ($\ddot{\varphi} = 0$) nach (27.18)

$$\eta = \frac{1 - \mu_1 \, r_l/r}{1 + 3 \, \mu_1 \, r_l/r}.$$

Aufgaben

1. Das System von Figur 27.5 besteht aus einer Masse 1, einer reibungsfrei gelagerten homogenen Kreisscheibe 2 konstanter Dicke, einer masselosen Feder und einem masselosen, auf der Scheibe stets haftenden Faden. Man bestimme zuerst die Verlängerung δ der Feder in der Gleichgewichtslage. Sodann ermittle man die Bewegung des Systems unter den Annahmen, daß die freien Fadenstücke stets horizontal bzw. vertikal sind, daß sich die Masse 1 translatorisch bewegt und zur Zeit $t = 0$ in der Gleichgewichtslage die nach unten gerichtete Geschwindigkeit v_0 hat. Schließlich ermittle man sämtliche bei der Bewegung auftretenden äußeren und inneren Reaktionen und gebe an, wie der Betrag v_0 gewählt werden muß, wenn der Faden stets straff bleiben soll.

2. Ein Wagen gemäß Figur 27.6 fährt über eine horizontale Strecke. Die vier Räder sind homogene Scheiben konstanter Dicke mit den Massen m_1; die Masse des Wagenkastens (samt Motor) ist m_2, sein Massenmittelpunkt C. Die Haftreibungszahl zwischen Rad und Fahrbahn ist μ_0; alle übrigen Reibungen sind zu vernachlässigen. Man ermittle das Moment M, das der Motor am hinteren Radsatz ausüben muß, um dem Wagenkasten die konstante Beschleunigung a zu erteilen. Sodann bestimme man alle inneren und äußeren Kräfte und zeichne sie getrennt am Kasten und den beiden Radsätzen ein. Welches ist die größte Beschleunigung a_{max}, die sich ohne Gleiten der Räder auf der Fahrbahn erreichen läßt?

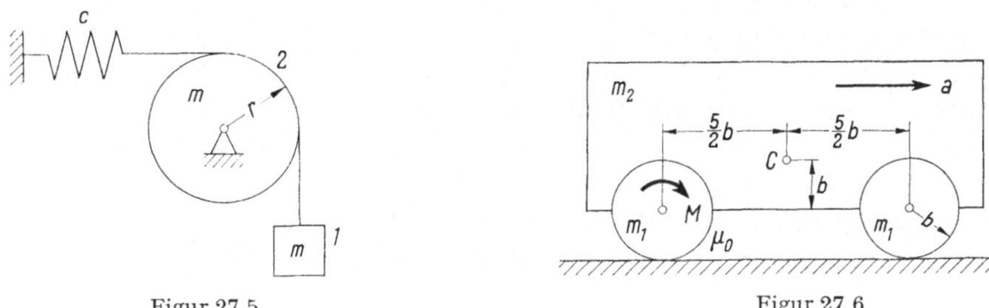

Figur 27.5   Figur 27.6

3. Das in Figur 27.7 abgebildete System besteht aus zwei homogenen, prismatischen und reibungsfrei gelagerten Gelenkstäben mit den Massen m und den Längen l, die nur durch ihre Eigengewichte belastet sind. Das Lager O ist fest; B ist ein Zwischengelenk, und das Lager A ist vertikal verschieblich. Man stelle mit dem Energiesatz die Bewegungsdifferentialgleichung auf, untersuche die kleinen Schwingungen um die untere Gleichgewichtslage und gebe die Länge l_0 des mathematischen Pendels mit der gleichen Eigenkreisfrequenz an.

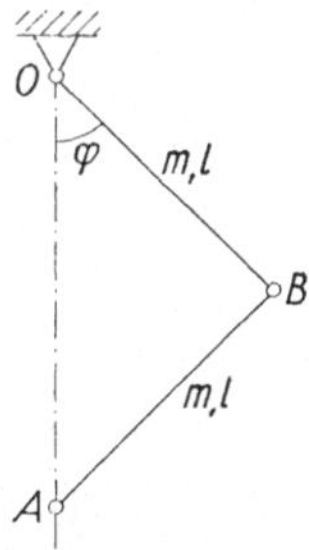

Figur 27.7

28. Die Lagrangeschen Gleichungen

Bei Systemen mit mehr als einem Freiheitsgrad reicht der Energiesatz zur Ermittlung der Bewegung nicht aus, und auch der Impuls- und der Drallsatz führen, auf das ganze System angewandt, oft nicht zum Ziel. Die nötige Anzahl von Bewegungsdifferentialgleichungen kann in solchen Fällen zwar durch Anwendung dieser Sätze auf die einzelnen Teilkörper des Systems gewonnen werden; da aber auf diesem Weg zahlreiche Reaktionen erst eingeführt und dann wieder eliminiert werden müssen, ist das Verfahren meist umständlich. Im allgemeinen kommt man mit den Gleichungen von LAGRANGE (1726–1813) wesentlich rascher zum Ziel.

Ein *holonomes* System mit dem Freiheitsgrad n und den Lagekoordinaten $q_1, q_2, \ldots, q_n$ erlaubt nach Abschnitt 9 insgesamt n elementare zulässige Verschiebungen, bei denen je nur eine Lagekoordinate geändert wird. So besteht die k-te **zulässige Elementarverschiebung** in einer Vergrößerung von q_k um δq_k, während alle übrigen Lagekoordinaten ihre Werte beibehalten, und die allgemeinste zulässige Verschiebung wird durch Überlagerung der n zulässigen Elementarverschiebungen erhalten.

Ist das System *skleronom*, so ist der Fahrstrahl r eines beliebigen Massenelementes dm nach Abschnitt 9 eine Funktion

$$r = r\,(q_1, q_2, \ldots, q_n) \tag{28.1}$$

der Lagekoordinaten allein. Bei der allgemeinsten zulässigen Verschiebung des Systems ist daher die Verschiebung von dm durch

$$\delta r = \sum_{1}^{n} \frac{\partial r}{\partial q_k}\, \delta q_k \tag{28.2}$$

und bei der k-ten zulässigen Elementarverschiebung durch

$$\delta_k r = \frac{\partial r}{\partial q_k}\, \delta q_k \tag{28.3}$$

gegeben. Wendet man das Prinzip der virtuellen Arbeiten in der durch (25.4) gegebenen Form auf diese k-te zulässige Elementarverschiebung an, so erhält man

$$\int\limits_{S} (d\boldsymbol{K} - \ddot{\boldsymbol{r}}\, dm)\, \delta_k r = 0 \tag{28.4}$$

oder

$$\int\limits_{S} \ddot{\boldsymbol{r}}\, \frac{\partial r}{\partial q_k}\, \delta q_k\, dm = \int\limits_{S} d\boldsymbol{K}\, \delta_k r\,. \tag{28.5}$$

Die rechte Seite von (28.5) stellt die virtuelle Arbeit aller äußeren und inneren Kräfte bei der k-ten zulässigen Elementarverschiebung dar. Sie soll mit

$$\int\limits_{S} d\boldsymbol{K}\, \delta_k r = \delta_k A \tag{28.6}$$

abgekürzt und als k-te **Elementararbeit** bezeichnet werden. Mit den weiteren Abkürzungen

$$Q_k = \frac{\delta_k A}{\delta q_k} \qquad \text{und} \qquad S_k = \int\limits_{S} \ddot{\boldsymbol{r}}\, \frac{\partial r}{\partial q_k}\, dm \tag{28.7}$$

geht (28.5) in

$$S_k = Q_k \tag{28.8}$$

über. Dabei bedeutet S_k nach (28.7) ein Integral, das noch näher zu untersuchen sein wird, während der Quotient Q_k aus der k-ten Elementararbeit und dem Zuwachs von q_k bei der k-ten zulässigen Elementarverschiebung im konkreten Fall leicht zu berechnen ist. Er wird als k-te **verallgemeinerte Kraft** des Systems bezeichnet und hat dann, wenn q_k eine Länge darstellt, tatsächlich die Dimension einer Kraft. Daneben kommen allerdings auch andere Dimensionen vor; so ist Q_k im Fall eines Winkels q_k ein Moment.

Bei der Ermittlung der Elementararbeiten $\delta_k A$ bzw. der verallgemeinerten Kräfte Q_k des Systems sind wie im Energiesatz die äußeren und inneren Kräfte zu berücksichtigen. Es kommen aber nur diejenigen Kräfte in Frage, welche bei zulässigen Verschiebungen Arbeit leisten, und damit können zahlreiche Kräfte (wie die Bedingungskräfte der Starrheit innerhalb der einzelnen Teilkörper, Normaldrücke und Haftreibungskräfte zwischen diesen, Gelenkkräfte im reibungsfreien Lagern usw.) von Anfang an unterdrückt werden. Hierin liegt ein erster Vorteil des im folgenden zu entwickelnden Verfahrens im Vergleich zu demjenigen, das zu Beginn dieses Abschnittes kurz besprochen worden ist.

Bei der ebenen Bewegung des starren Körpers (Figur 28.1) werden als Lagekoordinaten zweckmäßig die Größen $q_1 = x_C$, $q_2 = y_C$, $q_3 = \varphi$ verwendet. Die zulässigen Elementarverschiebungen sind dann die Translationen um δx_C bzw. δy_C in Richtung der beiden Achsen und die Rotation um C mit dem Drehwinkel $\delta\varphi$. Die inneren Kräfte leisten dabei keine Arbeit, und wenn man die äußeren auf eine Dyname in C reduziert, so erhält man mit ihren Komponenten R_x, R_y, M_C die drei Elementararbeiten

$$\delta_1 A = R_x\,\delta x_C\,, \qquad \delta_2 A = R_y\,\delta y_C\,, \qquad \delta_3 A = M_C\,\delta\varphi$$

und hieraus nach der ersten Beziehung (28.7) die verallgemeinerten Kräfte

$$Q_1 = R_x\,, \qquad Q_2 = R_y\,, \qquad Q_3 = M_C\,. \tag{28.9}$$

Die ersten beiden sind tatsächlich Kräfte; die dritte ist dagegen ein Moment.

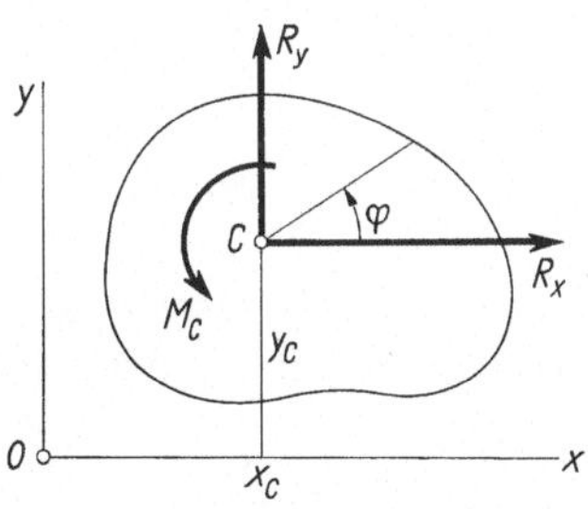

Figur 28.1

Das in Figur 28.2 dargestellte ebene System, das aus zwei homogenen prismatischen Stäben der gleichen Länge l und derselben Masse m sowie zwei masselosen Fäden der Länge a besteht und in O reibungsfrei gelagert ist, hat bei gespannten Fäden zwei Freiheitsgrade. Führt man als Lagekoordinaten den gemeinsamen Drehwinkel $q_1 = \varphi$ der Fäden und denjenigen $q_2 = \psi$ der Stäbe ein, so besteht die erste zulässige Elementarverschiebung in einer translatorischen Pendelung des unteren Stabes, wobei sich sein Massenmittelpunkt C auf einem Kreisbogen um O bewegt, die zweite in einer gemeinsamen Rotation beider Stäbe um ihre Massen-

mittelpunkte O bzw. C. Das Gewicht des unteren Stabes ist die einzige Kraft, die
bei zulässigen Verschiebungen Arbeit leistet, und zwar ist

$$\delta_1 A = - m\,g\,a\,\sin\varphi\,\delta\varphi\,, \qquad \delta_2 A = 0\,,$$

so daß

$$Q_1 = - m\,g\,a\,\sin\varphi\,, \qquad Q_2 = 0 \tag{28.10}$$

die verallgemeinerten Kräfte sind.

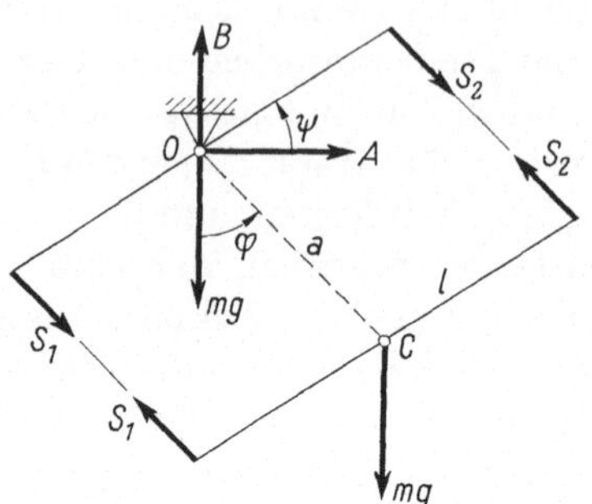

Figur 28.2

Die Verschiebung $\delta\boldsymbol{r}$, die das Massenelement dm bei der allgemeinsten zulässigen Verrückung des Systems erfährt, setzt sich nach (28.2) und (28.3)
vektoriell aus den Beiträgen $\delta_k\boldsymbol{r}$ der n zulässigen Elementarverschiebungen
zusammen. Die virtuellen Arbeiten $d\boldsymbol{K}\,\delta_k\boldsymbol{r}$ sind nach Abschnitt 25 mit den zur
wirklichen (und nicht zur virtuellen) Bewegung gehörenden Kräften $d\boldsymbol{K}$ zu
bilden und addieren sich daher, so daß sich die bei der allgemeinsten zulässigen
Verschiebung des Systems geleistete Arbeit als Summe

$$\delta A = \sum_1^n \delta_k A \tag{28.11}$$

der Elementararbeiten ergibt. Nach (28.7) kann man hierfür auch

$$\delta A = \sum_1^n Q_k\,\delta q_k \tag{28.12}$$

schreiben; die verallgemeinerten Kräfte lassen sich also als Koeffizienten der
δq_k im Ausdruck für die virtuelle Arbeit bei der allgemeinsten zulässigen Verschiebung ablesen.

Bei der ebenen Bewegung (Figur 28.1) ist

$$\delta A = R_x\,\delta x_C + R_y\,\delta y_C + M_C\,\delta\varphi\,,$$

und hieraus folgen wieder die verallgemeinerten Kräfte (28.9).

Um jetzt auch das Integral S_k von (28.7) umzuformen, greifen wir auf die
Darstellung (28.1) des Fahrstrahls zurück und erhalten daraus die Geschwindigkeit

$$\dot{\boldsymbol{r}} = \sum_1^n \frac{\partial \boldsymbol{r}}{\partial q_i}\,\dot{q}_i \tag{28.13}$$

des Massenelements dm. Sie ist eine homogene lineare Funktion der verallgemeinerten Geschwindigkeiten $\dot{q}_i$, deren Koeffizienten vektorielle Funktionen der Lagekoordinaten q_i sind. Aus (28.13) folgt durch partielle Ableitung, wenn man die q_k und die $\dot{q}_k$ als unabhängige Veränderliche auffaßt.

$$\frac{\partial \dot{r}}{\partial \dot{q}_k} = \frac{\partial r}{\partial q_k} \tag{28.14}$$

und

$$\frac{\partial \dot{r}}{\partial q_k} = \sum_1^n \frac{\partial^2 r}{\partial q_i \, \partial q_k} \, \dot{q}_i = \left(\frac{\partial r}{\partial q_k}\right)^{\cdot} . \tag{28.15}$$

Ferner folgt aus (28.13), daß die Bewegungsenergie

$$T = \frac{1}{2} \int_S \dot{r}^2 \, dm \tag{28.16}$$

des Systems eine homogene quadratische Funktion der verallgemeinerten Geschwindigkeiten mit von den Lagekoordinaten abhängigen skalaren Beiwerten ist.

Aus (28.16) erhält man durch partielle Ableitung, wenn man (28.13) einsetzt und (28.14), (28.15) sowie die Definition (28.7) von S_k beachtet,

$$\frac{\partial T}{\partial \dot{q}_k} = \int_S \dot{r} \frac{\partial \dot{r}}{\partial \dot{q}_k} \, dm = \int_S \dot{r} \frac{\partial r}{\partial q_k} \, dm , \tag{28.17}$$

$$\left(\frac{\partial T}{\partial \dot{q}_k}\right)^{\cdot} = \int_S \left[\dot{r}\left(\frac{\partial r}{\partial q_k}\right)^{\cdot} + \ddot{r} \frac{\partial r}{\partial q_k}\right] dm = \int_S \dot{r} \frac{\partial \dot{r}}{\partial q_k} \, dm + S_k , \tag{28.18}$$

$$\frac{\partial T}{\partial q_k} = \int_S \dot{r} \frac{\partial \dot{r}}{\partial q_k} \, dm . \tag{28.19}$$

Die Subtraktion von (28.18) und (28.19) liefert

$$S_k = \left(\frac{\partial T}{\partial \dot{q}_k}\right)^{\cdot} - \frac{\partial T}{\partial q_k} . \tag{28.20}$$

Das Integral S_k läßt sich also direkt und rein formal durch partielle Ableitung nach q_k, $\dot{q}_k$ sowie totale Ableitung nach t aus der Bewegungsenergie des Systems gewinnen. Hierin liegt ein zweiter Vorzug des Lagrangeschen Verfahrens gegenüber dem elementaren, bei dem im allgemeinen für jeden Teilkörper der Impuls und der Drall einzeln bestimmt werden müssen.

Setzt man (28.20) in die Beziehung (28.8) ein, und beachtet man, daß diese für alle zulässigen Elementarverschiebungen, das heißt für alle Werte von k zwischen 1 und n gilt, so erhält man die sogenannten **Lagrangeschen Gleichungen**

$$\left(\frac{\partial T}{\partial \dot{q}_k}\right)^{\cdot} - \frac{\partial T}{\partial q_k} = Q_k , \qquad (k = 1, 2, \ldots , n) \tag{28.21}$$

in denen rechterhand als verallgemeinerte Kräfte nach (28.7) die Quotienten

$$Q_k = \frac{\delta_k A}{\delta q_k} \qquad (28.22)$$

aus den Elementararbeiten und den Inkrementen der zugehörigen Lagekoordinaten einzusetzen sind. Es handelt sich dabei um n Bewegungsdifferentialgleichungen, welche formuliert werden können, sobald die kinetische Energie des Systems als Funktion der q_k und der $\dot{q}_k$ sowie die Ausdrücke für die n verallgemeinerten Kräfte vorliegen.

Die Verwendung der Lagrangeschen Gleichungen empfiehlt sich vor allem bei Systemen, deren Lagerkräfte bei zulässigen Verschiebungen keine Arbeit leisten. Die verallgemeinerten Kräfte lassen sich dann nämlich in den Lasten allein ausdrücken; die einzigen Unbekannten sind die n Lagekoordinaten, und die Beziehungen (28.21) stellen die zu ihrer Ermittlung nötigen eigentlichen Bewegungsdifferentialgleichungen dar. Sind hingegen Reaktionen vorhanden, welche Arbeit leisten, so treten in (28.21) auch unbekannte Kräfte auf, und um die nötige Zahl von Beziehungen zu erhalten, müssen die Lagrangeschen durch weitere Bewegungsdifferentialgleichungen ergänzt werden.

Bei der ebenen Bewegung des starren Körpers (Figur 28.1) sind $q_1 = x_C, q_2 = y_C,$ $q_3 = \varphi$ die Lagekoordinaten und (28.9) die verallgemeinerten Kräfte. Aus der Bewegungsenergie

$$T = \frac{1}{2}\, m\, (\dot{x}_C^2 + \dot{y}_C^2) + \frac{1}{2}\, I_C\, \dot{\varphi}^2$$

berechnet man der Reihe nach

$$\frac{dT}{d\dot{x}_C} = m\, \dot{x}_C\,, \qquad \left(\frac{\partial T}{\partial \dot{x}_C}\right)^{\cdot} = m\, \ddot{x}_C\,, \qquad \frac{\partial T}{\partial x_C} = 0\,,$$

mithin

$$\left(\frac{\partial T}{\partial \dot{x}_C}\right)^{\cdot} - \frac{\partial T}{\partial x_C} = m\, \ddot{x}_C$$

und analog für die beiden anderen Lagekoordinaten

$$\left(\frac{\partial T}{\partial \dot{y}_C}\right)^{\cdot} - \frac{\partial T}{\partial y_C} = m\, \ddot{y}_C\,, \qquad \left(\frac{\partial T}{\partial \dot{\varphi}}\right)^{\cdot} - \frac{\partial T}{\partial \varphi} = I_C\, \ddot{\varphi}\,.$$

Die Lagrangeschen Gleichungen (28.21) führen hier also auf den Impulssatz

$$m\, \ddot{x}_C = R_x\,, \qquad m\, \ddot{y}_C = R_y$$

sowie den Drallsatz

$$I_C\, \ddot{\varphi} = M_C\,.$$

Man kann die Lagrangeschen Gleichungen insbesondere dazu verwenden, die Bewegungsdifferentialgleichungen des Massenpunktes in krummlinigen Koordinaten aufzustellen.

In Figur 28.3 sind $q_1 = r$, $q_2 = \vartheta$, $q_3 = \varphi$ die **Kugelkoordinaten** des Massenpunktes m. Ihren Inkrementen δr, $\delta \vartheta$, $\delta \varphi$ entsprechen Verschiebungen in radialer, meridionaler und azimutaler Richtung um δr, $r\, \delta \vartheta$, $r \sin \vartheta\, \delta \varphi$. Zerlegt man die am Massenpunkt angreifende Resultierende $\boldsymbol{R}$ in diesen Richtungen in die

Komponenten R_r, R_ϑ, R_φ, so erhält man mit

$$\delta_1 A = R_r\,\delta r\,, \qquad \delta_2 A = R_\vartheta\,r\,\delta\vartheta\,, \qquad \delta_3 A = R_\varphi\,r\sin\vartheta\,\delta\varphi$$

die drei Elementararbeiten und hieraus nach (28.22) die verallgemeinerten Kräfte

$$Q_1 = R_r\,, \qquad Q_2 = R_\vartheta\,r\,, \qquad Q_3 = R_\varphi\,r\sin\vartheta\,. \tag{28.23}$$

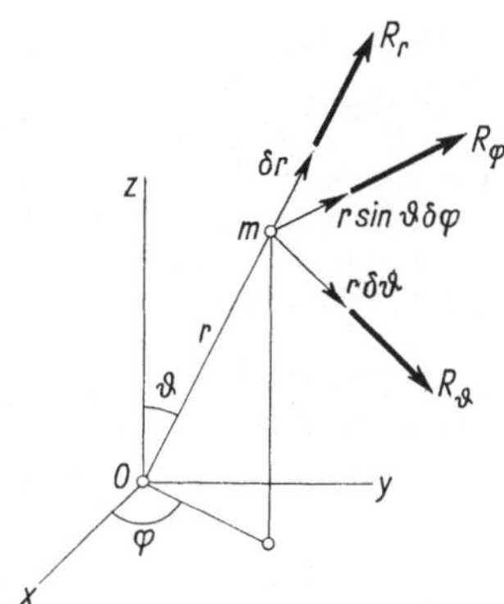

Figur 28.3

Die drei Geschwindigkeitskomponenten von m in radialer, meridionaler und azimutaler Richtung sind

$$v_r = \dot r\,, \qquad v_\vartheta = r\,\dot\vartheta\,, \qquad v_\varphi = r\sin\vartheta\,\dot\varphi\,,$$

und da sie senkrecht aufeinanderstehen, ist

$$T = \frac{m}{2}\,(\dot r^2 + r^2\,\dot\vartheta^2 + r^2\sin^2\vartheta\,\dot\varphi^2) \tag{28.24}$$

die Bewegungsenergie. Mit (28.23) und (28.24) können die drei Lagrangeschen Gleichungen formuliert werden. Sie lauten

$$\left.\begin{aligned}
m\ddot r &\qquad - mr\,(\dot\vartheta^2 + \sin^2\vartheta\,\dot\varphi^2) = R_r\,,\\
m\,(r^2\,\dot\vartheta)^{\boldsymbol\cdot} &\qquad - m\,r^2\cos\vartheta\,\sin\vartheta\,\dot\varphi^2 = R_\vartheta\,r\,,\\
m\,(r^2\sin^2\vartheta\,\dot\varphi)^{\boldsymbol\cdot} &\qquad\qquad\qquad\qquad = R_\varphi\,r\sin\vartheta\,.
\end{aligned}\right\} \tag{28.25}$$

Mit $R_\varphi = 0$ erhält man den Sonderfall des Massenpunktes, bei dem die Wirkungslinie der Resultierenden durch eine feste Gerade, nämlich die z-Achse geht. Die dritte Differentialgleichung (28.25) besitzt dann das Integral

$$r^2\sin^2\vartheta\,\dot\varphi = \varkappa\,,$$

das als Verallgemeinerung des Flächensatzes (14.13) aufzufassen ist und aussagt, daß die Projektion des Fahrstrahls r auf die Ebene x, y in gleichen Zeiten gleiche Flächen überstreicht.

Mit $\vartheta = \pi/2$ erhält man sodann eine Bewegung in der Ebene x, y. Die zweite Differentialgleichung (28.25) liefert hier die Bedingung $R_\vartheta = 0$, mit der die Füh-

rungskraft bestimmt werden kann, und die beiden anderen ergeben die bereits in
(10.19) auf anderem Wege gewonnenen Bewegungsdifferentialgleichungen

$$m\,(\ddot{r} - r\,\dot{\varphi}^2) = R_r\,, \qquad m\,(r^2\,\dot{\varphi})^{\textbf{·}} = R_\varphi\,r$$

in ebenen Polarkoordinaten.

Mit konstantem r erhält man schließlich die Bewegung auf einer Kugeloberfläche mit den Differentialgleichungen

$$-\,m\,r\,(\dot{\vartheta}^2 + \sin^2\vartheta\,\dot{\varphi}^2) \qquad = R_r\,,$$
$$m\,r\,(\ddot{\vartheta} - \cos\vartheta\,\sin\vartheta\,\dot{\varphi}^2) = R_\vartheta\,,$$
$$m\,r\,(\sin^2\vartheta\,\dot{\varphi})^{\textbf{·}} \qquad\qquad = R_\varphi\,\sin\vartheta\,,$$

von denen die letzten beiden die eigentlichen Bewegungsdifferentialgleichungen
darstellen, während die erste zur Bestimmung der Führungskraft dienen kann. Die
Integration dieser Beziehungen geschieht mit Hilfe elliptischer Integrale und liefert
insbesondere die Bewegung des **sphärischen Pendels.**

Ist das betrachtete System *konservativ*, so stellt sich nach (27.9) die Arbeit
der inneren und äußeren Kräfte bei einer *wirklichen* Verschiebung als Abnahme
der gesamten potentiellen Energie dar, und es ist daher

$$dA = -\,dV = -\sum_{1}^{n} \frac{\partial V}{\partial q_k}\,dq_k\,. \tag{28.26}$$

Überträgt man dieses Resultat auf die *virtuelle* Arbeit bei der allgemeinsten
zulässigen Verschiebung, so kommt

$$\delta A = -\,\delta V = -\sum_{1}^{n} \frac{\partial V}{\partial q_k}\,\delta q_k\,. \tag{28.27}$$

Diese Übertragung ist aber nicht ohne weiteres gestattet.

Es wurde schon in Abschnitt 25 darauf hingewiesen, daß die virtuelle Arbeit
δA mit den Kräften zu bilden ist, die zur wirklichen und nicht virtuellen Bewegung gehören. Somit muß δA mit den zu einer ersten (der virtuellen) Bewegung
gehörenden Verschiebungen und den zu einer zweiten (der wirklichen) Bewegung gehörenden Kräften berechnet werden. Im Gegensatz dazu gewinnt man
die wirkliche Arbeit dA mit den Verschiebungen und Kräften, die zur gleichen
(nämlich zur wirklichen) Bewegung gehören. Solange die Kräfte, soweit sie
überhaupt Arbeit leisten, Funktionen der Zeit t und der Lagekoordinaten q_k
allein sind, also nicht von der Bewegung abhängen, ergeben sie für jede Verschiebung eine bestimmte Arbeit, gleichgültig, ob diese Verschiebung wirklich
oder virtuell ist. Bei Kräften, die auch von den verallgemeinerten Geschwindigkeiten $\dot{q}_k$ und damit vom Bewegungszustand des Systems abhängen, kann aber
die Arbeit für eine bestimmte Verschiebung verschieden ausfallen, je nachdem
diese Verschiebung als wirklich oder virtuell zu deuten ist. Im ersten Fall muß
die Arbeit nämlich mit den zur Verschiebung gehörenden Kräften berechnet
werden, im zweiten mit anderen.

Die einzigen *konservativen* Kräfte, die vom Bewegungszustand abhängen,
sind nach Abschnitt 11 die *gyroskopischen*. Sie sind stets normal zur Verschie-
bungsrichtung des Angriffspunktes, leisten also bei wirklichen Verschiebungen

keine Arbeit und kommen daher in (28.26) nicht vor. Da sich aber bei einer virtuellen Verschiebung des Systems der Angriffspunkt einer gyroskopischen Kraft auch in einer nicht zu ihr normalen Richtung verschieben kann, während sie selbst durch die wirkliche Bewegung bestimmt bleibt, kann ihre virtuelle Arbeit von null verschieden ausfallen, und die Beziehung (28.27) gilt dann nicht, obschon (28.26) noch richtig ist.

In Figur 28.4 ist C die zur Relativgeschwindigkeit $\mathbf{v}$ gehörige Corioliskraft. Ihre wirkliche Arbeit ist für den Beobachter auf dem Fahrzeug stets null, ihr Potential also konstant. Dagegen ist die mit der virtuellen Verschiebung δr des Angriffspunktes gebildete virtuelle Arbeit positiv und somit der Schluß von (28.26) auf (28.27) verfehlt.

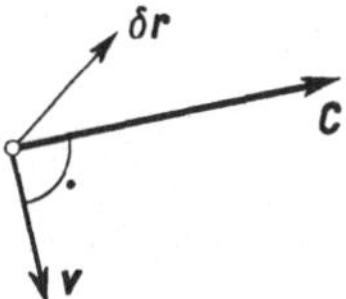

Figur 28.4

Bei *nichtgyroskopischen konservativen Systemen* ist der Übergang von (28.26) auf (28.27) legitim, und der Vergleich von (28.12) mit (28.27) liefert

$$Q_k = - \frac{\partial V}{\partial q_k} \, . \qquad (k = 1, 2, \ldots, n) \qquad (28.28)$$

Hier werden also die verallgemeinerten Kräfte als negative partielle Ableitungen des Potentials nach den Lagekoordinaten gewonnen, genau so, wie man beim Massenpunkt im Potentialfeld (Band I, Abschnitt 13) die drei Komponenten der Feldkraft als negative partielle Ableitungen von V nach x, y und z erhält.

Führt man mit (28.28) das Potential $V(q_1, q_2, \ldots, q_n)$ in die Lagrangeschen Gleichungen (28.21) ein, so gehen diese in

$$\left(\frac{\partial T}{\partial \dot{q}_k} \right)^{\cdot} - \frac{\partial T}{\partial q_k} = - \frac{\partial V}{\partial q_k}$$

über, und dafür kann man auch

$$\left(\frac{\partial (T-V)}{\partial \dot{q}_k} \right)^{\cdot} - \frac{\partial (T-V)}{\partial q_k} = 0 \qquad (28.29)$$

schreiben. Man bezeichnet die Differenz

$$L = T - V \, , \qquad (28.30)$$

die mit $T(q_1, q_2, \ldots, q_n; \dot{q}_1, \dot{q}_2, \ldots, \dot{q}_n)$ eine Funktion $L(q_1, q_2, \ldots, q_n; \dot{q}_1, \dot{q}_2, \ldots, \dot{q}_n)$ der Lagekoordinaten und der verallgemeinerten Geschwindigkeiten ist, als **Lagrangesche Funktion** oder als **kinetisches Potential** und erhält aus (28.29) sowie (28.30)

$$\left(\frac{\partial L}{\partial \dot{q}_k} \right)^{\cdot} - \frac{\partial L}{\partial q_k} = 0 \, . \qquad (k = 1, 2, \ldots, n) \qquad (28.31)$$

In dieser speziellen Form gelten die **Lagrangeschen Gleichungen für nichtgyroskopische konservative Systeme.**

Das System von Figur 28.2 ist nichtgyroskopisch und bei reibungsfreier Lagerung auch konservativ. Seine Bewegungsenergie setzt sich aus der Rotationsenergie

$$T_1 = \frac{1}{2}\,\frac{m\,l^2}{12}\,\dot{\psi}^2$$

des oberen und der kinetischen Energie

$$T_2 = \frac{m}{2}\,(a\,\dot{\varphi})^2 + \frac{1}{2}\,\frac{m\,l^2}{12}\,\dot{\psi}^2$$

des unteren Stabes zusammen und beträgt also

$$T = T_1 + T_2 = \frac{m\,a^2}{2}\,\dot{\varphi}^2 + \frac{m\,l^2}{12}\,\dot{\psi}^2.$$

Da bei zulässigen Bewegungen nur das Gewicht des unteren Stabes Arbeit leistet, ist die potentielle Energie

$$V = -\,m\,g\,a\,\cos\varphi,$$

das kinetische Potential (28.30) also

$$L = \frac{m\,a^2}{2}\,\dot{\varphi}^2 + \frac{m\,l^2}{12}\,\dot{\psi}^2 + m\,g\,a\,\cos\varphi.$$

Die Lagrangesche Vorschrift (28.31) liefert, zunächst auf $q_1 = \varphi$ angewandt,

$$m\,a^2\,\ddot{\varphi} + m\,g\,a\,\sin\varphi = 0 \qquad \text{oder} \qquad \ddot{\varphi} = -\frac{g}{a}\,\sin\varphi$$

und für $q_2 = \psi$

$$\frac{m\,l^2}{6}\,\ddot{\psi} = 0 \qquad \text{bzw.} \qquad \ddot{\psi} = 0\,.$$

Die Bewegung setzt sich also aus einer gleichförmigen Rotation beider Stäbe und einer translatorischen Pendelung des unteren zusammen, und zwar erfolgt die zweite Bewegung wie bei einem mathematischen Pendel der Länge a.

Aufgaben

1. Man schreibe mit Hilfe der Lagrangeschen Gleichungen das Newtonsche Gesetz des Massenpunktes in Zylinderkoordinaten an.

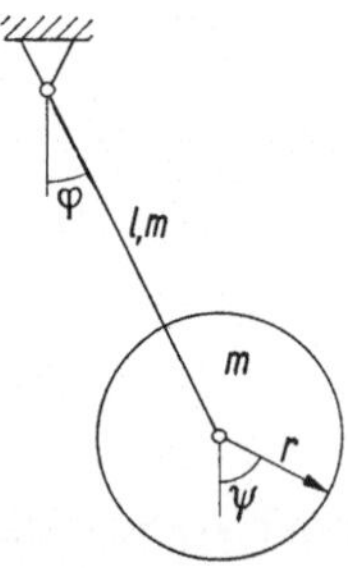

Figur 28.5

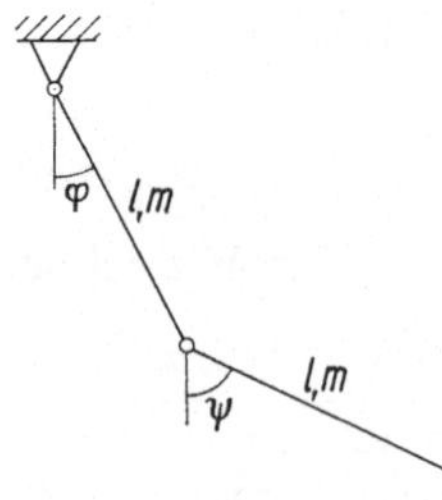

Figur 28.6

2. Am Ende eines homogenen prismatischen Stangenpendels (Figur 28.5) ist eine homogene Kreisscheibe konstanter Dicke im Massenmittelpunkt gelagert. Die Bewegung des Systems ist eben; sämtliche Reibungen sind zu vernachlässigen. Man stelle die Lagrangeschen Gleichungen auf und ermittle die Bewegung. Sodann bestätige man die Ergebnisse mit dem Impuls- und dem Drallsatz.

3. Zwei homogene prismatische Stangenpendel der Länge l und der Masse m sind (Figur 28.6) zu einem reibungsfreien ebenen Doppelpendel vereinigt. Man stelle mit dem Lagrangeschen Verfahren die Bewegungsdifferentialgleichungen auf und linearisiere sie für kleine Ausschläge.

29. Der Stoß

Wenn ein Massenpunkt, ein Körper oder ein System eine plötzliche Änderung des Bewegungszustandes erleidet, spricht man von einem Stoß. Etwas präziser definiert man den **Stoß** als Änderung des Bewegungszustandes in einem Zeitintervall Δt, das so kurz ist, daß sich in ihm die Lage des Systems nicht merklich ändert. Man bezeichnet Δt als **Stoßzeit** und muß annehmen, daß mindestens ein Teil der am System angreifenden (inneren und äußeren) Kräfte während der Stoßzeit sehr groß wird, weil sich andernfalls der Bewegungszustand ebenso wie die Lage während des Zeitintervalls Δt auch nur unmerklich ändern würde. Meist sind aber diese Kräfte in ihrem zeitlichen Verlauf innerhalb der Stoßzeit unbekannt.

Ein Stoß tritt zum Beispiel dann auf, wenn zwei Körper im Laufe ihrer Bewegung zusammentreffen. Er kann aber auch davon herrühren, daß ein Punkt eines bewegten Körpers plötzlich fixiert wird oder daß ein Faden, an dem der Körper befestigt ist, plötzlich straff wird.

Ein Ball, der aus dem freien Fall heraus am Boden reflektiert wird, erleidet hier einen Stoß. Er ist nur während kurzer Zeit Δt mit dem Boden in Berührung. Während dieser Zeit ändert sich sein Bewegungszustand wesentlich, ohne daß eine merkliche Lagenänderung eintritt. Die große Impulsänderung, die der Ball im Verlauf der Stoßzeit erfährt, erklärt sich damit, daß an ihm während dieser Zeit ein Normaldruck wirkt, dessen Betrag im Vergleich zum Gewicht groß ist. Er bleibt in seinem zeitlichen Verlauf unbekannt, solange man den Verzerrungs- und den Spannungszustand im Inneren des Balls nicht als Funktionen der Zeit angeben kann.
Hängt der Ball an einem ursprünglich schlaffen Faden, so verläuft der Vorgang beim Straffwerden desselben ähnlich, wobei die Fadenkraft an die Stelle des Normaldruckes tritt.

Die eben gegebene Darstellung des Stoßvorganges beruht auf der Annahme, daß man mit räumlich ausgedehnten Körpern zu tun hat, die zwar als fest, aber doch als leicht deformabel zu betrachten sind. Je geringer die Deformierbarkeit, umso kürzer ist *ceteris paribus* die Stoßzeit, und umso größer werden die für die Änderung des Bewegungszustandes maßgebenden Kräfte. Will man unendlich große Kräfte vermeiden, dann muß man die Fiktionen des starren Körpers und des Massenpunktes aufgeben. Wenn diese Begriffe im folgenden dennoch gebraucht werden, dann sollen sie im Sinne von Näherungen verstanden sein.
Während der ganzen Stoßzeit gelten sowohl für das betrachtete System wie für seine Teile der Impulssatz (26.7)

$$B = \sum_{1}^{n} A_i , \tag{29.1}$$

der Drallsatz (26.10)

$$\dot{\boldsymbol{D}}_O = \sum_1^n \boldsymbol{r}_i \times \boldsymbol{A}_i \qquad (29.2)$$

und der Energiesatz (27.6)

$$dT = dA , \qquad (29.3)$$

wobei zu beachten ist, daß in den ersten beiden Sätzen nur die äußeren Kräfte auftreten, während im Energiesatz dA die Elementararbeit aller inneren und äußeren Kräfte darstellt.

Da man die während der Stoßzeit wirkenden Kräfte nur unvollkommen kennt, empfiehlt es sich, diese Sätze über die Stoßzeit zu integrieren. Man erhält so aus (29.1) die Beziehung

$$\boldsymbol{B}_2 - \boldsymbol{B}_1 = \sum_1^n \int_{t_1}^{t_2} \boldsymbol{A}_i \, dt , \qquad (29.4)$$

in der t_1 den Beginn und t_2 das Ende der Stoßzeit bezeichnen und die Zeiger 1, 2 sich auf die Zeiten t_1, t_2 beziehen. Man nennt das Integral rechterhand den **Antrieb** der Kraft $\boldsymbol{A}_i$ im Zeitintervall $\Delta t = t_2 - t_1$ und erhält also während des Stoßes eine Impulsänderung, die gleich der Summe der Antriebe aller äußeren Kräfte ist. Dieses Ergebnis, das auch für beliebige Bewegungen und Zeitintervalle gilt, wird gelegentlich als **Satz vom Antrieb** bezeichnet.

Der Antrieb ist ein Vektor mit der Dimension $[K\,t]$; sein Betrag wird etwa in Ns oder kg*s gemessen.

Analog erhält man durch Integration von (29.2)

$$\boldsymbol{D}_{O2} - \boldsymbol{D}_{O1} = \sum_1^n \int_{t_1}^{t_2} \boldsymbol{r}_i \times \boldsymbol{A}_i \, dt . \qquad (29.5)$$

Bezeichnet man das Integral rechterhand als **Antriebsmoment** von $\boldsymbol{A}_i$, dann folgt aus (29.5), daß die durch den Stoß bewirkte Dralländerung bezüglich eines beliebigen Punktes O (und auch bezüglich des Massenmittelpunktes C) gleich der Summe der Antriebsmomente aller äußeren Kräfte für den betreffenden Punkt ist.

Das Antriebsmoment ist ein Vektor mit der Dimension $[K\,l\,t]$; als Einheiten kann man also 1 Js oder 1 mkg*s verwenden.

Auch das Ergebnis (29.5), der **Satz vom Antriebsmoment,** gilt für beliebige Bewegungen und Zeitintervalle. Er kann im Falle des Stoßes mit Rücksicht darauf, daß sich die Fahrstrahlen $\boldsymbol{r}_i$ während der Stoßzeit nicht merklich ändern, in der Form

$$\boldsymbol{D}_{O2} - \boldsymbol{D}_{O1} = \sum_1^n \boldsymbol{r}_i \times \int_{t_1}^{t_2} \boldsymbol{A}_i \, dt \qquad (29.6)$$

notiert werden. Schließlich erhält man durch Integration des Energiesatzes (29.3) über die Stoßzeit seine endliche Form

$$T_2 - T_1 = A_{12} \, . \tag{29.7}$$

Mit den Sätzen (29.4) und (29.6) ist noch nichts gewonnen, solange man über die äußeren Kräfte A_i während des Stoßes nichts aussagen kann. Da die Arbeit der inneren Kräfte erst recht unbekannt ist, hilft auch der Energiesatz (29.7) nicht weiter. Es ist aber oft möglich, vermittels gewisser Idealisierungen vom Bewegungszustand unmittelbar vor auf denjenigen unmittelbar nach dem Stoß zu schließen.

Figur 29.1 zeigt zwei zusammenstoßende Körper 1 und 2 im Augenblick ihrer Berührung im Punkt B. Zunächst leuchtet ein, daß während der Stoßzeit nur die in B auftretenden sowie allfällige weitere Reaktionen groß sind, während die Lasten, die an den beiden Körpern angreifen (wie beispielsweise ihre Gewichte), während der Stoßzeit von der gleichen Größenordnung sind wie vor- und nachher. Man braucht daher im Sinne des Grenzübergangs $\Delta t \to 0$ in (29.4) und (29.6) die Summen rechterhand nur über die Antriebe derjenigen Reaktionen zu erstrecken, die während des Stoßes groß werden.

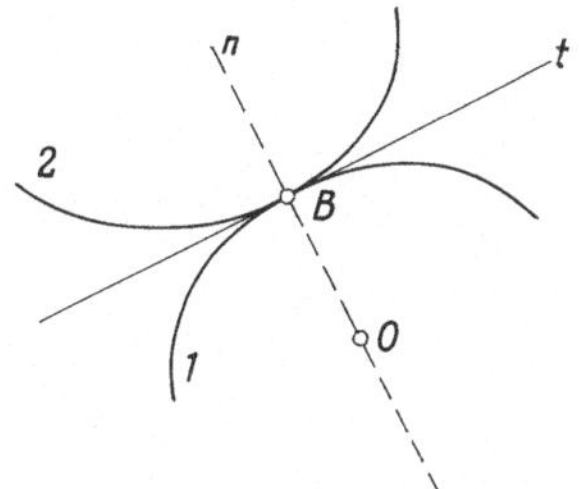

Figur 29.1

In Figur 29.2 wird ein mathematisches Pendel m von der Höhe des Drehpunktes aus frei fallen gelassen. Es erfährt im Augenblick, in dem sich der Faden streckt, einen Stoß. Während der kurzen Stoßzeit wird die Fadenkraft S groß im Vergleich zum Gewicht mg, und der Bewegungszustand nach dem Stoß kann daher mit dem Antrieb von S allein berechnet werden.

Sind die Oberflächen der beiden Körper in Figur 29.1 vollkommen glatt, so spricht man von einem **reibungsfreien Stoß**. Es treten dann während der Stoßzeit nur Normaldrücke auf, und mit ihnen liegen auch die Antriebe für beide Körper in jedem Berührungspunkt in der sogenannten **Stoßnormalen** n, das heißt in der Normalen zur gemeinsamen Berührungstangentialebene t. Sind die Körper frei, so daß außerhalb B keine Reaktionen auftreten, die während des Stoßes groß werden könnten, so folgt aus (29.4), daß sich für beide Körper beim Stoß nur die Impulskomponenten in Richtung der Stoßnormalen ändern, und analog schließt man aus (29.6), daß die Dralle beider Körper bezüglich eines beliebigen Punktes O auf der Stoßnormalen (und damit insbesondere für den Berührungspunkt) beim Stoß unverändert bleiben.

Der in Figur 29.2 dargestellte Stoß ist offensichtlich reibungsfrei. Somit ändert sich die Impulskomponente des Massenpunktes in Richtung von t nicht, und die Geschwindigkeit nach dem Stoß (v_2 bzw. v'_2) hat bezüglich t die gleiche Komponente wie die Geschwindigkeit v_1 vor dem Stoß.

Eine letzte Idealisierung wird durch den Energiesatz nahegelegt. Faßt man die beiden am Stoß beteiligten, im übrigen aber freien Körper von Figur 29.1 zu einem System zusammen, so rührt die Arbeit A_{12} in (29.7) allein von den inneren Kräften her, und zwar auch von den für die einzelnen Körper inneren Kräften. Soweit es sich dabei um Reibungskräfte handelt (wie zum Beispiel im Innern eines plastischen Körpers), so leisten sie negative Arbeit, erzeugen Wärme und haben nach (29.7) einen Verlust an kinetischer Energie zur Folge. Soweit sie (wie im elastischen Körper) konservativ sind, erzeugen sie Schwingungen in den beiden Körpern, die ebenfalls einen Teil der ursprünglichen kinetischen Energie aufnehmen. Faßt man die Körper als starr auf, dann setzt sich T nur aus ihren Translations- und Rotationsenergien zusammen, und die Energie, die in Wirklichkeit in Schwingungsenergie verwandelt wird, muß auch als Energieverlust verbucht werden. Die Bewegungsenergie nimmt daher während des Stoßes ab, und zwar umso mehr, je weniger die Körper als starr gelten können. Im Grenzfall starrer Körper bleibt dagegen die kinetische Energie beim Stoß erhalten; man spricht in diesem Idealfall von einem **elastischen,** andernfalls von einem **unelastischen Stoß.**

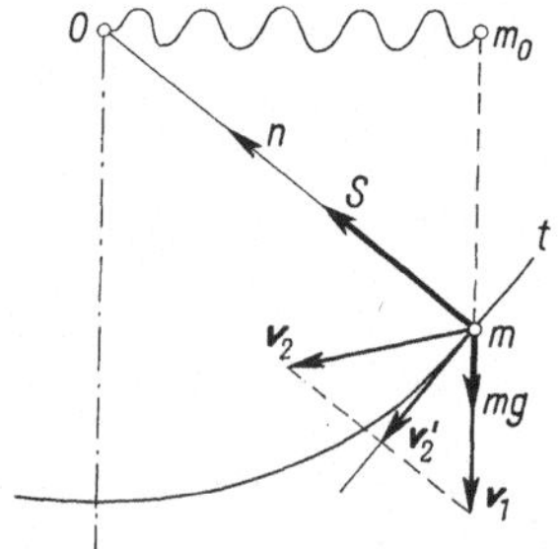

Figur 29.2

Ist der Stoß in Figur 29.2 elastisch, dann haben die Geschwindigkeiten v_1 vor und v_2 nach dem Stoß den gleichen Betrag. Damit und mit der bereits aufgestellten Bedingung, daß die Tangentialkomponente der Geschwindigkeit unverändert bleibe, ist v_2 bestimmt. Der Stoß kehrt die Normalkomponente der Geschwindigkeit um; es ist also $v_{2t} = v_{1t}$ und $v_{2n} = - v_{1n}$. Man kann dies auch mit dem Winkel ausdrükken, den die Geschwindigkeiten v_1 und v_2 mit der Stoßnormalen bilden: beim elastischen Stoß ist der Ausfallswinkel gleich dem Einfallswinkel.

Beim unelastischen Stoß ist $|v_{2n}| < |v_{1n}|$ und dementsprechend der Ausfallswinkel größer als der Einfallswinkel. Mit $v_{2n} = 0$, das heißt dann, wenn der Ausfallswinkel ein rechter ist, wird der Energieverlust beim Stoß maximal. Man nennt diesen Stoß, dem in Figur 29.2 die Geschwindigkeit v'_2 entspricht, **vollkommen unelastisch.**

Auf alle Fälle gilt

$$v_{2t} = v_{1t}, \qquad v_{2n} = - k\, v_{1n}, \tag{29.8}$$

wobei die sogenannte **Stoßzahl** k der Ungleichung

$$0 \leq k \leq 1 \tag{29.9}$$

genügt. Die Grenzfälle entsprechen dem vollkommen unelastischen bzw. dem elastischen Stoß.

In Figur 29.3 stößt eine Kugel mit der Masse m und der horizontalen Geschwindigkeit $\boldsymbol{v}_1$ gegen die Mitte eines im Gleichgewicht befindlichen, in O reibungsfrei gelagerten prismatischen und homogenen Stangenpendels der Masse m und Länge l. Unmittelbar nach dem Stoß bewege sich die Kugel mit der Geschwindigkeit $\boldsymbol{v}_2$ nach rechts, und das Pendel beginne mit der anfänglichen Winkelgeschwindigkeit ω um O zu rotieren. Da beim Stoß nicht nur der Normaldruck zwischen der Kugel und dem Pendel groß wird, sondern auch die Gelenkkraft in O, fällt der Satz vom Antrieb für die Ermittlung von v_2 und ω aus. Dagegen kann man hier den Satz vom Antriebsmoment bezüglich O verwenden.

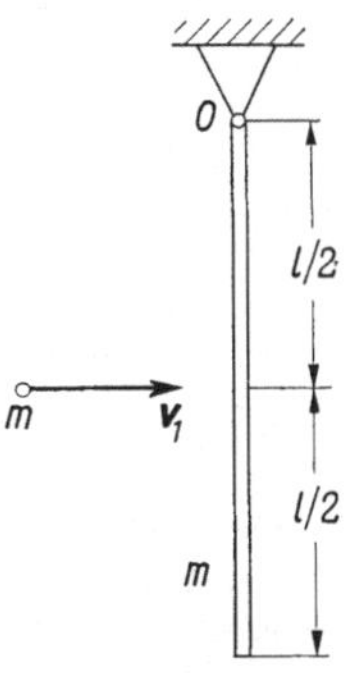

Figur 29.3

Der Drall des aus beiden Körpern bestehenden Systems bezüglich O rührt vor dem Stoß nur von der Kugel her. Er ist normal zur Bildebene und hat den Betrag

$$D_{O1} = m \, \frac{l}{2} \, v_1 \, . \tag{29.10}$$

Der Gesamtdrall unmittelbar nach dem Stoß hat die gleiche Richtung und den Betrag

$$D_{O2} = m \, \frac{l}{2} \, v_2 + \frac{m \, l^2}{3} \, \omega \, . \tag{29.11}$$

Da während des Stoßes keine äußeren Kräfte groß werden, die bezüglich O ein statisches Moment aufweisen, ist $D_{O0} = D_{O1}$ oder nach (29.10) und (29.11)

$$m \, \frac{l}{2} \, v_2 + \frac{m \, l^2}{3} \, \omega = m \, \frac{l}{2} \, v_1 \, . \tag{29.12}$$

Ist der Stoß *elastisch*, dann bleibt die Bewegungsenergie des Systems erhalten; es ist somit

$$\frac{m}{2} \, v_2^2 + \frac{1}{2} \cdot \frac{m \, l^2}{3} \, \omega^2 = \frac{m}{2} \, v_1^2 \, . \tag{29.13}$$

Man hat also nach (29.12) und (29.13) zur Bestimmung von v_2 und ω die zwei Gleichungen

$$v_2 + \frac{2}{3} \, l \, \omega = v_1 \, , \qquad v_2^2 + \frac{1}{3} \, l^2 \, \omega^2 = v_1^2$$

nebst der naheliegenden Forderung $(l/2)\,\omega \geqq v_2$. Ihre Auflösung ergibt

$$\omega = \frac{12}{7}\,\frac{v_1}{l} \qquad \text{sowie} \qquad v_2 = -\,\frac{1}{7}\,v_1\,.$$

Nach dem Stoß bewegen sich also beide Körper, und zwar so, daß die Kugel relativ zum Pendel mit der Schnelligkeit

$$v_2' = \frac{l}{2}\,\omega - v_2 = v_1$$

nach links läuft. Die Geschwindigkeit der Kugel relativ zum Pendel wird also durch den Stoß umgekehrt.

Bleibt die Kugel im Pendel stecken, so ist der Stoß *vollkommen unelastisch*. Man hat dann statt (29.13) die Bedingung

$$v_2 = \frac{l}{2}\,\omega \tag{29.14}$$

und gewinnt aus (29.12) sowie (29.14)

$$\omega = \frac{6}{7}\,\frac{v_1}{l} \qquad \text{bzw.} \qquad v_2 = \frac{3}{7}\,v_1\,.$$

Aufgaben

1. Ein homogener und prismatischer Stab mit der Länge l und der Masse m (Figur 29.4) fällt translatorisch mit unter 45° geneigter Achse. Sein unteres Ende trifft auf eine glatte Horizontalebene auf, und die Translationsgeschwindigkeit unmittelbar vor dem Stoß ist v_1. Man ermittle den Bewegungszustand unmittelbar nach dem Stoß, und zwar sowohl für den elastischen Stoß wie für den vollkommen unelastischen, bei dem das untere Stabende längs der Horizontalebene gleitet.

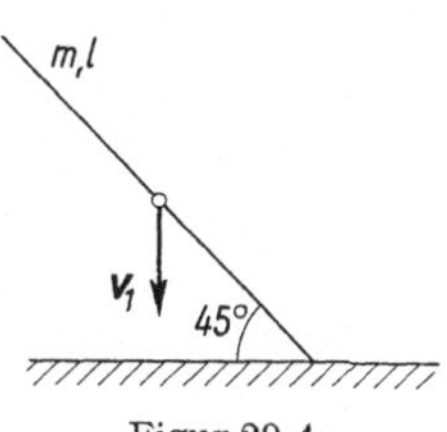

Figur 29.4

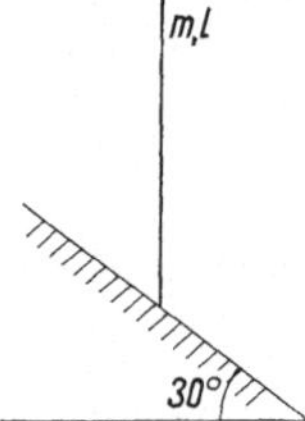

Figur 29.5

2. Man löse die analoge Aufgabe für den vertikal fallenden Stab (Figur 29.5), der auf eine schiefe Ebene vom Neigungswinkel 30° auftrifft.

SACHVERZEICHNIS